石油工程技能培训系列教材

石油钻井工

王建军　主编

中国石化出版社

内 容 提 要

《石油钻井工》为《石油工程技能培训系列教材》之一，与《石油钻井液工》《钻井柴油机工》共为钻井专业技能培训教材。本书坚持理论与实操相结合，分 7 个章节简要介绍了国内外石油钻井工艺技术、石油钻机及主要设备、钻头与钻柱、井控技术和设备，详细讲解了石油钻井现场各岗位巡检路线、项点和巡检要求，综合介绍了每道作业工序的规范操作与注意事项。

本书为石油钻井技能操作人员技能培训必备教材，也可作为相关专业大中专院校师生的参考教材。

图书在版编目（CIP）数据

石油钻井工 / 王建军主编 .— 北京：中国石化出版社，2023.7

ISBN 978-7-5114-7199-4

Ⅰ . ①石… Ⅱ . ①王… Ⅲ . ①油气钻井 Ⅳ . ① TE2

中国国家版本馆 CIP 数据核字（2023）第 142209 号

中国石化出版社出版发行

地址：北京市东城区安定门外大街58号
邮编：100011 电话：（010）57512500
发行部电话：（010）57512575
http：//www. sinopec-press. com
E-mail：press@ sinopec. com
北京富泰印刷有限责任公司印刷
全国各地新华书店经销

*

787 毫米 ×1092 毫米 16 开本 19.25 印张 416 千字
2023 年 9 月第 1 版 2023 年 9 月第 1 次印刷
定价：78.00 元

《石油工程技能培训系列教材》编写工作指导委员会

《石油钻井工》编审人员

主　编：王建军

编　写：杜书东　王新佳　李元化　刘承业
鞠　银　陈　亮　席辽源　邵明瑞
罗泽民　刘晓东　王永安　王金良
刘文化

审　稿：周爱照　李金其　李伟伟　李　伟
邓永义　陈忠华　肖新磊　董黎明
王　勇　郭　亮　代春会

序

PREFACE

习近平总书记指出："石油能源建设对我们国家意义重大，中国作为制造业大国，要发展实体经济，能源的饭碗必须端在自己手里。"党的二十大报告强调："深入推进能源革命，加大油气资源勘探开发和增储上产力度，确保能源安全。"石油工程是油气产业链上不可或缺的重要一环，是找油找气的先锋队、油气增储上产的主力军，是保障国家能源安全的重要战略支撑力量。随着我国油气勘探开发向深地、深海、超高温、超高压、非常规等复杂领域迈进，超深井、超长水平段、非常规等施工项目持续增加，对石油工程企业的核心支撑保障能力和员工队伍的技能素质提出了新的更高要求。

石油工程企业要切实履行好"服务油气勘探开发、保障国家能源安全"的核心职责，在建设世界一流、推进高质量发展中不断提高核心竞争力和核心功能，迫切需要加快培养造就一支高素质、专业化的石油工程产业大军，拥有一大批熟练掌握操作要领、善于解决现场复杂疑难问题、勇于革新创造的能工巧匠。

我们组织编写的《石油工程技能培训系列教材》，立足支撑国家油气产业发展战略所需，贯彻中国石化集团公司人才强企战略部署，把准石油工程行业现状与发展趋势，符合当前及今后一段时期石油工程产业大军技能素养提升的需求。这套教材的编审人员集合了中国石化集团公司石油工程领域的高层次专家、技能大师，注重遵循国家相关行业标准规范要求，坚持理论与实操相结合，既重理论基础，更重实际操作，深入分析提炼了系统内各企业的先进做法，涵盖了各相关专业（工种）的主要标准化操作流程和技能要领，具有较强的系统性、科学性、规范性、实用性。相信该套教材的出版发行，能够对推动中国石化乃至全国石油工程产业队伍建设和油气行业高质量发展产生积极影响。

匠心铸就梦想，技能成就未来。希望生产一线广大干部员工和各方面读者充分运用好这套教材，持续提升能力素质和操作水平，在新时代新征程中奋发有为、建功立业。希望这套教材能够在实践中不断丰富、完善，更好地助力培养石油工程新型产业大军，为保障油气勘探开发和国家能源安全作出不懈努力和贡献！

中石化石油工程技术服务股份有限公司

董事长、党委书记

2023 年 9 月

前言

FOREWORD

技能是强国之基、立业之本。技能人才是支撑中国制造、中国创造的重要力量。石油工程企业要高效履行保障油气勘探开发和国家能源安全的核心职责，必须努力打造谋求自身高质量发展的竞争优势和坚实基础，必须突出抓好技能操作队伍的素质提升，努力培养造就一支技能素养和意志作风过得硬的石油工程产业大军。

石油工程产业具有点多线长面广、资金技术劳动密集、专业工种门类与作业工序繁多、不可预见因素多及安全风险挑战大等特点。着眼抓实石油工程一线员工的技能培训工作，石油工程企业及相关高等职业院校等不同层面，普遍期盼能够有一套体系框架科学合理、理论与实操结合紧密、贴近一线生产实际、具有解决实操难题“窍门”的石油工程技能培训系列教材。

在中国石化集团公司对石油工程业务进行专业化整合重组、中国石化石油工程公司成立10周年之际，我们精心组织编写了该套《石油工程技能培训系列教材》。编写工作自2022年7月正式启动，历时一年多，经过深入研讨、精心编纂、反复审校，于今年9月付梓出版。该套教材涵盖物探、钻井、测录井、井下特种作业等专业领域的主要职业（工种），共计13册。主要适用于石油工程企业及相关油田企业的基层一线及其他相关员工，作为岗位练兵、技能认定、业务竞赛及其他各类技能培训的基本教材，也可作为石油工程高等职业院校的参考教材。

在编写过程中，坚持“系统性与科学性、针对性与适用性、规范性与易读性”相统一。在系统性与科学性上，注重体系完整，整体框架结构清晰，符合内在逻辑规律，其中《石油工程基础》与其他12册教材既相互衔接又各有侧重，整套教材紧贴技术前沿和现场实践，体现近年来新工艺新设备的推广，反映旋转导向、带压作业等新技术的应用等。在针对性与适用性上，既有物探、钻井、测录井、井下特种作业等专业领域基础性、通用性方面的内容，也凝练了各企业、各工区近年来摸索总结的优秀操作方法和独门诀窍，紧贴一线操作实际。在规范性与易读性上，注重明确现场操作标准步骤方法，保持体例格式规范统一，内容通俗易懂、易学易练，形式喜闻乐见、寓教于乐，语言流畅简练，符合一线员工“口味”。每章末尾还设有“二维码”，通过扫码可以获取思维导图、思考题答案、最新修订情况等增值内容，助力读者高效学习。

为编好本套教材，中国石化石油工程公司专门成立了由公司主要领导担任主任、班子成员及各所属企业主要领导组成的教材编写工作指导委员会，日常组织协调工作由公司人力资源部牵头负责，各相关业务部门及各所属企业人力资源部门协同配合。从全系统各条战线遴选了中华技能大奖、全国技术能手、中国石化技能大师获得者等担任主编，并精选业务能力强、现场经验丰富的高层次专家和业务骨干共同组成编审团队。承担13本教材具体编写任务的牵头单位如下：《石油工程基础》《石油钻井工》《石油钻井液工》《钻井柴油机工》《修井作业》《压裂酸化作业》《带压作业》等7本由胜利石油工程公司负责，《石油地震勘探工》和《石油勘探测量工》由地球物理公司负责，《测井工》和《综合录井工》由经纬公司负责，《连续油管作业》由江汉石油工程公司负责，《试油（气）作业》由西南石油工程公司负责。本套教材编写与印刷出版过程中得到了中国石化总部人力资源部、油田事业部、健康安全环保管理部等部门和中国石化出版社的悉心指导与大力支持。在此，向所有参与策划、编写、审校等工作人员的辛勤付出表示衷心的感谢！

编辑出版《石油工程技能培训系列教材》是一项系统工程，受编写时间、占有资料和自身能力所限，书中难免有疏漏之处，敬请多提宝贵意见。

编委会办公室

2023年9月

目录

CONTENTS

参考文献 280

附录 281

第一章

概述

PART 1

石油钻井工程是利用石油钻井设备从地面开始沿设计轨道钻穿多套地层到达预定目的层，形成油气采出或注入所需流体的稳定通道，并在钻进过程中和完钻后，完成取心、录井、测井和测试工作，取得勘探、开发和钻井所需各种信息的系统工程。

石油钻井工程技术经过长期的实践应用，逐步发展出如今更加安全、科学、高效的旋转钻井方式，形成了系列规范的钻井术语和工艺技术流程，并不断地向自动化、信息化、智能化发展。

第一节　钻井发展历程

石油钻井是指为了勘探和开发地下石油与天然气而在地表钻凿一个通往地下油气层的直径很小的井眼的工作。人类钻井方法的历史大致经历了人工掘井、顿钻钻井和旋转钻井三个阶段。随着工艺技术的发展，逐渐引入了气体钻井、导向钻井等新技术、新工艺，钻井发展进入了新阶段。

一　发展历程

早在2000多年前，我国就开始了钻井，应用的是人工掘井方法。在四川自贡，为了获得地下的盐，1521年钻盐井偶得石油，这是我国的第一口油井。1820年至1840年，钻井深度突破1000m。1855年钻成天然气井——磨子井，井深达1200m，投产后日产天然气约$5\times10^4m^3$，是当时世界上最深的井。1878年在台湾苗栗用近代钻机钻成中国近代最早的油井。1907年在陕西延长钻成中国陆上第一口工业油井。

20世纪50年代我国钻井技术主要学习和应用苏联的钻井经验。从苏联和罗马尼亚相继引进了中型石油钻机。20世纪60年代，大庆油田、胜利油田、大港油田、华北等油田被发现后，石油钻井队伍有了更大的发展。20世纪70年代初，全国各油田的钻井队已普遍使用了国产石油钻机，钻井工程设计技术、优质钻井液技术和高压喷射钻井技术是这个时期钻井科学实践的主要内容。20世纪80年代，又陆续从美国引进了二手深井电动钻机、先进的定向井工具仪器和注水泥装备等，形成了高压喷射钻井、优选参数钻井、定向井、丛式井等配套的钻井技术。20世纪90年代，从国外相继引进井下无线测量仪、顶部驱动装置、欠平衡压力钻井装置后，为我国水平井钻井、大位移井钻井、分支井、欠平衡压力钻井和油气层保护技术的开展提供了可靠的装备和技术基础；20世纪90年代末期，除少量尖端技术的钻井设备仪器外，我国已能自行生产深井电动钻机和绝大部分的钻井装备。

在国外，美国为了汲取地下的石油，于1859年在宾夕法尼亚州打成了第一口井，深度仅有 21.7m，直到 1871 年才钻达 338.33m。俄国在 1848 年才打成一口井深为 60m 左右的井。19 世纪末期出现的旋转钻井技术，实际上是在中国顿钻钻井技术的基础上发展起来的。

二、方法发展

1521 年之前，钻井工艺还局限在人工掘井阶段。

1521～1835 年开始采用人力冲击钻井。人力冲击钻井主要是靠人力、捞砂筒、特殊钻头、悬绳、游梁等完成的。实际上是利用了杠杆原理及自由落体的下落冲击作用来钻井的。

1859～1901 年进入机械顿钻钻井阶段。机械顿钻就是靠机械冲击作用破岩，破岩和清岩相间进行。优点是设备简单，起下钻方便；缺点是靠冲击作用破岩，钻头功率小，破岩效率低，钻井速度慢。

1901 年至今旋转钻井得到迅速发展。旋转钻井就是指靠动力带动钻头旋转，在旋转的过程中对井底岩石进行破碎，同时循环钻井液以清洁井底的钻井方法。旋转钻井又分为转盘钻井、井下动力钻具钻井、顶部驱动旋转钻井。旋转钻井的优点是旋转动力大，转速高，破碎效率高；缺点是设备复杂，起下钻繁琐。

三、技术发展

1901～1920 年为概念时期：这个时期开始将钻井和洗井结合在一起，并使用了牙轮钻头和注水泥固套管技术。

1920～1948 年为发展时期：这个时期牙轮钻头、固井工艺、钻井液等得到进一步发展，同时出现了大功率钻井设备。

1948～1968 年为科学化钻井时期：这个时期钻井技术得到迅速发展。先后采用了喷射钻井，镶齿滑动密封轴承钻头，低固相、无固相不分散体系钻井液技术，固相控制技术，地层压力检测、井控技术及平衡压力钻井技术等。

1968 年至今为自动化钻井时期：这个时期发展了优快钻井技术、定向井水平井钻井技术、特殊工艺钻井技术、钻井参数自动检测、综合录井、随钻测量、井眼轨迹遥控及自动闭环控制等新技术；优化了钻井设备、井口机械化自动化工具、自动化钻机等新设备。

第二节　石油钻井分类

石油钻井按钻探目的、井眼轨道及井深可分为不同类型的井。

一 按钻井目的分类

（一）区域普查井

基准井：在区域普查阶段，为了解地层的沉积特征和含油气情况、验证物探成果而钻的井。

剖面井：为了研究地层岩性、岩相变化，以及寻找含油气构造而钻的井。

参数井：为了解区域构造，提供岩石物性参数而钻的井。

构造井：为了解地质构造特征、验证物探成果，并编制地下某一标准层的构造图而钻的井。

（二）探井

预探井：为了确定油气藏是否存在及其埋藏位置而钻的井。

详探井：为了对油气藏进行工业评价及取得油气开发所需的地质资料而钻的井。

（三）开发井

生产井：在进行油气田开发时，为开采石油和天然气而钻的井。

注入井：开发后期为了提高采收率及开发速度，对油田进行注水注气以补充和合理利用地层能量而钻的井。

（四）特殊用途井

检查井：油气田开发到某一阶段，为了弄清楚各油层的压力和油、气、水分布状况，剩余油饱和度分布和变化情况而钻的井。

观察井：油气田开发过程中专门用来了解地下动态的井。

调整井：油气田开发中后期，为进一步提高开发效果和最终采收率，而调整原有开发井网所钻的井。

救援井：在地面距井喷失控井一定距离，所钻与井喷失控井的喷层相贯通的定向井，用于对井喷失控井进行压井作业。

二 按井眼轨道形状分类

（一）直井

设计的井眼轴线为一铅垂线的井。

（二）定向井

沿着预先设计的井眼轨迹钻达目的层，井口与井底不在同一条铅垂线上的井。定向井包括水平井、大位移井、分支井等。

水平井：沿着预先设计的井眼轨迹以井斜角不小于 86° 的角度进入目的层，并在其中沿着水平方向钻进一定长度的定向井。

大位移井：水平位移和垂深比不小于 2 的定向井，且深度大于 3000m 或水平位移大于 3000m 的定向井。

分支井：从一个主井眼中侧钻出两个或两个以上的分支井眼的定向井。

三 按井深分类

浅井：井深小于等于 2500m 的井。

中深井：井深大于 2500m 且不大于 4500m 的井。

深井：井深大于 4500m 且不大于 6000m 的井。

超深井：井深大于 6000m 且不大于 9000m 的井。

特深井：井深大于 9000m 的井。

第三节　钻井工艺流程

一口井的施工过程从确定井位到最后完井，一般分为钻前准备、钻井施工和完井作业三个阶段。

一 钻前准备

定井位。就是确定油、气井的位置，主要考虑的是地理地质特点、水源、盛行风方向、周边人口和永久性设施等因素，确保满足标准和应急需要。

道路勘测。实地调查井队搬迁所经过的道路情况，确保搬迁安全顺利。

基础施工。钻井现场基础一般采用“混凝土灌浆浇筑”基础、混凝土预制基础和钢木基础。基础是钻井设备的重要载体，应具有足够的承载能力，能够传导和分散钻机设备的载荷。

搬迁。将钻井设备、设施及附属装备、井场野营房等搬运至目的地的过程。搬迁作业内容主要包括：搬迁前准备、搬迁组织、吊装、道路运输及部分设备、设施的就位安装。

设备安装。将钻井施工所需设备、设施等在新井场重新组装，形成完整的钻井设备系统。

井口准备。包括挖圆井（或不用）、下导管并封固、钻鼠洞等。

二 钻井施工

一次开钻。设备安装完成后，为下表层套管而进行的钻井施工。特殊要求的井，在一次开钻前还需要先进行导管施工作业。

安装防喷器组。表层套管固井完成后，按照钻井设计要求，安装整套井控设备的施工过程。

二次开钻。表层套管固井完成并遵照钻井设计要求安装井控设备试压合格后，再次开始的钻井施工作业。

起钻。将井内钻具从井眼中起出的过程。起钻一般以立柱为单位起出井口，按先后顺序排放至立根盒，并进行编号标记。

换钻头。起钻完成后把钻柱底端的旧钻头卸下，换上新钻头的过程。

下钻。换好新钻头后，将钻具重新下入井内的过程。

中间完钻作业。主要包括中间完钻测井、下技术套管并固井等作业。

三次开钻（多次开钻）。根据钻井工程设计，对于下入技术套管的井，在下完技术套管并固井后，为继续加深井眼所进行的钻井施工过程。对于下入多层技术套管井还会有四次开钻、五次开钻等多次开钻。

三 完井作业

完钻电测。在完成钻井施工设计要求的井深后，使用专门的仪器设备，沿井身测量地球物理特性的工艺。测井的主要任务是为后续施工提供数据并查明地下构造及含油气情况，为计算油气储量提供基本数据。

下生产套管。完钻电测后，为后续油气开采建立油气输送通道，根据钻井设计对完井方式的要求，向井内下入一定数量生产套管的过程。

生产套管固井。生产套管下到设计井深后，在井眼与生产套管之间环空注入水泥浆，利用水泥浆的固化作用，封固环形空间，有效封隔油、气、水层，满足分层开采及油气生产的需要而进行的注水泥作业。

测声幅。主要测量套管与地层间水泥胶结的质量、套管串的质量、短套管位置、水泥返高及人工井底等数据。

井口坐封套管。为封闭套管间的环形空间，防止压力互串，需要安装套管悬挂器并坐于套管头内，完成坐封。候凝完成后，根据钻井设计继续进行下步的施工作业。坐封与固井的先后顺序因设计要求不同而不同。

甩钻具。将立根盒内立根螺纹卸开，形成单根移送到场地的过程。

设备检修。对井队各设备进行全面的检查，对不符合使用要求的设备进行相应的维修，以保障下口井的顺利施工。

设备拆卸。钻井现场施工工序全部完成后，所用钻机设备拆解运输前的一项准备工作。设备拆卸一般是按照设备安装的相反顺序进行，将钻井现场的设备、设施在拆除其连接管路、线缆后进行进一步分解，目的是使钻井设备的运输搬迁符合相关交通要求和规定。

四 其他

根据设计要求，在钻井过程中可能需要进行钻井取心、中途测试和原钻机试油等其他作业。

钻井取心。为了掌握地下地质情况，直接获得真实可靠的地下岩层的有关资料，在钻井过程中用取心工具从地下取出一定长度岩样的作业。

中途测试。亦称钻杆地层测试，是在钻井过程中钻遇油气层以后，为及时了解有关生产层性能及其所含油、气、水等具体情况并取得有关资料所采取的一种措施。

原钻机试油。由钻井队人员用其原有设备，按试油施工设计，钻井队负责起下油、气管柱，其他工序由试油队完成。

第四节 基本术语

井：以勘探开发石油和天然气为目的，在地层中钻出的具有一定深度的圆柱形孔眼。

井身结构：指的是钻头钻深，相应井段的钻头直径，下入的套管层数、直径及深度，各层套管外的水泥返高以及人工井底等。

井口：井的开口端。

井底：井的底端。

井壁：井眼的圆柱形表面。

井深：通常指从转盘补心面至井底的深度。

裸眼：未用套管、筛管以及其他措施封隔的井段。未下套管部分的井段。

环空：井中下有管柱时，井壁与管柱或套管串与管柱之间的圆环形截面的柱状空间。

井别：按钻井的目的对井的分类，可分为探井和开发井。

探井：指以了解地层的时代、岩性、厚度、生储盖的组合和区域地质构造，地质剖面局部构造为目的，或在确定的有利圈闭上和已发现油气的圈闭上，以发现油气藏，进一步探明含油气边界和储量以及了解油气层结构为目的所钻的各种井。

开发井：指为开发油气田所钻的各种采油采气井、注水注气井，或在已开发油气田内，为保持一定的产量并研究开发过程中地下情况的变化所钻的调整井、补充井、扩边井、检查资料井等。

井型：按井眼轴线形状可分为直井和定向井。

直井：井眼轴线大体沿铅垂方向，其井斜角、井底水平位移和全角变化率均在限定范围内的井。

定向井：沿着预先设计的井眼轨道，按既定的方向偏离井口垂线一定距离，钻达目标的井。

水平井：井眼轨迹达到水平后，继续沿井眼水平方向延伸钻进的定向井。这里所说的“达到水平”是指斜角达到或超过 86°，并非整的 90°。

丛式井：在一个井场上或一个钻井平台上，有计划地钻出两口或两口以上的定向井（可含一口直井）。

钻台：装于井架底座上，用于钻井作业的平台，作为钻工作业的场所。

钻具：井下钻井工具的简称。一般来说，它是指方钻杆、钻杆、钻铤、接头、稳定器、井眼扩大器、减振器、钻头以及其他井下工具等。

方钻杆：用高级合金钢制成的，截面外形呈四方形或六方形而内为圆孔的厚壁管子。两端有连接螺纹。主要用于传递扭矩和承受钻柱的重量。

钻杆：用高级合金钢制成的无缝钢管，两端采用带接头的螺纹连接。用于加深井眼，传递扭矩，并形成钻井液循环的通道。

钻铤：用高级合金钢制成的厚壁无缝钢管，两端采用螺纹连接，其壁厚一般为钻杆的 4～6 倍。主要用作给钻头施加钻压，传递扭矩，并形成钻井液循环的通道。

接头：用以连接、保护钻具的短节，可分为钻杆接头和配合接头两类。

钻具组合：指组成一口井钻柱的各种钻井工具的选择和连接。常用钻具组合有满眼钻具组合、塔式钻具组合、钟摆钻具组合等。

井下三器：稳定器、减震器和震击器。

井口工具：钻台上用于井口操作的工具。主要包括大钳（吊钳）、吊卡、卡瓦、安全卡瓦、提升短节、钻头装卸器等。

指重表：反映大钩上载荷变化情况的仪表，它可显示悬重、钻重和钻压。

钻进：使用一定的破岩工具，不断地破碎井底岩石，加深井眼的过程。

钻进参数：是指钻进过程中可控制的参数，主要包括钻压、转速、钻井液性能、流量、泵压及其他水力参数。

钻压：钻进时施加于钻头上的沿井眼前进方向上的力。

悬重和钻重：在充满钻井液的井内，钻柱在悬吊状态下指重表所指轴向载荷称为悬重（钻柱重力减去浮力）；钻柱在钻进状态下指重表所指的轴向载荷称为钻重。悬重与钻重的差值即钻压。

转速：指钻头或钻具的旋转速度，单位为 r/min。

排量：单位时间内通过泵的排出口的液体量，单位为 L/s。

开钻：指下入导管或各层套管后第一只钻头开始钻进的统称，并依次称为第一次开钻，第二次开钻。

完钻：指全井钻进阶段的结束。

送钻：钻进时，随着井眼不断加深，钻柱不断下放，始终保持钻头一定钻压的过程。

方入和方余：在钻进过程中，方钻杆在转盘补心面以下的长度称为方入；在补心面以上的方钻杆有效长度称为方余。

进尺：钻头钻进的累计长度。

机械钻速：钻头在单位时间内钻进的长度，单位为 m/h。

钻时：钻进单位进尺所用的时间，单位为 min/m。

划眼：在已钻井眼内为了修整井壁，清除附在井壁上的杂物，使井眼畅通无阻，边循环边旋转下放或上提钻柱的过程。分正划眼和倒划眼。

扩眼：用扩眼钻头扩大井眼直径的过程。

蹩钻：在钻进中钻头所受力矩不均，转盘（顶驱）转动异常的现象。

跳钻：钻进中钻头在井底工作不平稳使钻柱产生明显纵向振动的现象。

停钻：停止钻进。

顿钻：钻柱失控顿到井底或其他受阻位置的现象。

溜钻：钻进中送钻不均或失控而使钻柱下滑，出现瞬时过大钻压的现象。

打倒车：蹩钻严重时转盘（顶驱）发生倒转的现象。

通井：向井内下入带有通井接头或钻头的钻柱，使井眼保持畅通的作业。

放空：钻进中钻柱能无阻地送入一定长度的现象。

吊打：在钻头上施加很小的钻压钻进的过程（钻压不超过钻铤第一次弯曲值）。

纠斜：当井斜超过规定的限度时，采取措施使井斜角纠正到规定限度内的过程。

钻水泥塞：将注水泥或打水泥塞后留在套管或井眼内的凝固水泥钻掉的过程。

缩径：井眼因井壁岩石膨胀等而使井径变小的现象。

井径扩大：井眼因井壁岩石坍塌等而使井径变大的现象。

单根：指一根钻杆。

双根：指连成一体的两根钻杆。

立柱：起钻时卸成一定长度，能立在钻台的钻杆盒上的一柱钻柱。一般为三根钻杆。

吊单根：将钻杆单根吊起放入小鼠洞内的操作。

接单根：当钻完方钻杆有效长度时，将一根钻杆接到井内钻柱上使之加长的过程。

起下钻：将井下的钻柱从井眼内起出来，称为起钻。将钻具下到井眼内称为下钻。整个过程称为起下钻。短起下钻是指在钻进过程中，起出若干立柱钻杆，再将它们下入井内的作业。

活动钻具：在钻井作业中，有时上提、下放或旋转钻柱的过程。

甩钻具：将钻柱卸开成单根拉下钻台。

换钻头：通过起下钻更换钻头的作业。

灌钻井液：在起钻、下套管或井漏时向井内或套管内泵入钻井液，以保持井内充满。

钻头行程：一只钻头从下入井内到起出为一行程。

循环钻井液：开泵将钻井液通过循环系统进行循环。

循环周：钻井液从井口泵入至井口返出所需的时间。

井史：是指一口井的档案资料，包括钻井、地质、完井等施工作业数据和资料。

钻井班报表：记录钻井班工作情况（主要包括钻井进度、钻井参数、钻井时效、存在和需要解决的问题等）的报表。

思考题

1. 什么是大位移井？
2. 旋转钻井技术的发展有哪几个时期？
3. 水平井与定向井有什么区别？
4. 未来钻井会有哪些发展方向？
5. 在我国，超深井及特深井主要集中在哪些地区？
6. 区域普查井包含哪些？

扫一扫
获取更多资源

第二章

钻井工艺技术

PART 2

随着石油勘探开发的不断深入和发展，为了满足勘探开发的需要，现场必须采用合理的钻井工艺、适用的钻井技术和完井方法，以实现优质、快速钻井。

第一节　常用钻井技术

一　喷射钻井技术

喷射钻井是利用钻井液通过喷射式钻头时所形成的高速射流的水力作用，切削地层、清洗井底，以提高机械钻速的一种钻井方法。

（一）喷射钻井机理

喷射钻井依靠高效能钻头喷嘴将大部分泵输出水功率转化为射流水功率，在钻头喷嘴处形成高速射流，通过清洗井底和辅助破岩，提高钻井速度。

井底清洗。射流作用的中心压力最高，以外的压力低，这种冲击压力的不均匀使岩屑产生翻转，使岩屑离开井底；射流冲击井底后形成高速横向漫流，对井底的岩屑产生横向推力，离开井底随钻井液一起上升。

辅助破岩。当射流水力功率足够大时，射流不但有清洁井底的作用，而且还有直接或辅助破碎岩石的作用。在岩石强度较低的地层，射流冲击力可直接破碎岩石，在岩石强度较高的地层，射流可使裂缝或裂纹增大，岩石强度降低，实现辅助破岩。

（二）水力参数的优选

提高钻井泵泵压。降低钻井喷嘴面积及喷嘴到井底距离，将钻井泵的功率合理分配，提高钻头压力降和钻头水功率，以取得清洁井底、携带岩屑的最好效果。

降低循环压耗。通过优化井身结构、采用大尺寸钻具，在泵压和泵功率一定的条件下，降低地面管汇、钻柱内水眼和环形空间的压力损耗（通常称为循环系统压耗），提高钻头压降或钻头水功率，以取得清洁井底、携带岩屑的最好效果。

（三）注意事项

①根据设备安装技术规范，确保安装质量，开钻前搞好高压试运转。

②尽可能采用优质低固相钻井液，全套净化设备要保持工作正常。

③接单根时要按规定扭矩紧扣，涂好螺纹脂，坚持使用好钻杆滤清器。

④钻进时要精心判断井下复杂情况。遇泵压变化、蹩跳钻、钻井液返出不正常，遇阻遇卡等复杂情况，应查明原因采取果断措施处理，严防井塌卡钻、憋漏卡钻、粘吸卡钻、断钻具、掉刮刀片及掉牙轮等事故发生。

⑤高压喷射钻井要配置符合要求的钻井泵、地面管汇、顶驱、水龙头冲管；钻具要配置大尺寸、大水眼钻具；可选配高性能钻头及高效能螺杆。

二 防斜打直技术

井斜问题是油气钻井生产中一个非常重要的问题，尤其是高陡构造条件下的井斜问题，往往因为防斜造成机械钻速低，导致钻井周期长、钻井成本高，甚至导致中途填井重钻或报废，严重影响勘探开发的目的。

（一）井斜的原因

影响井斜的主要原因有三方面：一是地质因素，由于所钻地层的倾斜和非均质性使钻头受力不平衡而造成的井斜；二是技术因素，下部钻具受压发生弯曲变形使钻头偏斜并加剧钻头受力不平衡而导致井斜；三是操作因素，因操作工艺参数不合理而造成的井斜。

1. 地质因素

①地层各向异性对井斜的影响。当钻头在倾斜的各向异性不均的地层中钻进时，一般在平行于层理的方向上岩石破碎比较困难，在垂直于层理的方向上岩石破碎比较容易。因而，钻头将保持沿着岩石容易破碎的方向前进。

②倾斜层状地层对井斜的影响。当钻头在倾斜的层状地层中钻进时，钻至每个层面交界处，地层上倾一侧的岩石因不能长时间支撑钻压而趋向沿垂直层面发生破碎。在井眼上倾一侧的小斜台很容易被钻掉，而在井眼下倾一侧的层面上残留一个小斜台，它对钻头施加一个横向作用力。将其推向地层的上倾方向，从而引起井斜。这样，钻头每钻至一个倾斜层面都会出现这一现象，而且地层倾角越大，成层性越强，钻压越大，造成的井斜也就越大。

③岩石软硬交错对井斜的影响。一般情况下，当钻头从软地层进入硬地层时，一侧先遇到硬岩石，钻头工作刃阻力大、吃入少，钻速慢；而另一侧还在软地层，工作刃阻力小、吃入多，钻速快。因此，钻进将沿着地层上倾方向发展。相反地，当钻头从硬地层到软地层时井眼有向地层下倾方向倾斜的趋势。当钻头快要钻出硬地层时，迫使钻头仍回到地层上倾方向钻进，而且往往在界面处形成“狗腿”，地层岩性变化对井斜的影响如图 2–1–1 所示。

此外，在钻遇断层、地层不整合界面时也会使井眼倾斜，常出现狗腿。在地质构造运动剧烈的破碎带钻进时，由于破碎带的岩石软硬交错，使钻头受力不均，工作不稳定，也易发生井斜。

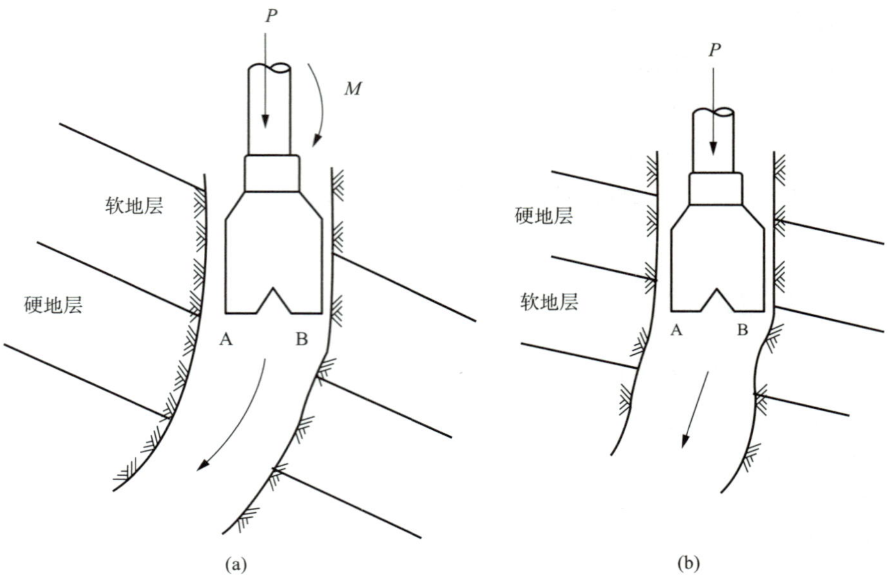

图 2–1–1　地层岩性变化对井斜的影响

2. 技术因素

下部钻柱弯曲对井斜的影响。当钻压较大，下部钻具组合在较大钻压作用下可能发生弯曲，从而导致井斜。钻压越大，钻具弯曲程度越严重，井斜也越严重。

3. 操作因素

实践证明，对井斜的影响除了上述两方面的因素外，还有设备安装质量及操作技术水平等因素。如在安装时，天车、转盘和井口不在同一铅垂线上或转盘安装不平；方钻杆弯曲、接头螺纹歪斜等人为因素。

（二）防斜方法

直井防斜除了采取轻压吊打等措施外，主要通过防斜钻具组合、防斜工具及动力钻具纠斜等防斜、纠斜措施，来达到直井防斜目的。

1. 钟摆钻具控制井斜

钟摆钻具是指在钻具组合下部钻铤合适位置安装一个满眼扶正器，称之为钟摆钻具。在已斜井眼中，扶正器以下钻铤重力产生的横向分力将钻头推向井壁低的一侧，以取得逐渐减小井斜的效果。钟摆钻具是国内外使用得比较广泛的一种防斜纠斜钻具，通常井斜越大，纠斜效果越好。但在一些松软地层井径易扩大的情况下，稳定器因井壁支撑条件差而使纠斜防斜效果不理想。

2. 塔式钻具控制井斜

塔式钻具是指由直径不同的几种钻铤组成的下部钻柱组合，钻铤直径大的在下，向上尺寸逐渐变小，称之为塔式钻具。塔式钻具也是国内外使用得比较广泛的一种防斜钻具。该种钻具的特点是底部钻铤重量大、刚性强，整个钻铤柱的重心低，与井眼的间隙小，钻头工作平稳。在斜井段钻进时，能产生较大的钟摆降斜力进行纠斜。特别是在一些松软地层井径易扩大的情况下，使用稳定器满眼钻具或稳定器钟摆钻具因井壁支撑条件差而效果不好时，采用塔式钻具往往能收到良好的效果。

3. 垂直钻井控制井斜

采用垂直钻井系统能够解决复杂新区、深层油气开发目前面临的高陡构造、大倾角地层等易斜地层的防斜问题，同时可放开钻压，以达到提速目的。

4. 动力钻具定向纠斜

采用定向井工艺，利用动力钻具加弯接头等造斜工具组成纠斜钻具，向减小井底位移的方位钻进，达到纠斜的目的。在一些严重易斜地层，井斜角较大，用一般纠斜方法难以控制时可采用动力钻具定向纠斜。

三 定向井工艺技术

定向井技术是石油勘探开发领域最先进的钻井技术之一，它是由特殊井下工具、测量仪器和工艺技术有效控制井眼轨迹，使钻头沿着特定方向钻达地下预定目标的钻井工艺技术。采用定向井技术可以使地面和地下条件受到限制的油气资源得到经济、有效的开发，能够大幅度提高油气产量和降低钻井成本，有利于保护自然环境，具有显著的经济效益和社会效益。

（一）定向井基础

1. 应用范围

①地面限制。油田埋藏在高山、城镇、森林、沼泽海洋、湖泊、河流等地貌复杂的地下，在井场设置和搬家安装碰到障碍时，通常在它们附近钻定向井。

②地下地质条件要求。用直井难以穿过的复杂层、盐丘和断层等，常采用定向井。

③钻井技术需要。遇到井下事故无法处理或不易处理时，常采用定向井技术。如：掉钻头、断钻具、卡钻等。

④经济有效的勘探开发油气藏的需要。原井钻探落空，或钻通油水边界和气顶时，可在原井眼内侧钻定向井；遇多层系或断层断开的油气藏，可用一口定向井钻穿多组油气层；对于裂缝性油气藏穿遇更多裂缝、低渗透性地层、薄油层，提高单井产量和采收率；在高寒、沙漠、海洋等地区，可用丛式井开采油气。

2. 分类

（1）按设计井眼轴线形状分

①二维定向井：井眼轴线在某个铅垂平面上变化的定向井，井斜角变化，方位角不变化。

②三维定向井：井眼轴线在三维空间变化的定向井，井斜角变化，方位角变化。

（2）按设计最大井斜角分

①低斜度定向井：井斜小于 15°，钻井时井斜、方位不易控制，钻井难度大。

②中斜度定向井：井斜在 15°～45°，钻井时井斜、方位易控制，钻井难度相对较低，是使用得最多的一种。

③大斜度定向井：井斜在 46°～85°，钻井斜长与垂深之比大于 2 的定向井。其斜度大，水平位移大，增加了钻井难度和成本。

④水平井：井斜在 86° 以上，且保持一定长度的水平段的定向井。其钻井相对较难，需要特殊设备、钻具、工具、仪器。

3. 定向井钻具组合

钻具组合是由各种钻井工具选配和连接而成的井下整体组合。通过对这些钻井工具进行搭配组合，可满足定向井施工过程中的不同施工需求。

①常规钻具组合。在钻井现场，常规钻具组合是对某一类钻具组合的统称，一般是指钻头直接与钻铤、钻杆连接形成的钻柱。在个别地区为了提高钻井速度，使用直螺杆钻具与钻铤配合的方式也称为常规钻具组合。

②增斜钻具组合。指钻井过程中，随着井深的增加，井斜也随之相应增加的钻具组合。钻柱上一般采用一个近钻头稳定器或双稳定器。它的增斜原理是使钻头稳定器后的钻铤在钻压的作用下产生弯曲，使钻头产生斜向力，从而达到增斜的目的。

③降斜钻具组合。在钻井过程中随着井深的增加，井斜逐渐降低的钻具组合。降斜钻具多采用钟摆钻具组合，它是在钻柱中的合适位置加一稳定器，使稳定器下部的钻具利用自身重力产生钟摆力从而达到降斜的目的。在钻直井中，钟摆钻具也可以起到防斜的作用。根据降斜率大小的需求，可以通过改变钻头与稳定器之间的距离来实现。

④稳斜钻具组合。在钻井过程中用来保持井斜、方位不变的钻具组合。此处主要讲的是在定向井中的稳斜钻具组合。它主要是通过增加稳定器对井壁的支撑点，从而减少钻具的弯曲，取得稳定井斜的效果。

（二）专用工具仪器

1. 测量仪器

通常有单点测斜仪、电子多点测斜仪、有线随钻仪、无线随钻仪和随钻测井系统等。目前常用的是电子多点测斜仪、无线随钻仪和随钻测井仪等。

①电子多点测斜仪。采用三轴磁通门和三轴加速度计分别测量方位和井斜。每个测点除记录井斜和方位外，还可记录温度、电池电压和井眼轨迹参数，所有测量结果全部储存在探管的储存器里。提出仪器后，再经过计算机、打印机把结果打印出来。

②无线随钻仪。由井下仪器总成、地面接收仪表和地面处理系统三大部分组成，井下部分预先按定向井工程师对所采集测量数据的要求，进行特定的模式设置，组装在专用的非磁悬挂短节内，随钻具组合一起下井。由井下发电机供应电源，通过泥浆压力脉冲传输测量信号。在立管上安装信号接收装置，信号接收装置接收压力脉冲信号，并将信号转换

成电信号传输给地面计算机，计算机系统对电信号进行放大、处理、译码，分别以数字形式直观地显示在显示屏、司钻读数器和输入打印机，也可传输到遥远的基地办公室。

③随钻测井系统。LWD 是在 MWD 的基础上，增加了多种用于电测的井下传感器，除了测量井眼参数以外，LWD 还可以测量井下钻压、扭矩，以及测井资料，如伽马、地层电阻率、地层孔隙度、密度等。

2. 螺杆钻具

井下动力钻具是常用的造斜工具之一，它分为涡轮钻具、容积式马达和电动钻具三大类。目前通常使用容积式马达，俗称螺杆，螺杆钻具由旁通阀、马达、万向轴和传动轴四部分组成。其工作动力来自循环钻井液，在一定压力下，钻井液泵入钻具，进入马达的螺旋形空腔使转子转动，然后动力经万向轴传递到传动轴和钻头上。钻头 + 弯马达 +MWD 为最常用的定向钻具组合。

3. 弯接头

弯接头能使造斜钻具产生侧向力，是定向钻井中定向造斜、扭方位的一种专用井下工具。弯接头分为固定角度型和可调角度型两种，通常使用固定角度型，弯角一般为 1° ~ 2.5° 。目前，弯接头基本被弯螺杆或旋转导向工具替代。

4. 无磁钻铤

无磁钻铤的结构与一般的钻铤相同，具有普通钻铤功能的同时还能够为定向井仪器（测斜仪器）提供一个不受磁场干扰的环境。

5. 无磁承压钻杆

无磁承压钻杆又叫无磁加重钻杆，它的壁厚介于钻铤和钻杆之间。它主要用来替代无磁钻铤为定向井仪器提供无磁环境，因其刚度比无磁钻铤低，多用于大斜度定向井和水平井中。

6. 无磁短节

无磁短节又称为无磁悬挂短节，它的主要特点是在内螺纹接头内部有悬挂台阶。它的主要功用一是为定向仪器提供一个稳定的悬挂环境；二是为仪器提供无磁环境。

7. 稳定器

定向钻井中，稳定器有螺旋式稳定器和滚子式稳定器两种，目前常用螺旋式稳定器。在定向钻具组合和降斜钻具组合中，稳定器起支点作用，通过改变稳定器在下部钻具组合中的位置，可改变下部钻具组合的受力状态，以达到控制井眼轨迹的目的；增加下部钻具组合的刚性以达到稳定井斜和方位的目的。稳斜钻具组合，是缩短钻头与稳定器之间，以及稳定器与稳定器之间的相对距离，增强下部钻具的刚性，以限制下部钻具受压变形，取得稳斜效果。

（三）工艺流程

1. 定向造斜

一般采用钻头 + 井下弯螺杆钻具，通常利用弯螺杆使下部钻具产生一个弹性力矩，迫使井下动力钻具驱动钻头侧向切削，使钻出的新井眼偏离原井眼轴线，达到定向造斜或扭方位的目的。根据测斜仪器的种类不同，主要有单点定向、地面记录陀螺定向、有线随钻测斜仪定向和随钻测量仪定向。目前主要采用随钻测量仪定向。

注意事项：

①如果定向作业前的裸眼段较长，应做好短起下钻，保证井眼畅通。

②螺杆钻具下井前应在井口试运转，测量轴承间隙，记录好各种参数。

③定向造斜钻进，要按规定加压，均匀送钻，以保持恒定的工具面。

④螺杆钻具出井时，按规定程序进行清洗、保养。

2. 增斜钻进

通常采用钻头 + 弯螺杆 +MWD 钻具组合，采用滑动钻进与复合钻进相结合的方式进行增斜钻进。

注意事项：

①按设计钻井参数钻进，均匀送钻，使井眼曲率变化平缓。

②每钻进 10 ~ 30m 测量一次，如果增斜率不能满足设计要求，应及时采取多滑动增斜钻进或更换更大度数弯螺杆钻进。

3. 稳斜钻进

通常采用钻头 + 弯螺杆 +MWD 钻具组合，采用以复合钻进为主、以滑动钻进为辅的方式进行稳斜钻进。

注意事项：

①钻进时，通过调整钻压、转盘转速等参数，控制井斜、方位的变化，必要时采用滑动钻进方式维持住井斜、方位。

②最大测斜间距不超过 30m，特殊井的关键井段测斜间距应≤ 10m。

4. 降斜钻进

通常采用钻头 + 弯（或直）螺杆 + 扶正器 +MWD 钻具组合，采用以复合钻进为主、以滑动钻进为辅的方式进行降斜钻进。

注意事项：

下钻到底钻进时，先采用小钻压吊打的方式钻进，形成降斜趋势，然后增加钻压正常钻进，降斜效果不好时采用滑动降斜钻进方式。

（四）形成的主要技术

①水平井钻井技术。利用特殊的井底动力工具与随钻测量仪器，钻成井斜角大于 86°，并保持这一角度钻进一定长度井段的定向钻井技术，包括随钻测量技术、井眼轨迹控制技术、井壁稳定技术、钻井完井液技术等。在油气田开发中，增大泄油面积，数倍地提高油气产量。

②大位移钻井技术。利用特殊的井底动力工具与随钻测量仪器，钻成井的水平位移和井的垂深比不小于 2 的定向钻井技术，集三维定向井、多目标水平井、深井超深井的综合技术等于一体，在海洋油田、近海油田开发中，大位移井可替代人工岛和海上平台，节省

大量投资。

③旋转导向钻井技术。利用旋转导向马达与随钻测井仪器，在钻柱旋转的情况下，具有导向能力，在不起钻的情况下改变井眼轨迹，并配有标准的地层参数测井的定向钻井技术。适合超深井、高难度定向井、水平井、大位移井及多底井等特殊工艺钻井需求。

四 取心工艺技术

钻井取心是为了掌握地下地质情况，直接获得真实可靠的地下岩层的有关资料，在钻进过程中使用各种取心工具从地下取出岩石的作业。取心作业通常可分为常规取心作业和特殊取心作业。

（一）取心目的

①发现油气层，了解含油气情况与储集特征，并确定油气层岩性、物性、厚度、面积等基础数据。

②建立地层地质剖面，研究岩相及生油层、储集层的特征。

③了解岩性与电性的关系。

（二）取心方式

1. 常规取心

①短筒取心。指钻进中途不接单根的常规取心。它的工具只含有一节岩心筒，结构简单，是最常用的取心方式，在任何地层条件下均可进行。

②中长筒取心。指钻进中途需要接单根的取心（带顶驱的设备调整好立柱方入可以不接单根）。它的工具中含有多节岩心筒。适用于地层岩性稳定性高、可钻性好时的取心。

2. 特殊取心

①密闭取心。指在岩心形成过程中用密闭液把岩心保护起来，避免岩心受钻井液滤液的浸泡和污染的取心方式。

②保压取心。指能取得接近地层原始压力的油水饱和度岩心的一种取心方法。

③保形取心。指为取得极疏松砂岩地层的物性参数而钻取保持原始形状的岩心的一种取心方式。

（三）取心工具

取心工具主要包括常规取心工具和特殊取心工具。

①常规取心工具分为自锁式、加压式（机械加压式和液力加压式）和砂卡式三种。以自锁式取心工具为例，其结构如图 2-1-2 所示。

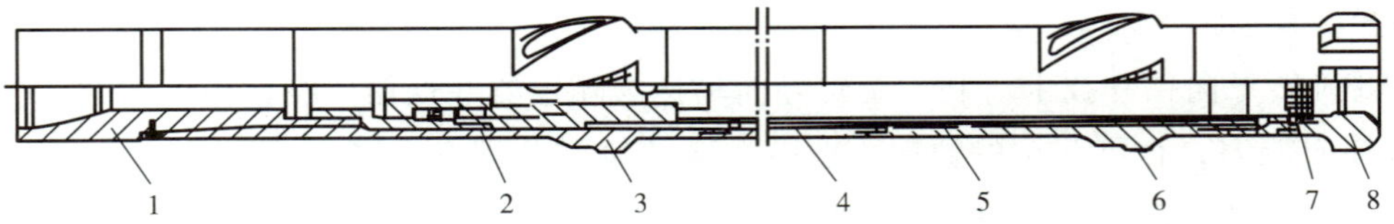

图 2-1-2　自锁式取心工具结构图

1—上接头；2—悬挂总成；3—上扶正器；4—外岩心筒；5—内岩心筒；6—下扶正器；7—岩心爪；8—取心钻头

②特殊取心工具是指对所取岩心有特殊要求、需要特殊保护的取心工具，以保压取心工具为例，其结构如图 2-1-3 所示。

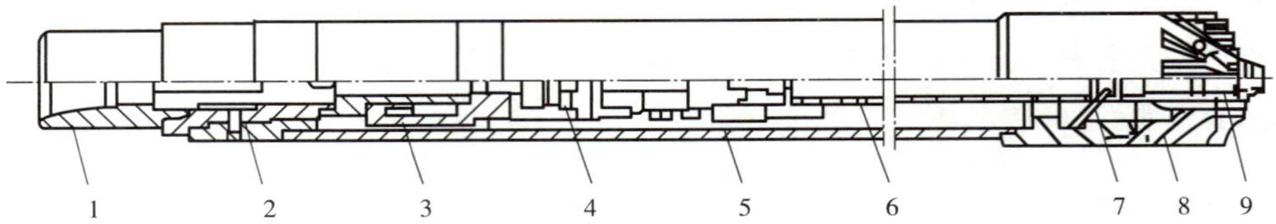

图 2-1-3　保压密闭取心工具结构示意图

1—上接头；2—差动装置；3—悬挂总成；4—压力补偿装置；5—外筒；6—内筒；7—球阀总成；8—取心钻头；9—密闭头

（四）取心作业

1. 取心前准备

①井眼准备。取心前要按技术要求进行短程起下钻，测后效，下钻到底后充分循环，确保井眼清洁，井底打封闭。

②装备检查。取心前要认真检查、保养设备，重点是指重表要灵敏，立压表要准确，液气大钳要灵活好用，钻机、钢丝绳（死、活绳头）、转盘、柴油机、钻井泵和各传动链条，离合器工作要有保障。

2. 取心工具检查组装

①检查悬挂轴承：应用手转动灵活，新轴承轴向间隙符合标准，否则必须调整好间隙或更换轴承才能入井。

②检查钢球：是否在球座内，如在球座内必须取出。

③检查岩心爪：取心工具卡箍弹性要好，在卡箍座内能够自由移动，岩心爪卡板要平整光滑，弹簧弹性要好，卡箍座内锥面、卡箍外锥面除锈后清洗干净，涂少许黄油组装在一起。

④取心筒上下扶正器直径在规定范围内。

⑤岩心爪总成（单作用或双作用）下端应距钻头内斜坡下端 8～15mm，否则用内筒调节环调整间隙。

⑥内外筒各连接螺纹涂优质钻杆螺纹脂。

⑦内筒及各部分连接螺纹必须用管钳或链钳上紧，以防倒扣。

⑧上卸取心钻头用专用钻头装卸器上卸扣，保护好取心钻头刃齿。

⑨取心筒下井前应在井口进行检查，悬吊取心筒为自由状态，一手转岩心爪，内筒转动灵活，间隙符合要求才能入井。

3. 取心施工

①下钻：取心钻头直径大，工具带扶正器，下钻操作要平稳，不猛刹、猛放，严防顿钻，裸眼井段要控制下钻速度，严防遇阻硬压卡钻，遇阻不超过50kN，经上下活动无效，应及时接方钻杆开泵冲洗活动，仍下不去时可划眼，划眼钻压10～20kN，转速30～40r/min，连续划眼井段20m仍下不去，要起钻通井，井眼畅通后再下取心工具。

②循环：下钻过程中根据井下情况要分段循环钻井液，下钻到底循环钻井液一周以上，并把钻井液性能调整好，同时要调整好刹车系统，校对好指重表，调整好方入，并对运转设备进行全面检查，保证取心作业能连续进行。循环处理好钻井液后卸方钻杆投球，接方钻杆开泵送球入座即可树心。

③树心：树心钻压10～20kN，进尺0.2～0.3m，待岩心顺利进到卡箍以上，再逐渐加足钻压进行正常取心。

④钻进：做到送钻均匀，如遇蹩钻应认真分析，确属地层因素时应上提减压，再慢慢启动转盘，控制钻压40～60kN钻进。钻进中必须密切注意泵压和钻时变化，及时分析井下情况，进尺每0.25m应记录一次钻时，遇砂泥岩地层时，一般砂岩钻时快，泥岩钻时慢。

⑤割心：确定割心时刹住刹把，硬地层时原转速转动转盘10～20min，磨细底部岩心后，低速上提钻具拔断岩心。

⑥起钻：起钻平稳操作，不猛刹猛停，防止单吊环起钻，按规定灌满钻井液，中途避免接方钻杆循环钻井液。

⑦出岩心：岩心出筒时，需备有钢球取出器、专用岩心钳、内筒提环、内筒卡子等；岩心顺序不得错乱，岩心长度要丈量准确，地质、工程数据一致。

4. 注意事项

①钻进至取心井段时，无论地质录井工作人员是否通知下步取心，钻井工程师应负责落实丈量方入，准确记录方入和钻压值后，上提钻具循环。

②取心工具送到井场，卸车时，应用吊车或装载机卸车，防止摔弯、碰扁。

③取心工具上下钻台必须带专用护丝。使用专用吊带、游车大钩与绷绳配合起吊，专人指挥。

④取心起下钻过程中严防井口落物。

⑤取心前要认真检查设备，保证取心工作连续进行，避免取心中途因修理设备而上提钻具被迫拔断岩心，设备修理好后又继续取心，这种做法极易造成磨心，影响取心收获率。

⑥取心前必须调整好方入，校对好指重表。

⑦为提高取心收获率，砂泥岩取心如果井下正常应尽量提高单筒进尺；破碎灰岩、砾岩等特殊岩性取心应控制单筒进尺。

第二节　特殊钻井工艺技术

近几十年来，为了满足勘探开发的需要，控压钻井、气体钻井、欠平衡钻井和套管钻井等特殊工艺钻井技术得到快速发展，显著地提高了钻井效率、油田产量和采收率。

一　控压钻井技术

控制压力钻井技术是一种用于控制整个井眼环空压力剖面的自适应钻井技术，其目的是确定井下压力环境界限，并以此控制井眼环空液柱压力剖面。它具备对钻井过程中井筒压力控制的能力，能够显著增加钻井过程的可控性、降低复杂情况发生的概率、克服窄密度窗口钻井等难题。

（一）基本原理

控压钻井通过对井底压力实现精确控制，保持井底压力在安全窗口之内。控压钻井通过两个方面实现压力控制：一方面通过调节钻井液密度、井口回压等方法使钻井在合适的井底压力与地层压力差下进行；另一方面在地层流体侵入井眼过量后，通过合理地改变钻井液密度及用地面装置控制的方法，将侵入钻井液中的地层流体安全排出，并在井眼中建立新的平衡。

（二）应用范围

控压钻井技术适用于井眼不稳定及漏失层段；压力枯竭油田；孔洞性或裂缝性储层；海洋深水钻井；高温高压钻井和其他窄密度窗口钻井。

（三）主要设备及工具

控压钻井设备主要包括旋转防喷器、控压钻井专用节流管汇、控压钻井控制系统等设备。旋转防喷器是用于控压钻井的专用井口控制设备，主要用于在其额定的井口压力条件下带压旋转钻进，在带压起下钻具作业及其他带压作业中通过规定尺寸钻具。控压钻井专用管汇主要用于自动节流、冗余节流切换、安全报警、出口流量监测等。控压钻井控制系统主要用于井底压力自动控制。

（四）施工流程

1. 常规控压循环流程

在井下正常情况下，旋转防喷器安装的液动旁通阀打开，钻井液正常开放循环。控压装备只发挥监控作用。常规控压循环流程如图 2–2–1 所示。

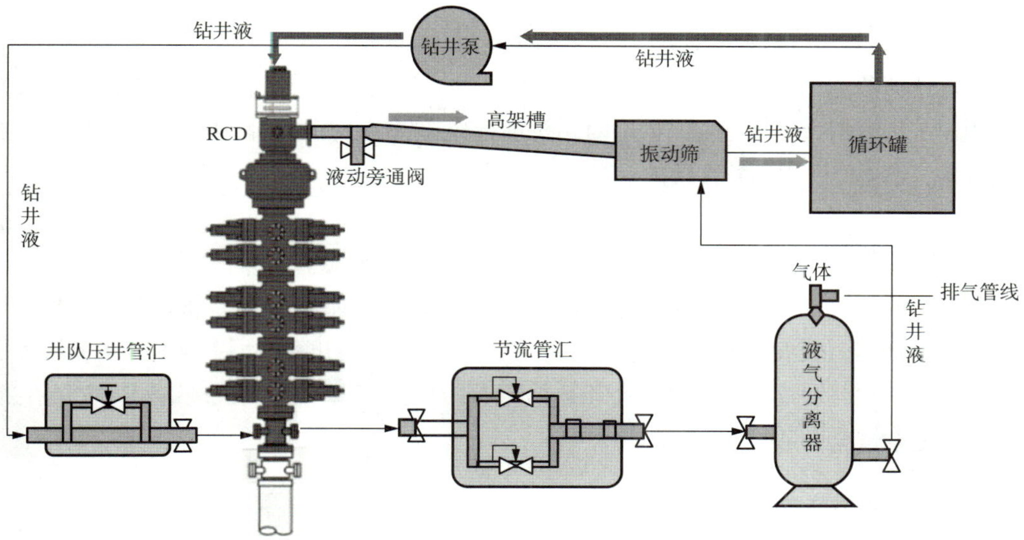

图 2-2-1　常规控压循环流程

2. 控压钻进循环流程

在井下异常情况下，如发生井涌，旋转防喷器安装的液动旁通阀关闭，钻井液自节流管汇封闭循环，通过控压装备调节井底压力，进行控压钻进。控压钻进循环流程如图 2-2-2 所示。

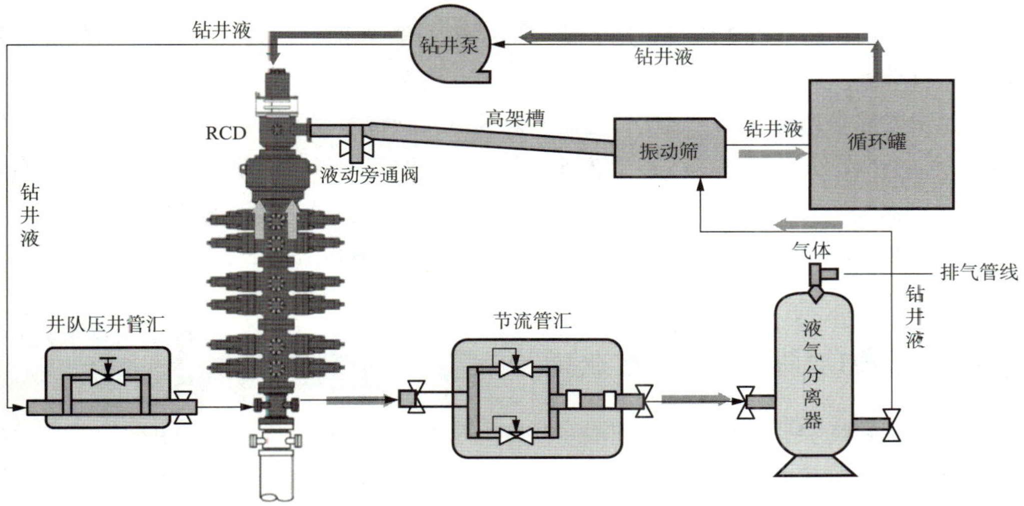

图 2-2-2　控压钻进循环流程

二　气体钻井工艺技术

气体钻井技术是指用空气、氮气、天然气、废气等非凝析气体作为钻井循环介质的钻井技术，通常包含纯气体钻井、雾化钻井和泡沫钻井。

（一）基本原理

通过地面的空气压缩机组将气体变成高压气体，以高压气体替代普通钻井液，把钻井过程中产生的岩屑携带到地面，同时对钻头进行冷却降温，用旋转防喷器作为井口的主要控制设备，钻屑经专用排砂管线排至沉砂池。

（二）适用条件

气体钻井工艺技术适用于坚硬地层机械钻速提速、严重漏失地层、液敏储层保护、压力衰竭或启动压力较大的低渗透油气藏的开发。适用于产层开发的，主要以保护储层，提高勘探发现率和开发效果为目的；适用于非产层开发的，主要以提高机械钻速、防漏治漏、减少井下复杂情况为目的。

（三）主要装备及工具

气体钻井主要使用空压机、增压机、空气锤及空气螺杆等装备及工具。空压机是将机械能转化为气体压力能的转换装置，为气体钻井提供空气动力。增压机主要是为压缩空气增压，满足气体钻井压力需要。空气锤是一种空气钻井破岩工具，利用锤头的冲击，达到破岩的目的。

（四）工艺流程

气体钻井前，将空气压缩机组用管线与地面管汇建立连接，防喷器组上部安装旋转防喷器，排砂管线从旋转防喷器排砂口接至沉砂池，将钻头（空气锤）钻具下至井底，旋转控制头总成安装在钻杆立柱上，旋转控制头总成下入旋转防喷器内并卡紧，接方钻杆或顶驱后，通知空气钻人员供气，待达到钻进气压值后，即可进行气体钻井。钻完一立柱或单根后，通知空气钻人员停止供气并卸掉钻具内高压空气，接到空气钻人员停气及泄压完毕的通知后，即可进行接单根或接立柱作业。气体钻井示意图如图 2-2-3 所示。

三 欠平衡钻井技术

欠平衡钻井技术是指钻井流体施加在井底的压力小于地层孔隙压力，有效控制地层流体流入井筒，并对其进行处理的钻井方式。目前已配套形成液相、充气、泡沫、雾化、氮气等系列欠平衡钻井技术以及全过程欠平衡技术，能够满足各种压力体系地层的施工要求。该技术一般应用于产层，主要用于保护油气层。

（一）基本原理

欠平衡钻井工艺的核心就是井底压力的研究和控制，其中井底负压值的大小直接影响到地层流体进入井筒内量的多少，关系到能否安全快速钻进。井底负压值的控制是欠平衡

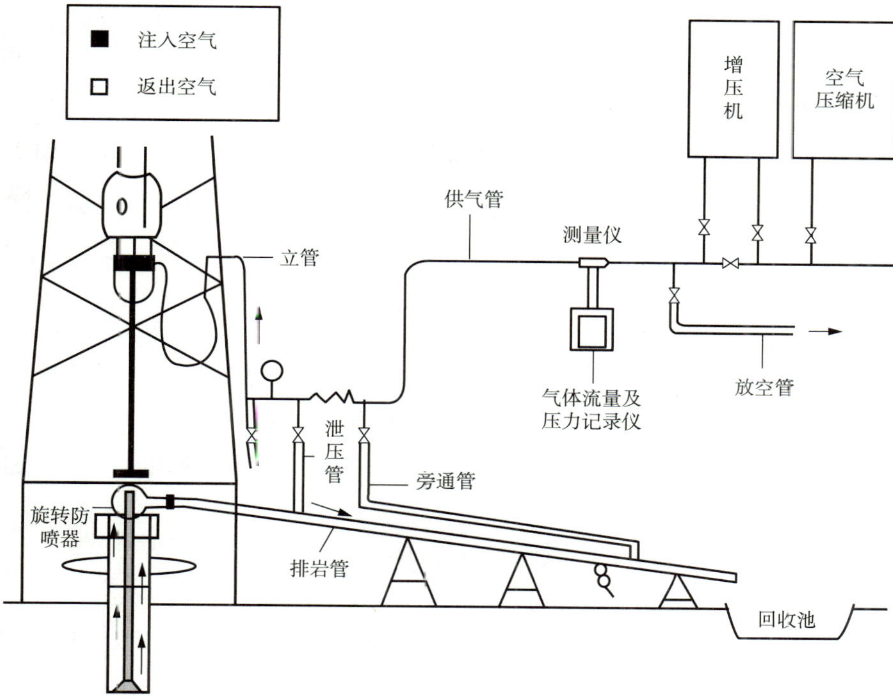

图 2-2-3　气体钻井示意图

钻井成功的关键。

（二）适用条件

欠平衡钻井技术适用于保护油气层，防止地层伤害，提高油井产能；低压、复杂油气藏、非常规油气资源开发；老油气田挖潜增效；消除储层污染，正确评价储层。

（三）主要装备及工具

同控压钻井技术主要装备。

（四）工艺流程

在常规闸板、环形防喷器的上部安装一套旋转防喷器，钻进时采用低密度常规钻井液或在钻井液中充入氮气或天然气，或采用干气、泡沫钻井液等，使环空液柱压力低于地层压力，在无油气显示时，钻井液通过旋转防喷器旁侧法兰出口管线至振动筛正常循环，当转换不能实现时，关闭旋转防喷器旁侧法兰连接的液动阀，改为封闭循环，利用防喷器节流管汇，控制井口压力，使井内油气有控制地进入井眼，经分离系统有效分离后，保持入口钻井液一定密度，重新泵入井内，实现连续钻进。

四 套管钻井

套管钻井是指用套管代替钻杆对钻头施加扭矩和钻压，实现钻头旋转与钻进。整个钻井过程不再使用钻杆、钻铤等，钻头是利用钢丝绳投捞，在套管内实现钻头升降，即实现不提钻更换钻头钻具。减少了起下钻和井喷、卡钻等意外事故，提高了钻井安全性，降低了钻井成本。

（一）特点

套管钻井与常规钻杆钻井相比具有明显的优势，主要有如下特点。

①套管钻井使用标准的油井套管，并使钻井和下套管作业同时进行。

②井底钻具组合装在套管柱的下端，可用钢丝绳通过套管内部迅速取出。在取出过程中可保持钻井液连续循环。

③整个钻进过程中，一直保持套管直通到井底，改善井控状况。

④套管只是单方向钻入地层，不再起出。

⑤套管钻井可沿用许多已有的钻井技术，如定向钻进、注水泥、测井、取心和试油气等作业。

⑥换钻头不再依靠钻杆，而是靠钢丝绳进行更换钻头作业。

（二）适应范围

适用于发育稳定，裂缝、断层为不发育或欠发育，地层倾角小的区域。由于套管钻井过程中不可避免地存在井斜，井斜影响结果就是导致完钻井深和垂深存在差异，井斜越大，这种差异越大，而地层倾角的大小、裂缝、断层等的发育情况，对井斜的影响起着重要作用。

（三）参数控制

①为防止套管弯曲，减少套管扭矩，钻压控制在 10～30kN。

②为减少套管柱扭矩，减轻套管柱外壁与井壁之间的磨损，转速控制在 60～120r/min。

③为减少钻井液对套管柱内壁和套管浮箍内部部件的冲蚀磨损，泵压控制在 6～7MPa。

（四）注意事项

①井斜控制问题。套管钻井过程中，套管柱中没有钻铤和扶正器，在加压过程中，套管柱易受压弯曲导致井斜，因此钻井过程中要严格控制钻压。

②套管保护问题。在套管钻井过程中，要使用套管专用螺纹脂，保证螺纹部位密封可靠，连接牢固。做好内外涂层防腐；钻井中增大钻头水眼尺寸，采用低转速小钻压钻进，减少钻井液对套管内壁的冲蚀。

第三节　固井与完井工艺技术

固井是油、气井建井过程中的一个重要环节。固井工程包括下套管和注水泥两个过程。下套管就是在已经钻成的井眼中按规定深度下入一定直径、由某种或几种不同钢级及壁厚的套管组成的套管柱。注水泥就是在地面上将水泥浆通过套管柱注入井眼与套管柱之间的环形空间中的过程。水泥将套管柱与井壁岩石牢固地固结在一起，可以将油、气、水层及复杂层位封固起来以利于进一步地钻进或开采。一口井固井质量的优劣不仅影响到井的继续钻进，而且影响到井今后能否顺利生产，影响到井的采收能力及寿命。因此，一口井的固井质量，从开始固井设计到具体施工都应认真对待。

一　井身结构

井身结构主要包括套管层次和每层套管的下入深度，以及套管和井眼尺寸的配合。一口井的井身结构的好坏，不但关系到钻井工程的整体效益，而且还直接影响油井的质量和寿命。井身结构如图 2-3-1 所示。

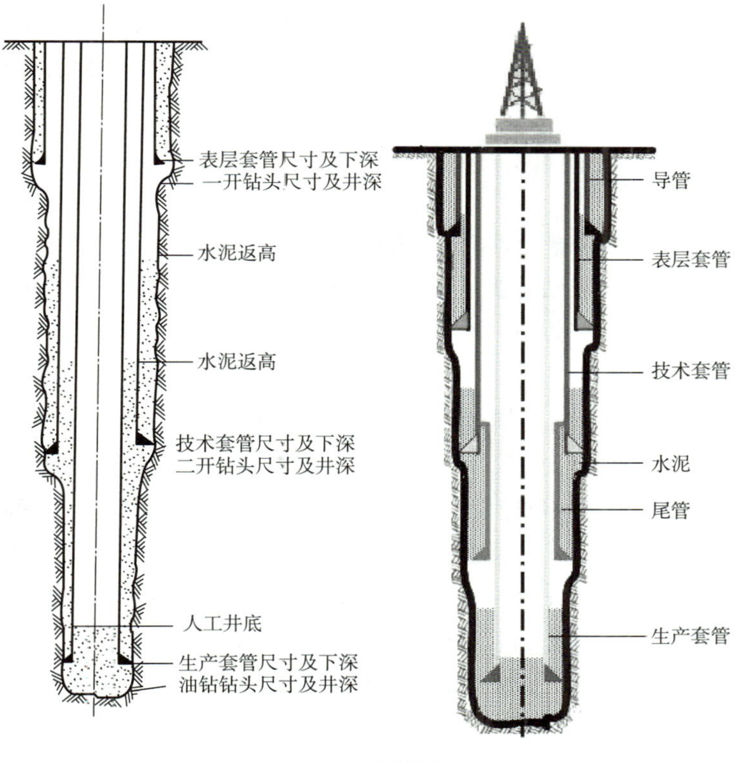

图 2-3-1　井身结构图

（一）套管的类型及作用

套管的类型有很多，根据套管的用途可将套管分为导管、表层套管、技术套管（中间套管）、生产套管等。

导管：井身结构中下入的第一层套管叫导管。其作用是防止井口附近的地表层坍塌。并不是所有的井都使用导管，常常在地表层较为疏松易塌和井口间距较近的丛式井中使用。

表层套管：一般是开始下入的最短的一层套管，主要有两个作用：一是在其顶部安装套管头，并通过套管头悬挂和支撑后续各层套管；二是隔离地表浅水层和浅部复杂地层，使淡水层不受钻井液污染。表层套管的下入深度，要根据地表部分松软的易塌、易漏地层和水层的深度而定。通常固井时水泥浆返至地面。

技术套管：介于表层套管和生产套管之间的套管都称技术套管，也称为中间套管。其作用是隔离不同地层孔隙压力的层系或易塌易漏等复杂地层。如：封隔用钻井液难以控制的复杂地层、无法堵塞的严重漏失层。根据需要中间套管可以是一层、两层，甚至多层。技术套管外固井水泥浆一般返至要封隔的复杂地层顶部 200m 以上。对于高压气井，为了防止天然气窜漏，固井水泥浆要返至井口。

生产套管：是钻达目的层后下入的最后一层套管，其作用是保护生产层，并为油气从产层流至地面提供通道，满足合理开采油气和增产措施的需要。生产套管的下入深度，根据目的层的深度和不同的完井方法而定。管外水泥浆返至要封隔的油气层顶部 200m 以上。对于高压气井，管外水泥浆通常返至地面，以利于加固套管，增强螺纹密封性，提高套管抗内压能力。

（二）井身结构的确定

井身结构的确定主要依据地质条件，钻井技术水平和采油、采气的技术要求。首先根据地质情况的复杂性和现有钻井技术水平，确定所需套管的层次、下入深度和水泥返高，然后再由内到外确定各层套管的尺寸和相应的钻头尺寸。具体原则：

①能有效地保护储层。

②避免产生井漏、井喷、井塌、卡钻等井下复杂情况和事故，为安全、优质、高速和经济钻井创造条件。

③当实际地层压力超过预测值发生溢流时，在一定范围内，应具有处理溢流的能力。

套管层次和每层套管的下入深度确定后，相应套管尺寸和井眼直径也就确定。套管尺寸的确定一般由内向外依次进行，即各层套管的尺寸大小，主要取决于生产套管的尺寸和套管与井壁之间的间隙值。首先确定生产套管的尺寸，再确定下入生产套管的井眼的尺寸，然后确定中间套管的尺寸等，依次类推，直到表层套管的井眼尺寸。套管和井眼之间间隙值最小一般不小于 19mm。

二 套管柱设计

（一）套管

油井套管通常为优质钢材制成的无缝管，两端均加工有锥形螺纹。油井套管有其特殊的标准。我国现用的套管标准与 API（美国石油学会）标准类似。

1. 套管钢级

API 标准规定套管本体的钢材应达到规定的强度，通常用钢级表示，分为：H、J、K、N、C、L、P、Q 八种共计 10 级，见表 2-3-1。

表 2-3-1 套管强度

API 标准套管钢级	最小屈服强度 /MPa	最小抗拉强度 /MPa
H—40	275.79	413.69
J—55	379.21	517.11
K—55	679.21	655.00
C—75	517.11	655.00
L—80	551.58	655.00
N—80	551.58	689.48
C—90	620.53	689.48
C—95	655.00	723.95
P—110	758.42	861.84
Q—125	861.84	930.79

其中，H—40 、J—55、K—55、C—75、L—80、C—90 这 6 个钢级的套管是抗硫套管。

2. 套管尺寸

常用 API 标准套管的外径共 14 种，外径从 114.30mm（4½ in）到 508mm（20in）。

114.30mm（4½ in）；　127.00mm（5in）；　139.70mm（5½ in）；
168.27mm（6⅝ in）；　177.80mm（7in）；　193.67mm（7⅝ in）；
219.07mm（8⅝ in）；　244.47mm（9⅝ in）；　273.05mm（10¾ in）；
298.44mm（11¾ in）；　339.72mm（13⅜ in）；　406.40mm（16in）；
473.08mm（18⅝ in）；　508mm（20in）

3. 套管壁厚

套管有不同的壁厚。API 标准规定各种套管的壁厚范围在 5.21 ~ 16.13mm。通常是小直径的套管壁厚小一些，大直径套管壁厚大一些。

4. 套管扣型

套管的连接螺纹都是锥形螺纹。API 标准套管的连接螺纹有四种：短圆螺纹、长圆螺纹、梯形螺纹、直连接型螺纹。套管螺纹连接形式如图 2-3-2 所示。除此之外尚有非标准螺纹。

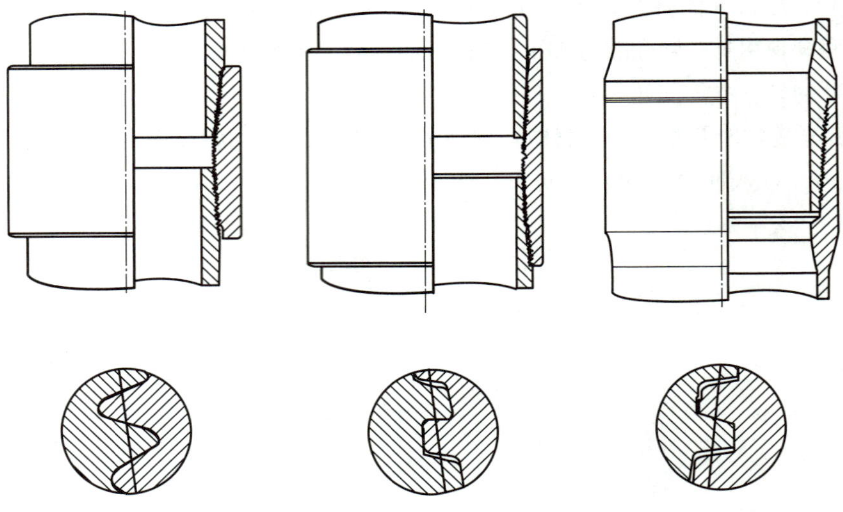

(a)圆形螺纹连接　(b)梯形螺纹连接　(c)直连接型螺纹

图 2-3-2　套管螺纹连接形式

（二）套管柱的受力分析

套管柱下入井中之后要受到各种力的作用。在不同类型的井中或在一口井的不同生产时期，套管柱的受力是不同的。套管柱所受的基本载荷可分为轴向拉力、外挤压力及内压力。套管柱的受力分析是套管柱强度设计的基础，在设计套管柱时应当根据套管的最危险情况来考虑套管的基本载荷。

1. 轴向拉力

轴向拉力主要由套管柱本身重量引起。其大小与套管柱的长度、套管的壁厚和外径尺寸等因素有关，而且由井底到井口逐渐增大。另外，上提套管时与井壁的摩擦阻力，替浆结束时碰压对套管柱所产生的附加拉力，下套管操作时猛提猛刹都会增加套管轴向拉力。但在一般情况下，摩擦阻力、碰压以及下套管正常操作时所增加的拉力常小于套管柱在钻井液中的浮力。因此，进行套管柱设计时，一般按套管在空气中的重量计算拉力。同时在现场施工中，下套管作业后期应尽量减小由操作原因引起的附加拉力。

2. 外挤压力

套管柱在井内要受到外挤压力。外挤压力是沿着套管外壁周围分布的径向力，其方向是垂直指向套管轴线的。外挤压力主要来源于套管内外钻井液液柱的压差或地下流体的压力。套管柱的外挤压力，由上而下逐渐增大，井底套管承受的外挤压力最大。在水泥返高面以上，套管柱承受的外挤压力是管外钻井液的静液柱压力。在水泥封固段，水泥浆凝固后成了套管水泥环和地层的组合壁桶，套管所受的外挤压力计算比较复杂，目前国内外均按钻井液静液柱压力计算。

3. 内压力

油气井关井和进行挤注作业时，套管柱均要承受内压力。内压力对圆柱形的套管内壁来讲，是径向力，它的方向是由套管轴线垂直指向内壁的。内压力取决于地层流体压力和挤注作业时挤入流体压力。挤注作业时，挤入流体的压力可根据套管的强度人为地控制，使其内压力不超过套管的内压力强度。而井喷关井时对套管产生内压力的地层流体压力，则难以人为地控制。因此，设计套管柱时，要根据地层流体的压力计算套管柱的抗内压强度。

（三）套管柱的强度设计

1. 套管柱强度设计原则

套管柱的强度设计是依据套管所受的外载，根据套管的强度建立一个安全的平衡关系：

套管强度≥外载 × 安全系数

套管柱的强度设计就是根据技术部门的要求，在确定了套管的外径之后，按照套管柱所受外部载荷的大小及一定的安全系数选择不同钢级及壁厚的套管，使套管柱在每一个危险截面上都建立上述表达的关系。设计必须保证在井的整个使用期间，作用在套管上的最大应力应在允许的范围之内。设计的原则应考虑以下三个方面：

①应能满足钻井作业、油气层开发和产层改造的需要。

②在承受外载时应有一定的储备能力。

③经济性要好。

2. 常用的套管柱强度设计的方法

套管柱强度设计中最常见的方法有等安全系数法、边界载荷法、最大载荷法、AMOCO设计方法、西德 BEB 设计方法以及苏联的方法。

套管柱的设计通常是由下而上分段设计的。按常规，自下而上把最下面的一段套管称为第一段，其上为第二段，依次上推。

（1）等安全系数法

等安全系数法的基本设计思路是使各个危险截面上的最小安全系数等于或大于规定的安全系数。设计时，先考虑下部套管的抗外挤强度满足要求，通常在水泥面以上的套管还应考虑双向应力，上部套管应满足抗拉以及抗内压要求。

（2）边界载荷法

边界载荷法也称拉力余量法。该方法的抗外挤强度设计与等安全系数法相同，抗拉设计改用第一段以抗拉设计的套管的抗拉强度和安全系数所决定的一个边界载荷值为设计上部套管的拉力强度标准。其设计方法为：抗拉设计的第一段套管的可用强度 = 抗拉强度 / 安全系数；边界载荷 = 抗拉强度 – 可用强度；抗拉设计的第二段套管强度 = 抗拉强度 – 边界载荷；以后各段均按照同一个边界载荷来选用可用强度。

这种方法的优点是套管柱各段的边界载荷相等，使套管在受力时各段的拉力余量是相等的，这样可以避免套管的浪费。

（3）最大载荷法

最大载荷法的设计思路是将套管按技术套管、表层套管、生产套管等分类，将每一类套管的载荷按其外载荷性质及大小进行设计。其设计方法是先按内压筛选套管，再按有效外挤力及拉应力进行强度设计。该方法对外载荷考虑细致，设计精确。

（4）AMOCO 设计方法

AMOCO 设计方法的独到之处在于：在抗挤设计中考虑拉力影响，按双轴应力设计，在计算外载时考虑到接箍处的受力，在计算内压力时也考虑拉应力的影响。设计中用解析法与图解法结合的方式。

（5）西德 BEB 设计方法

西德 BEB 设计方法主要是图解法。其特点是将套管分类进行设计。在设计中考虑抗外挤及内压强度时，必须考虑拉应力的影响，拉应力一律按在钻井液中的浮重计算，并考虑浮力作用在套管底部的截面上使底部受压应力。

我国目前常用等安全系数法和西德 BEB 设计方法。

三 下套管

（一）套管柱的下部结构

通常需要在套管柱下部安装一些附加装置，即套管柱的下部结构，以便于把不同壁厚、不同钢级的套管柱顺利和安全地下入预定井深，提高注水泥质量。套管的下部结构主要包括：

套管引鞋：装在套管柱底端的圆锥或半球形带循环孔的短节，其作用是引导套管入井，防止套管插入井壁或刮挤井壁泥饼。套管引鞋一般用生铁或高强度水泥浇筑在套管鞋内做成。

套管鞋：用套管接箍或护丝做成，下端车成 45° 内斜坡，以便引导钻具顺利进入套管，防止钻具的接头和钻头挂碰套管底端。套管鞋接于引鞋之上，固井后不再钻进的生产套管可以不用。

旋流短节：接在套管鞋上的一段带有孔眼的短节，孔眼呈螺旋状左旋分布。一般孔径为 25 ~ 30mm，孔数是 8 ~ 9 孔。其作用是使水泥浆旋流上返，提高顶替效率，保证注水泥质量。在超深井固井中，常将引鞋与旋流短节并为一体，可用易钻的铸铝制造，固井后钻掉。

套管浮箍：其作用是在下套管过程中，减轻套管柱重量，在注水泥过程及其结束后，防止水泥浆回流，保证水泥浆上返高度，一般用于技术套管和生产套管，接在旋流短节之上。浮箍的阻流板可作承托环。

承托环：其作用是控制水泥塞高度，下套管时装在水泥塞预定位置处的套管接箍内，以便于钻掉，一般用生铁或铝合金做成。

套管扶正器：用以扶正套管，使套管在井内居中，保证管外水泥环均匀分布。要使套管扶正器发挥作用，必须合理选择扶正器下入的位置、数量以及相邻两个扶正器的距离，一般安置在油、气层部分和井径较小或井斜方位变化大的井段。

（二）下套管准备

1. 检查套管

下套管前，管具服务公司应根据固井设计要求，将经过下列工序检查的合格套管分钢级、壁厚按编号顺序送到井场，排列整齐，并有 3% 的备用量。

①通内径。用直径小于套管内径 3 mm、长度合适的标准内径规，逐根通过，通不过者为不合格。

②查外表缺陷。清除沥青及保护漆后，查斑痕、裂纹、伤痕，其深度超过壁厚的 12.5% 者为不合格。

③查弯由度。用肉眼观察滚动的套管是否弯曲，弯曲者为不合格。

④查椭圆度。内外螺纹的椭圆度超过 0.5mm 为不合格。

⑤查管体钢级。钢级不对者，不能送到井场。

⑥查管体商标。其中包括标号、壁厚、厂家、出厂日期等。

⑦测壁厚。用测厚仪测量套管壁厚，壁厚薄于标准壁厚的 12.5% 者为不合格。

⑧接触探伤。有伤者为不合格。

⑨试压。

⑩查螺纹配合间隙。用手旋紧标准螺纹规的套管螺纹后，测量螺纹最后完整牙到螺纹规端面的距离，对于 8″ 以下的套管该距离为 11 mm ± 3 mm，8″ 及 8″ 以上的套管为 13 mm ± 3 mm。超出范围者为不合格。

⑪ 丈量长度。

⑫ 光谱查钢级。

⑬ 水浸聚焦探伤。有伤痕者不能用。

2. 井眼准备

为使套管能顺利下入井底，提高注水泥质量，下套管前应做好以下工作：

①下钻通井，对遇阻、井斜变化大、电测井径小于钻头直径的井段需划眼。

②大排量循环，清除井底沉砂，钻井液性能达到下套管要求。

③起钻前做好短起下作业，测油气上窜速度，确保压稳油气不上窜。

④对于漏失的井段，如漏失较大地层，应进行承压堵漏；对复杂地层，如掉块坍塌地层，应打封闭或稠塞。

3. 设备及工具的准备

①下套管前应对地面设备，包括井架基墩、底座、拉筋、提升系统、钢丝绳、指重表、

钻机传动部分、刹车系统、钻井泵、柴油机、发电供水设备等进行严格仔细的检查。

②对于深井套管重量较大者，必要时甩下部分钻具，或加固井架底座和井架大腿。

③对于下套管用的吊卡、卡瓦、联顶节等，要检查是否完好和灵活，接好灌钻井液管线，在超深井、重负荷下，还应做必要的拉力试验。

④按套管尺寸更换闸板防喷器半封闸板。一切准备完毕，便可组织下套管作业。

⑤对于无接箍、薄接箍以及悬重超过 100t 的公称直径 ϕ244.5mm 及以上的大尺寸套管，下套管时应准备套管卡盘。

⑥对于大位移水平井以及复杂井下完井管柱宜准备旋转下套管装置。

（三）操作及注意事项

下套管操作及注意事项见第七章。

四 注水泥

（一）油井水泥简介

1. 油井水泥的矿物成分和水化作用

目前广泛使用的油井水泥是硅酸盐水泥，它是由石灰石、黏土和少量铁矿石等原料，按一定比例混合，经高温（1350～1450℃）煅烧，将熟料加工磨细制成。水泥熟料主要由以下四种矿物组成：硅酸三钙，占 48%～65%；硅酸二钙，占 20% 左右；铝酸三钙，不大于 8%；铁铝酸四钙，不大于 18%。

水泥加水搅拌后，各种矿物将分别与水发生复杂的水解和水化反应。随着水化反应的不断进行和水化物的大量产生，水泥浆的物理状态相应发生急剧变化，由液体逐渐变稠、凝结，最后硬化成坚固的水泥石。此过程大致可分为以下三个阶段。

调凝期：水泥调水后，颗粒表面立即发生水化反应，当水化产物逐渐增强，达到饱和状态以后，便有部分水化产物以胶态粒子或细小晶体形式析出，使水泥浆成为溶胶体系。

凝固期：水化作用继续进行，胶体颗粒显著增加，并逐渐聚结，同时部分晶体开始连接，使溶胶体系逐渐形成凝胶结构，水泥浆即丧失流动性而很快凝结。

硬化期：水化作用不断深入，水化物晶体大量产生，并互相连接；同时凝胶内部继续水化吸收大量水分，结构强度显著提高，凝胶结构便逐渐硬化形成水泥石。

2. 水泥浆的物理性质及调节

密度：水泥浆的密度由组成水泥浆的材料决定，由于水泥浆是由水泥、配浆水及外加剂或外掺料组成，所以组成水泥浆的这些材料的密度和掺量直接影响水泥浆的密度。水泥浆的密度一般可以通过改变水灰比或加入密度调节剂（减轻剂或加重剂）来调节。水泥浆的水灰比只能在一定范围内变化。如果过小，流动性差，泵送困难；如果过大，将引起颗粒下沉，或析出大量自由水聚集上窜，破坏水泥石的密封性。

流变度：水泥浆要有较好的流动性，才能满足固井要求。使用旋转黏度计测试水泥浆在不同转速下的读数，可计算流性指数和稠度系数这两个水泥浆流变性能的主要参数。水泥浆的流变性能有时也用流动度来表示。流动度虽然不能用于水泥浆水力参数设计，但能直观反映水泥浆配制和流动的难易程度。一般情况下，当水泥浆的流动度为 22 ~ 24cm 时，其流动性能较好；当流动度小于 18cm 时，水泥浆的流动性能较差；当流动度大于 24cm 时，水泥浆的沉降稳定性较差。

稠化时间：水泥浆的流动性能一般用稠度表示，单位是 Bc，水泥浆在模拟搅拌泵注过程的稠化实验中，其稠度随着水化作用的深入进行将逐渐增高，当稠度达到 100Bc 时，水泥浆完全丧失流动性，所测得的时间定义为稠化时间。通常把水泥浆稠度达到 40Bc 时所测得的时间称为可泵时间。稠化实验开始的 15~30min 水泥浆的最大稠度为水泥浆的初始稠度，反映了水泥浆配浆初期的流动性能。稠化时间要求非常严格，它是决定固井安全施工的关键因素，整个注水泥作业必须保证在水泥浆稠化时间内完成。同时，通常要求稠化时间在确保顺利施工的前提下尽可能短，以便缩短候凝时间，减少水泥浆失水以及可能遭受的水侵和气侵。

失水：固井施工时，水泥浆在压力下经过渗透性地层时会发生“渗滤”，水泥浆滤液进入地层从而导致水泥浆失水。为了保证水泥浆具有足够的流动性，需要加入超过水泥水化所需要的水量。水泥浆失水改变了原来的水灰比，使水泥浆密度变大、降低流动性、稠化时间变短，并在井壁形成厚的水泥饼，严重者将造成卡死套管和憋泵的危险。因此，固井时应尽量降低失水量，特别是在松软的渗透性好的地层。

水泥石的抗压强度：凝固的水泥石必须经受由于地层孔隙压力引起的水平压力和套管重量引起的轴向载荷，以及抵抗钻井时的冲击载荷和完井作业的各种压力。抗压强度高的水泥石固井质量一般较好，产层段水泥浆抗压强度应不小于 14.0MPa。在高应力反复作用下，抗压强度高的水泥石存在易破碎的问题。一般中等强度（14.0~21.0MPa）的水泥石具有较好的密封性能。水泥石的抗压强度达到 3.5MPa 即可支撑悬挂住套管柱，满足继续钻井的要求。

3. 水泥的外加剂

如果仅仅靠调节水泥的化学成分不能完全满足注水泥工艺要求，此时，就应通过加入外加剂调节水泥浆的性能。

加重剂：当需要高密度水泥浆时，应在水泥浆中使用加重剂。常见的加重剂有重晶石、赤铁矿粉、还原铁粉等高密度材料。用加重剂可以使水泥浆的密度达到 $3.0g/cm^3$。

减轻剂：当要求降低水泥浆的密度时，应当在水泥浆中加入减轻剂。常见的有膨润土、粉煤灰、玻璃微珠等低密度材料。使用减轻剂可使水泥浆的密度降到 $1.0g/cm^3$。

缓凝剂：可使水泥浆的稠化、凝固时间延长，通常用于高温梯度的井和深井以保证有足够的注水泥作业时间。常用的缓凝剂有木质素磺酸盐、羟基羧酸（盐）、有机磷酸（盐）、无机酸及盐类、AMPS 共聚物等。

促凝剂：可使水泥浆加快凝固，用于缩短水泥的候凝时间及增加水泥的早期强度，多用于浅层及低温层的封固。常用的有氯化钙、甲酸钙等。

减阻剂：能明显改善水泥浆的流动性，使水泥浆的流动阻力减少，有利于在低流速状态下使水泥浆的流动进入紊流状态，提高注水泥的质量。常用的有木质素磺化钠、甲醛与酮类缩聚物等。

降失水剂：能降低水泥浆的失水量。主要分为两类，一种是微粒材料，如膨润土、胶乳等；一种是水溶性高分子材料，常用的有纤维素衍生物、聚乙烯醇、AMPS 共聚物等。

防漏失剂：用于防止水泥浆在易漏失层中的漏失，分为纤维状、颗粒状等固体堵漏材料。如沥青粒、纤维材料。

弹性剂：可以降低水泥石的弹性模量，改善水泥石的脆性，提高其形变能力及弹韧性。常用的有橡胶粉、可分散乳胶粉等。

膨胀剂：可以在水泥浆凝固时产生轻度体积膨胀，封闭环空微隙，改善水泥环与套管、地层的界面胶结。主要分为两类，一种是碱性金属粉，与水泥浆体中的碱溶液反应生成气体产生膨胀；一种是水化可产生晶体膨胀的物质，如钙矾石类、氧化钙、氧化镁等。

4. 特种水泥

特种水泥是用于解决某些油气井的特殊问题的水泥，如注水泥中的高温、漏失、环空气窜等问题。

（1）触变性水泥

普通水泥浆的流变性为随着时间的延长、水泥浆变稠，泵送时的压力会变大，静止后再开泵泵送，流动阻力明显增加。触变性水泥的特点是当水泥静止时，会形成胶凝状态，但在流动时，胶凝状态被破坏，它的流动性是良好的。当触变性水泥浆在泵送时，其流动特性良好，水泥浆是稀的、可泵送流体，但是当停泵时迅速形成一种密实的结构体系，流动性变差，再次泵送时，结构体系破坏，又恢复良好的流动性。

触变性水泥的这一特性可用于处理固井时的井漏。当触变性水泥浆进入漏失地层后，流速变慢，形成胶凝状态，流动阻力变大，基本停止流动，将漏层堵住。

触变性水泥有黏土水泥体系、硫酸盐水泥体系等。黏土水泥体系是在硅酸盐水泥中加入吸水膨胀性黏土，黏土的加入量可达 2%，可有效地防止环空气窜及堵漏。硫酸盐水泥体系是在硅酸盐中加入硫酸钙、硫酸铝或硫酸亚铁等，硫酸盐在水泥浆中形成一种凝胶物质，有触变性。一般含量小于 10%。

（2）膨胀水泥

水泥石应当与套管和地层岩石有良好的胶结，以保证水泥把套管、地层岩石封堵牢固。但是一般的硅酸盐水泥凝固后，体积会有微小的收缩，对于非高压层，不会有太大的危害，但对于高压气井就会有较大的危险。因此，固高压井时要求水泥凝固时体积不仅不能收缩反而应略有膨胀，使封固性能良好。在这种情况下可用膨胀水泥体系。

膨胀水泥主要由水泥和膨胀剂组成，膨胀剂以钙矾石为膨胀源，其在水泥水化时生成钙矾石晶体，晶体在水化过程中不断长大使水泥石体积增大，其线性膨胀率为 0.2% 左右。

氧化钙、氧化镁水泥：在水泥中加入煅烧的氧化钙、氧化镁，它与水反应形成氢氧化钙和氢氧化镁，氧化钙水化为氢氧化钙时固相体积增加 97.9%，氧化镁水化为氢氧化镁时固相体积增加 117%。膨胀水泥在应用中应注意控制其膨胀率适当，一般在 1% 左右，过大会造成很大的压应力，损坏套管。

（3）防冻水泥

在某些寒冷地区施工时，地表温度较低，易使水泥浆受冻，而使水泥石的强度降低，此种情况下应使用防冻水泥封固。防冻水泥是在硅酸盐水泥中加入石膏粉或铝酸钙。石膏粉与水泥各占 50% 的防冻水泥，加入 12% 的食盐水混浆，可用于零下 20℃的低温条件。铝酸钙与水泥各占一半的铝酸盐防冻水泥，可用于零下 10℃的低温条件。

（4）抗盐水泥

在使用海水配浆或井下有大段盐岩层的情况下，应当使用抗盐水泥。主要是在油井水泥中加入大量的食盐（NaCl）粉，形成抗盐水泥。抗盐水泥所适用的场合有：用于在海上钻井时，无淡水配浆时可直接使用海水配制；用于大段含盐层的固井；用于大段泥、页岩和膨胀性地层的固井。

（5）抗高温水泥

在深井、超深井等井底高温的情况下可使用抗高温水泥。G 级油井水泥在 80~110℃下水化生成的产物结构致密、强度高，并随着时间的延长，水泥石强度逐步增加。温度超过 110℃后，水泥水化生成的产物强度低且结构疏松、渗透率高，从而导致高温下水泥石强度的降低，且随着时间的延长，水泥石强度逐步降低。常见的抗高温水泥为硅酸盐水泥、粉煤灰、石灰和硅粉的混合物，应用于 200℃以内的高温井。

（6）轻质水泥

为减轻水泥浆的密度，可在水泥中加入轻质材料，如粉煤灰、膨润土、硅灰、火山灰、玻璃微珠等，它们中的一种或几种与水泥混合，与水以不同比例混合，可得到密度为 1.2 ~ 1.6g/cm^3 的水泥浆，主要用于低压井固井等场合。

（7）磷酸盐水泥

磷酸盐水泥是由碱性粉末和酸性液体通过酸碱反应键合的水泥，具有良好的耐高温和抗酸蚀能力。实验表明：二氧化碳和二氧化硫腐蚀前后，磷酸盐水泥尺寸不变、强度增大、渗透率不变；其在耐温试验测试中 600℃下水泥石强度长期稳定。与硅酸盐、铝酸盐水泥相比，磷酸盐水泥耐温能力更高，且可以抵抗酸腐蚀，在稠油热采、高温井封窜、天然气开发、二氧化碳驱油、二氧化碳埋存和核废料埋存等方面有良好的应用前景。

5. 温度和压力对水泥浆性能的影响

随着油气井的不断加深，井下温度和压力不断增加，水泥浆性能也急剧变化，尤其是对温度影响更甚。随着井下温度的升高，水泥浆的水化速度加快，因而稠化时间大大缩短。水泥浆在高温高压下生成的水化产物与常温常压下是不一样的。水泥浆在高温（一般是 110℃以上）条件下生成的水化产物颗粒粗大，因而使水泥石的强度显著下降。加入一定数量的石英砂或煤渣灰可以防止水泥在高温条件下的强度降低。

（二）前置液体系

前置液体系是注水泥过程中所用的各种前置液体的总称。前置液体系是用于在注水泥之前，向井中注入的各种专门液体。其作用是将钻井液与水泥浆隔开，起到隔离、缓冲、清洗的作用，可提高固井质量。前置液可分为冲洗液和隔离液，用量一般占环空高度300m以上或按紊流接触时间不小于10min计算。

1. 冲洗液

冲洗液功能上侧重于稀释钻井液，有效冲洗井壁及套管壁，提高对钻井液的冲洗效率和水泥环的胶结质量。冲洗液通常是在淡水中加入表面活性剂或是将钻井液稀释而成的。常用的冲洗液配方是：CMC水溶液，表面活性剂水溶液以及海水等。冲洗液应当具有接近水的低密度、低塑性黏度、良好的流动性能、低剪切速率、低流动阻力，应与钻井液及水泥浆有良好的相容性。因冲洗液密度较低，黏度很低，对失水量没有严格要求，当在井喷、井塌等复杂情况下固井时，应慎用。

2. 隔离液

隔离液功能上侧重于能有效地隔开钻井液与水泥浆，防止其相互污染；能形成平面推进型的顶替效果；对低压、漏失层可起到缓冲作用；具有较高的浮力和拖拽力，以加强顶替效果。

隔离液通常是黏稠的液体。它的黏度较冲洗液要大，密度稍高，静切力应稍大。它的使用是在冲洗液之后注入，隔离液注完之后再注水泥浆。

隔离液一般为在水中加入黏性处理剂、加重材料等配成，其性能要求为：密度比钻井液大、黏度较高。其配方常见的有水溶液加入瓜胶或羟乙基纤维素，用加重材料调节密度。

（三）注水泥设备

注水泥是用一套设备和管汇，把水泥浆泵送到套管与井壁的环行空间预计的位置，达到封固生产层和复杂层的目的。这套设备主要包括：

1. 水泥车

水泥车是注水泥的主要设备。车上装有柱塞式水泥泵、计量水柜、离心泵、高能混合器、混浆槽和必要的高低压管汇，动力来源于底盘、平台变矩器以及平台柴油机。其固井作业流程如图2-3-3所示。

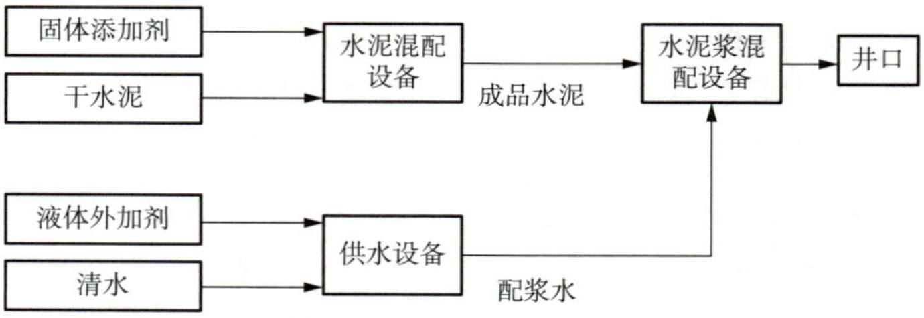

图2-3-3　固井作业流程

2. 配置水泥浆

配制固井水泥浆，是固井作业中的一个重要环节，它直接影响固井质量，水泥车利用离心泵或汽油机向计量罐供水，清水经喷射泵吸入加压输送到混合器与干水泥灰混合进入混浆槽，循环泵吸入水泥浆一部分通过密度计流回混浆槽，而大部分水泥浆再进入混合器进一步混合。配制好的水泥浆直接供给柱塞泵，经加压后向井口泵送固井水泥浆。

3. 固井水泥头

固井水泥头靠螺纹连接在套管柱最上面的联顶节上，并与地面的管线相连。另外两侧装有顶丝螺母，螺母装有挡销，以搁置胶塞，上部装有盖帽（盖帽与本体用方扣连接）即可装置胶塞于挡销上。盖帽上端焊有短节，用由壬与顶胶塞管线相连。水泥头与注水泥管线的高压闸门间，装有压力表，以观察注水泥过程中的泵压变化。

4. 固井胶塞

固井胶塞是一个实心的柱形橡胶塞子，外表做成皮碗状，皮碗外径应稍大于套管内径，根部直径小于套管内径。胶塞预先放入固井水泥头内，替钻井液前用水泥车顶入套管内。其作用一是隔开钻井液与水泥浆，防止相混；二是刮去套管内壁上的水泥浆，以免污染钻井液。胶塞与承托环相碰时，泵压突然升高，俗称碰压。固井胶塞结构如图 2-3-4 所示。

图 2-3-4　固井胶塞

5. 水泥供应设备

目前现场普遍采用气体运输原理，设备包括多种形式的自动装卸水泥贮仓和罐车，油井水泥的装卸和贮运均为散装。

（四）施工工序

为了保证固井质量，固井前首先必须做好固井设计方案，通常按以下工序进行注水泥施工。

①套管下至预定井深后，装上循环头循环钻井液，大排量循环两周以上，泵压稳定，钻井液性能达到固井设计要求，各项固井准备工作达标，进入固井作业。

②接水泥头，装入固井胶塞，并接好各台水泥车注水泥的地面管汇。

③对注水泥管线进行冲洗、试压。

④注前置液，注水泥。倒好阀门，用水泥车注入冲洗液和隔离液。注完隔离液后，开始注水泥。

⑤压胶塞。注完水泥后，打开水泥头挡销，压胶塞。

⑥替浆。确保胶塞下行至管串内，开始替钻井液。

⑦碰压。替钻井液后期，泵压逐渐升高，适当降低顶替排量。当胶塞坐在承托环时，泵压突然升高，替浆结束。

⑧放回水，检查浮鞋、浮箍密封情况。

⑨候凝。

注意事项:

在固井注水泥施工过程中，为了确保固井质量，还需注意以下问题：

①固井监督组织召开固井交底会，固井队对施工过程的各个环节交底并明确注意事项。

②钻井队在注水泥前也应召开固井施工会议，做好配合岗位人员的部署和安排。

③注水泥作业应连续施工，指定有经验的工程师任施工指挥，各配合方应及时将注水泥施工参数汇总到固井指挥。

④注水泥前，注水泥管线试压值应大于预计最高施工压力的 1.2 倍。

⑤注水泥过程中应连续监控施工情况（包括排量、压力、水泥浆密度及井口返浆等），并做好记录。

⑥替顶替液时，应准确计量顶替量，并安排专人观察井口返出情况。

⑦替顶替液后期，应降低顶替排量，密切注意泵入量、泵压变化及井口返浆情况。

⑧应采用小排量碰压，碰压附加值宜控制在 3 ~ 5MPa。

⑨正常情况下，应开井敞压候凝。若浮鞋、浮箍失灵，应关井憋压候凝，管内压力宜高于管外静压力 2 ~ 3MPa，并派专人按要求放压。

⑩替浆结束后，如需对环空水泥浆进行加压，应根据水泥浆失重、气层压力、破漏压力和环空液柱压力计算加压值，加压时间应不少于水泥浆顶部静胶凝强度达到 48Pa 的时间。

⑪候凝时间：浅井不少于 24h，深井不少于 48h，超深井不少于 72h。

⑫固井施工作业过程中，高压管汇区域应有明显安全警示，高压区附近不允许有人员逗留。

⑬现场出现异常复杂情况，按应急预案处置。

五 深井尾管固井

由于深井井底的压力和温度高，地层情况复杂，套管柱长，重量大，所以深井固井多采用尾管固井法。

（一）尾管固井法及其应用

在上部已经下有套管的井内，只对下部新钻开的裸眼井段下套管注水泥进行封闭，对这部分用一种特殊工具悬挂在上一层套管内或坐在井底的、未延伸到井口的套管柱称为尾管，这种固井方法称为尾管固井法。尾管固井法是用钻杆把尾管送下去，并从钻杆注入水泥经尾管返到尾管外的环行空间。钻杆与尾管是用正反接头连接的。注完水泥后，从正反接头处将钻杆倒开提出。

尾管固井法主要应用于深井固井。近年来随着钻井技术的发展和深部地层找油找气的需要，尾管固井法日益得到广泛的应用。尾管固井法与普通固井法相比较，具有以下优点：

①节约了套管和水泥。尾管固井后，上一层套管满足完井要求，可不进行回接，从而节约了尾管以上的套管和水泥，降低了钻井的成本。

②改善了钻井水利条件。尾管固井法为使用复合钻具提供了条件。在尾管以上技术套管封隔井段内，仍可用大尺寸钻杆，比全面下套管后完全改用小尺寸钻杆时钻井液流动阻力小，为深井继续钻进创造了有利条件。

③把一次重负荷下套管作业变为两次轻负荷下套管作业，同时可减轻固井后套管头的负荷。

④在高压气井采用尾管固井后，完井前再回接套管至井口固井，可以获得一段未经磨损的完好套管，这样就能保证高压气井的长期安全生产。

⑤采用尾管固井法有利于处理喷漏共存的复杂固井工艺。

⑥在深井、超深井大段裸眼固井条件下，采用尾管固井回接套管的方法，可将一次高难度的固井工艺改为两次施工，这样既可使固井作业容易施工也有利于保证固井质量。

（二）尾管串结构

简单的尾管串结构是在入井的第一根套管下端接引鞋，第一根和第二根套管之间接回压凡尔，在套管柱最上端接尾管悬挂器（正反扣接头）。其结构一般是：套管鞋 + 一根套管 + 回压凡尔 + 套管柱 + 尾管悬挂器。

（三）尾管固定

尾管的固定方法有三种：

1. 尾管坐于井底法

这种方法最简单，它用普通方法注水泥和替完钻井液后，把全部尾管柱的重量坐于井底，将钻杆从正反接头处倒开并起出，即坐尾管完井。其优点是方法简单，工艺简便，缺点是全部尾管坐于井底，在自重作用下造成弯曲，如果尾管直径小长度比较长，井眼又不规则这种弯曲就更为严重。

2. 水泥环悬挂法

将尾管与上一层套管相重合部分加长，在两层套管间也注上水泥，利用水泥环的连接力把尾管重量悬挂起来，称为水泥环悬挂法。使用这种方法可以克服尾管坐于井底法的缺点。但是这种方法必须在水泥浆凝固后，才允许倒出钻杆。为防止水泥将钻杆固死，在钻杆正反接头与尾管之间接一特殊的反循环接箍，当替完钻井液后，在地面钻杆内投入小球，它坐于套筒的球座上，将钻井液循环通道堵死，造成循环断路，泵压升高，把销钉剪断，使套筒下行坐于承托环上，此时露出正反接头及反循环接箍上的孔眼。然后进行反循环洗井，冲出钻杆外的水泥浆，待水泥浆凝固后倒出钻杆，同时也取出小球及套筒。

3. 尾管悬挂器悬挂法

使用悬挂器悬挂尾管是目前应用得最广泛的尾管固井方法。尾管悬挂器的形式有很多，但归纳起来可以分为机械式尾管悬挂器和液压式尾管悬挂器两大类。

尾管悬挂器上与钻杆相接，下与尾管相连。下套管时，螺钉位于导向套上槽的左下端，带动弹簧片及卡瓦一起下行。尾管下至预定位置后，上提钻具反转约半圈，螺钉即转至槽的右侧，缓慢下放钻具，螺钉即沿槽下行。导向套在弹簧片与套管壁的作用下，与上层套管相对静止，对悬挂器锥套而言，则是相对上行。卡瓦片沿锥套的锥面上行，卡瓦牙张开，逐渐与上层套管内壁贴紧，直到坐稳挂牢为止。然后正转数圈钻具从反扣处倒开，上提少许，即可注水泥。替完钻井液后上提钻具，将油管堵塞器提出正反扣接头，循环钻井液，冲洗钻具。油管堵塞器用以防止倒开后注水泥时，水泥浆从倒开处短路。

（四）尾管注水泥

尾管注水泥时可采用两种方法：一种方法是用准确计量来控制注水泥时的替钻井液量而不用胶塞，这种方法较为简单，但要求计算和替入的钻井液量够准确，否则便会造成水泥塞过长或套管鞋附近的水泥浆被替空的现象。另一种方法则是使用了尾管专用的复合胶塞，它由上、下两段胶塞组成，复合式胶塞结构如图 2–3–5 所示。使用复合胶塞能控制套管内的水泥塞长度，这种方法是在下尾管时用销钉将下胶塞固定于正反接头之下和尾管一起入井，注完水泥替钻井液前当上胶塞下行到下胶塞的锥形座上后，便将钻井液通道堵塞，使泵压升高，从而将下胶塞销钉剪断。于是，上、下胶塞合在一起下行，到达承托环时进行碰压。

尾管固井完，根据需要可将尾管回接至地面。因此尾管固井时要考虑到尾管顶部装回接器，以便在必要时进行回接。

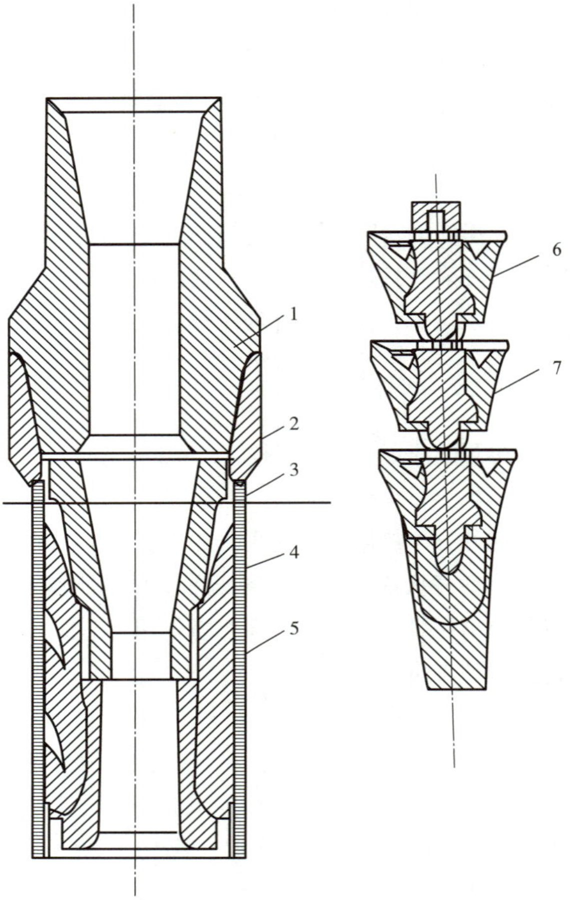

图 2–3–5　复合式胶塞结构示意图

1—正反扣接头；2—大小头；3—销钉；4—锥形座；5—下段胶塞；6—上段胶塞胶片；7—上端胶塞体

（五）尾管固井应注意事项

①在下套管过程中，特别是正反扣接头下入井中以后，活动钻具只能上提下放，不许转动，以防止从正反接头倒开。

②正反接头螺纹要光滑，可用手上卸扣，下井时用链钳上紧即可。

③指重表要正确灵活，要准确记录尾管柱的悬重（灌满钻井液以后），倒开正反接头时，上提钻具使中和点位于正反接头处，以便倒扣。正转倒扣时，应根据正反接头螺纹数确定旋转圈数。

④注完水泥后，立即循环洗井。在气井中多采用反循环洗井。把多余的水泥浆全部替

出，再改用正循环洗井。

⑤注水泥不用胶塞时，要特别注意算准替浆量。

⑥在水泥浆凝固过程中，井口必须保持足够平衡地层的压力，以防止气体上窜。

六 特种注水泥

由于实际钻井中井下情况非常复杂，在一些特殊情况下使用普通注水泥方法不能满足客观需要，因而必须采取特殊的措施才能解决问题。

（一）内管法注水泥

注水泥时在套管内下入钻杆或油管作内管，由内管注入水泥浆的方法称作内管注水泥。其主要优点一是从钻杆内注入水泥及顶替钻井液，所替钻井液量大大减小，从而缩短了注水泥施工时间；二是在大尺寸套管内注水泥及替钻井液时，易发生水泥浆对钻井液的污染和窜槽现象，采用内管注水泥可以避免这一现象；三是管内不留有水泥塞，可省掉钻水泥塞的工序。

内管法注水泥器：在大直径套管内，以钻杆或油管作内管，水泥浆通过内管注入并从套管鞋处返至环形空间的注水泥装置。

内管法注水泥器由插座和插头两部分组成。插座按结构功能可分为水泥浇注型和套管嵌装型。水泥浇注型可分半浇注式与全浇注式两种；套管嵌装型可分自灌式和非自灌式两种，结构如图 2-3-6、图 2-3-7、图 2-3-8 与图 2-3-9 所示。

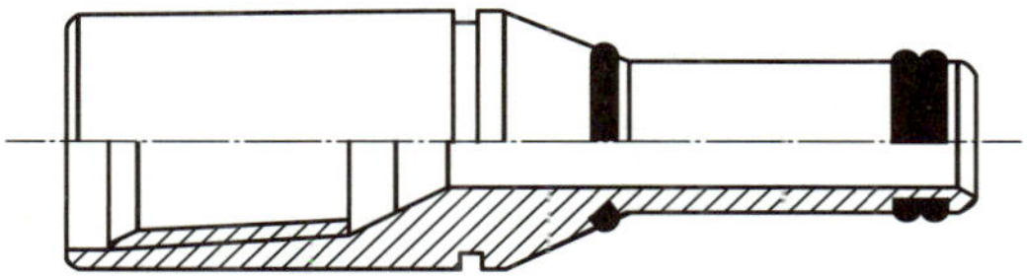

图 2-3-6　插头

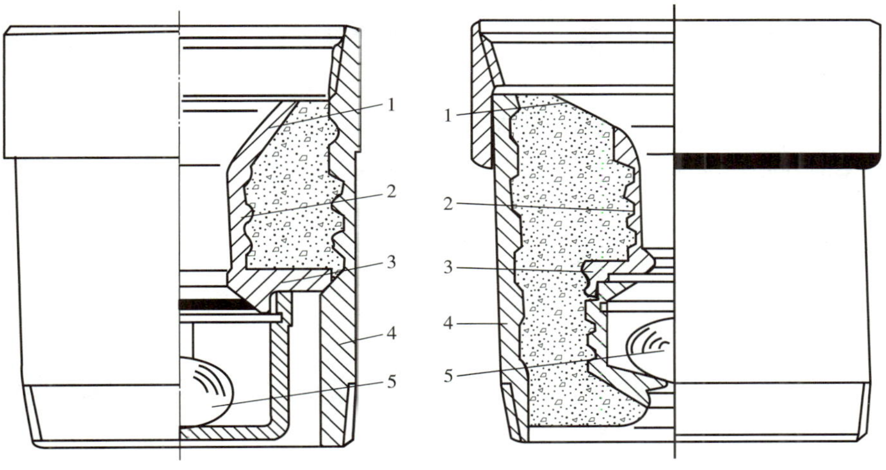

图 2-3-7　水泥浇注型插座

1- 喇叭口；2- 心管；3- 承环；4- 本体；5- 尼龙球

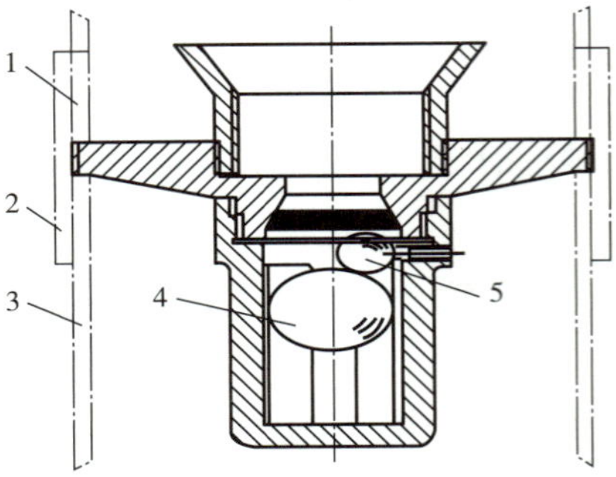

图 2-3-8　套管嵌装型插座

1，3—套管；2—接箍；4—尼龙球；5—限位球

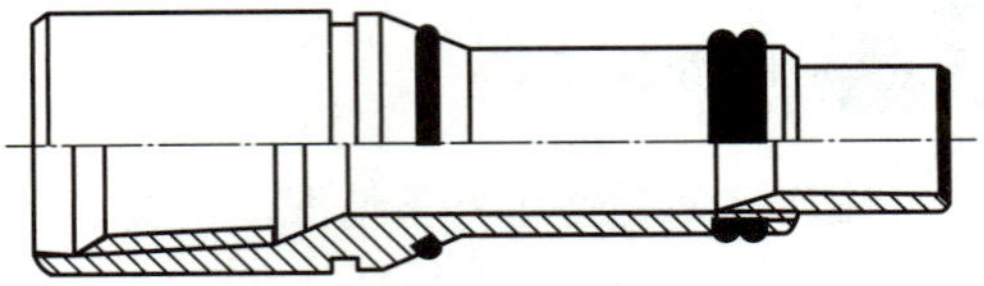

图 2-3-9　套管嵌装型配合接头

使用要求：

①将插入式浮箍（或插入式浮鞋）接于套管柱底部。

②套管按设计长度下入井内。

③下套管过程应及时向套管内灌满钻井液。

④接插头、钻杆及钻杆扶正器，按常规要求下钻。

⑤计算钻柱到达插入式浮箍时方入、悬重，施加于插座的压力值为 5 ~ 6kN。

⑥接好方钻杆后慢放，接近插入式浮箍预计位置时开泵，当钻井液灌满套管内环空时停泵。

⑦慢放方钻杆对插座，观察指重表，加压至预定值，标记方入位置。

⑧开泵观察泵压及套管内环空钻井液是否外溢，方入标记是否上移，若不外溢，不上移，压稳刹把，正常循环。

⑨若套管内环空钻井液外溢不止，方入标记上移，适当地对插座施加压力。若无效，上提钻柱循环，慢转轻放，重新对插座。

⑩循环正常后停泵，迅速转入注水泥施工。

⑪注替过程结束，立即上提钻柱 4 ~ 5m，开泵冲洗，直到将井内残余水泥浆全部返出井口为止。

⑫起出井下全部钻具、卸钻杆扶正器及插头。

⑬候凝时间必须确保水泥石抗压强度达 3.5MPa 时，方可进行钻插入式浮箍及水泥塞工序。

⑭施工过程中，防止井内落物。

（二）分级注水泥

分级注水泥就是把总的水泥量按套管外注水泥井段分成两次或多次连续注入环形空间。按注水泥的不连续性来讲，又称为分级注水泥。

1. 分级注水泥的优点

①可以防止当水泥浆密度大于钻井液密度时，由于过长的水泥柱可能使下部薄弱地层

压裂与漏失导致固井失败。

②分级注不同初凝时间的水泥浆，可以防止水泥浆“失重”而造成高压油气上窜的危险。

③可以在井温不同的井段，采用不同类型的水泥或处理剂，避免上部水泥浆在低温下过迟缓凝而影响固井质量。

④由于水泥浆流程距离缩短，从而注水泥时减少了水泥浆的污染。

⑤在双级水泥封闭段之间不需要封闭的井段，可以保留钻井液，形成不连续的管外封闭段，可大大减少水泥用量。

2. 确定采用分级注水泥器的原则

①地层不能承受一次注长段水泥浆形成的压力；

②两段目的层之间存在长段不需要水泥封固的井段；

③长封固段注水泥作业难以满足一次完成施工设计要求。

3. 分级注水泥器

为实现双级或多级进行连续或不连续的注水泥作业，在套管柱的预定位置上安装的一种特殊装置，称为分级注水泥器或分级箍。分级注水泥器结构见图 2-3-10。由分级箍本体、下胶塞、打开塞（重力塞或重力球）和关闭塞组成。

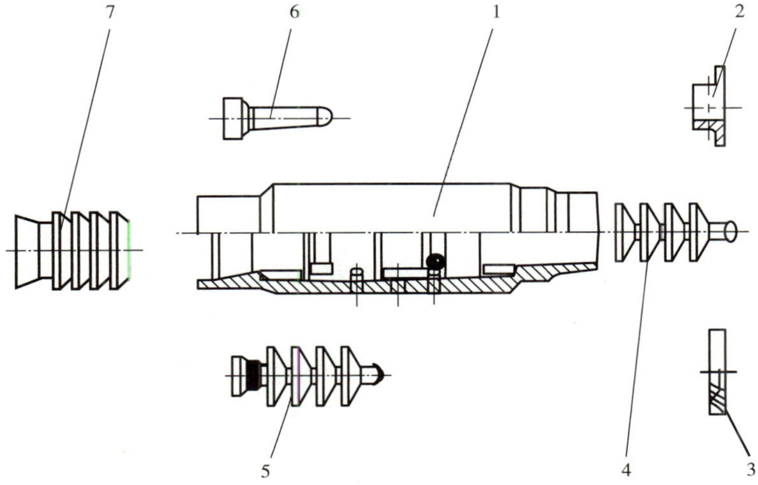

图 2-3-10　分级注水泥器

1—分级箍；2—旁通座；3—碰压板；4—下胶塞；5—打开塞；6—关闭塞；7—上胶塞

分级注水泥器工作原理如图 2-3-11 所示。图（a）为分级注水泥器在下井前、循环钻井液、第一级注水泥以及下胶塞通过分级注水泥器全过程，循环孔均处于关闭状态。图（b）为打开塞下行，将打开套销钉剪断，打开套下行露出循环孔，为第二级注水泥提供条件。图（c）为注完第二级水泥，压入关闭塞替浆，直到关闭塞下行剪断销钉，迫使关闭套下行，使循环孔永久关闭。

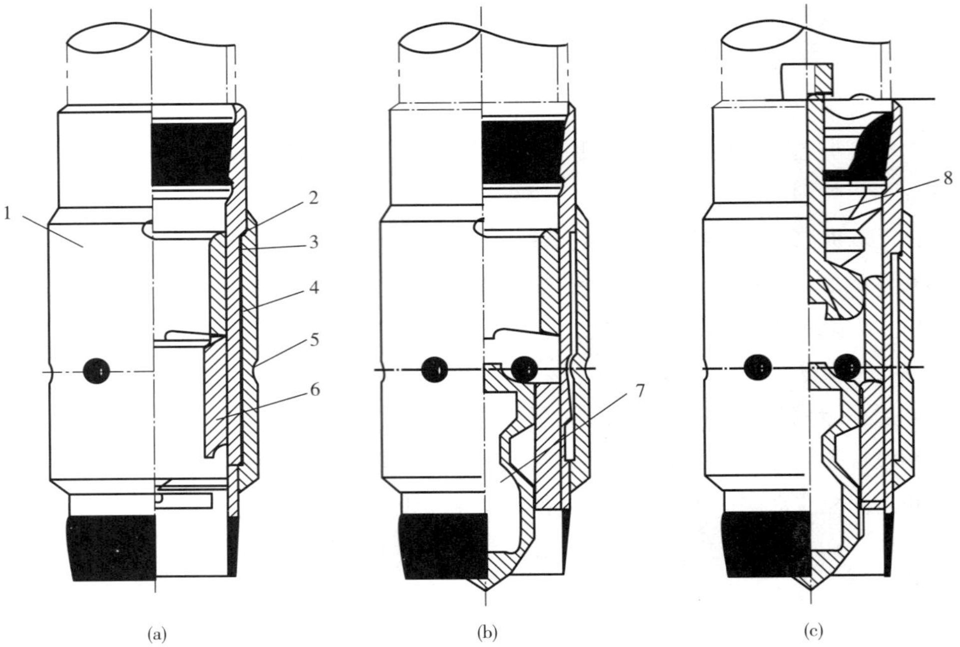

图 2-3-11　分级注水泥器工作原理示意图

1—本体；2—上内套；3—液压孔；4—关闭塞；5—循环孔；6—下内套；7—打开塞孔；8—关闭塞

使用要求：

①分级注水泥器安放位置，应选择在外层套管内或地层致密、井径规则、井斜较小的裸眼井段处。

②在分级注水泥器位置上下必须安放扶正器，其他井段也应加入足够数量的扶正器，确保封固质量。

③要保证浮鞋或浮箍的密封质量，防止分级注水器循环孔打开后一级水泥浆发生倒流，影响二级注水泥的正常进行。为此，要求进行一级注水泥设计时，应考虑套管内外静液柱压差不宜过大，必要时对顶替液进行加重。

④由于关闭分级注水泥器循环孔会引起较高的关闭压力，由此产生附加轴向载荷，因此应对井口段套管进行抗拉较核，其抗拉安全系数值不应小于 1.5。

⑤应根据工程、地质情况和井下条件要求，选择不同的分级注水泥方式，具体有非连续式（正规式）双级注水泥、连续打开式双级注水泥和连续式双级注水泥三种方式。只有当地层能承受水泥浆的液柱压力时，才能选择连续式双级注水泥方法。

⑥应用非连续式（正规式）双级注水泥时，第一级水泥浆的注入量要计算准确。

⑦采用连续式或连续打开式双级注水泥方式时，要注意下胶塞与打开塞之间的替浆量应比设计替浆量少 1 ~ 1.5m^3，以确保打开塞碰压，下胶塞不碰压。

非连续式（正规式）双级注水泥流程如图 2-3-12 所示。图（a）为结构；图（b）为注一级水泥浆、替浆、碰压后放压，投入重力塞；图（c）为打开循环孔、注二级水泥浆、压关闭塞、替浆；图（d）为终了关闭循环孔。

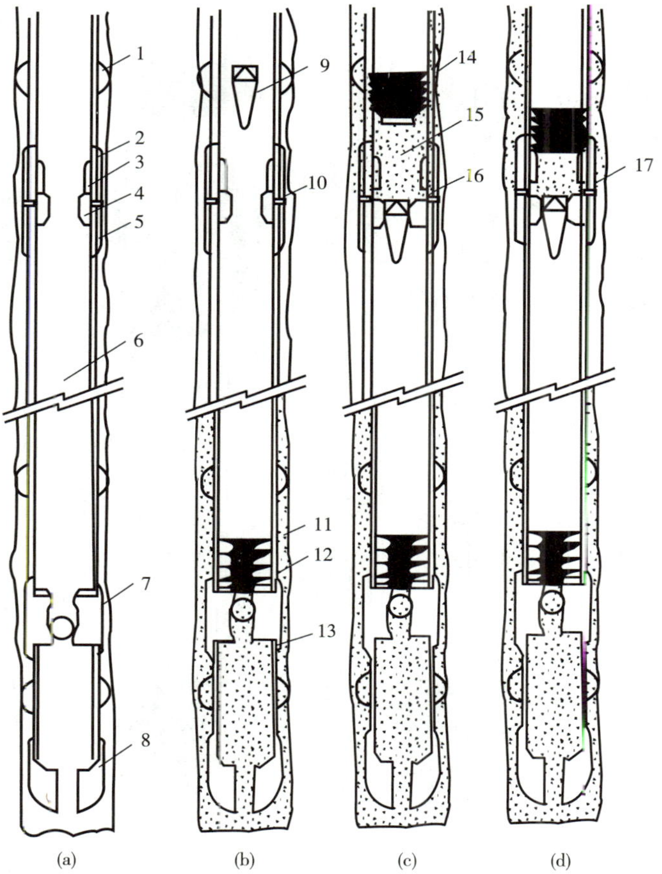

图 2-3-12　非连续式（正规式）双级注水泥流程示意图

1—扶正器；2—关闭套；3—上内套；4—下内套；5—分级箍；6—钻井液；7—浮箍；8—浮鞋；9—重力塞；10—循环孔关闭；11—一级注水泥碰压；12—下胶塞；13—一级水泥浆；14—关闭塞；15—二级注水泥浆；16—循环孔打开；17—关闭循环孔

图 2-3-13 为连续打开式双级注水泥流程示意图。图（a）为注一级水泥浆、替浆、压入打开塞继续顶替；图（b）为打开循环孔；图（c）为注二级水泥浆、压关闭塞、替浆；图（d）为终了关闭循环孔。

图 2-3-14 为连续式双级注水泥流程示意图。图（a）为注一级水泥浆、替浆、压入打开塞、注二级水泥浆；图（b）为打开循环孔；图（c）为压关闭塞、替浆；图（d）为终了关闭循环孔。

七　完井方法

完井是钻井工程最后的一个重要环节，是使井眼与油、气生产层连通的工序。主要内容包括钻开生产层，确定井底完井方法，安装井口装置和试油。

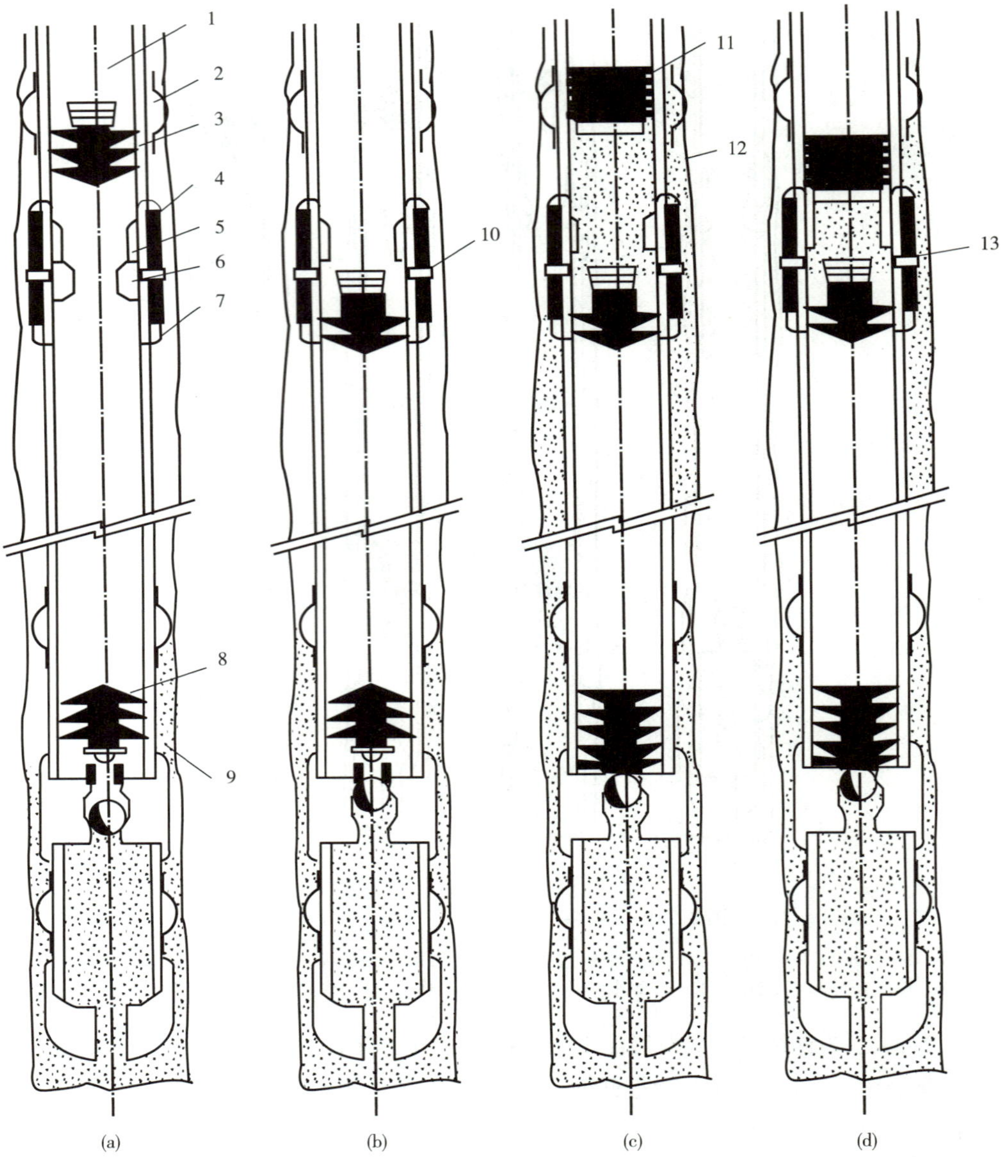

图 2-3-13　连续打开式双级注水泥流程示意图

1—钻井液；2—扶正器；3—打开塞；4—关闭套；5—上内套；6—下内套；7—分级箍；8—下胶塞；9——级水泥浆；10—循环孔打开；11—关闭塞；12—二级水泥浆；13—关闭循环孔

（一）钻开储集层的方法

钻开储集层时防止污染的有效方法是采用合理的钻井液体系，采用平衡压力钻井技术、快速钻进以防止产层在钻井液中的长时间浸泡及采用合理的井身结构。

1. 合理的钻井液体系

钻开储集层时应选用合理的钻井液体系，应当根据储集层的特点，确定钻井液的性能。钻井液的化学体系，应当尽量与储集层配伍。应根据储集层岩石的化学性质、储集层内流

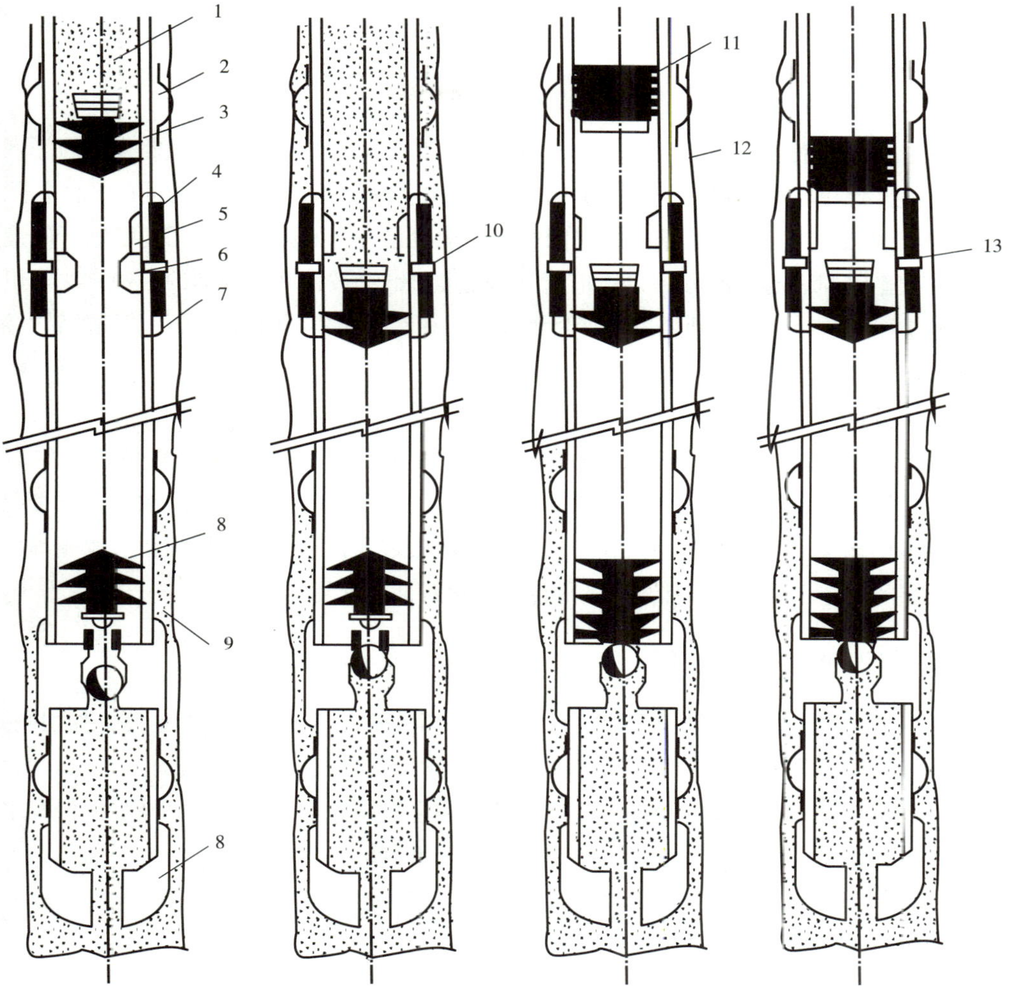

图 2-3-14 连续式双级注水泥流程示意图

1—M 级水泥浆；2—扶正器；3—打开器；4—关闭套；5—上内套；6—下内套；7—分级箍；8—下胶塞；9—一级水泥浆；10—循环孔打开；11—关闭塞；12—钻井液；13—关闭循环孔

体的化学性质决定所采用的钻井液的化学体系。防止两种化学体系不配伍所造成的沉淀、溶解等不良反应。在通常的情况下尽量采用低固相或无固相的钻井液。适当提高钻井液的矿化度及采用某些表面活性剂处理钻井液。

2. 合理的钻井液密度

由于钻井液的密度高于地层压力，这一压力差是造成储集层污染的主要原因。适当降低钻井液与地层压力之间的差值，进行平衡压力钻井是防止储集层污染的有效方法。应当准确地了解储集层的压力，调节钻井液的密度与之相当，适当增加一定的附加密度值，在钻开储集层时，使钻井液的液柱压力与储集层压力大体相等。在此压力下钻开的储集层可实现受污染最小。实现平衡压力钻井的前提是精确了解储集层压力，同时要有良好的井控技术及固相控制技术加以配合。在特殊的储集层可采用负压钻井，如空气钻井、雾化钻井、泡沫钻井等。

3. 良好的井身结构

储集层在钻井液中浸泡的时间越久，污染也越严重，固相、液相侵入储集层的深度越深。因此钻开储集层时间越短，对保护储集层越有利。减少储集层浸泡时间的方法，除了加快储集层的钻井速度之外，采用良好的井身结构也是一个好办法。采用把已钻开的储集层下入一层套管封固起来的方法，是防止上部储集层继续被钻井液浸泡的一种方法。也可在钻开储集层之前，将上部地层用套管封固起来，在钻开储集层时可以采用优质的钻井液，以实现平衡压力钻井。

4. 其他措施

在固井过程中，水泥浆造成的污染是相当严重的。采用低失水的水泥浆并降低其密度，可以有效地防止固井中的污染。减少试油及其他井下作业中的关井、压井次数，也可以减少这些环节的污染。除采取各种措施防止储集层污染之外，还可以采用酸化、压裂等方法进行储集层的改造，使被污染储集层的储油性质得到部分恢复。

（二）保护油、气层的措施

①针对油、气层特点，采用合理的完井方法，提高油、气层段的钻井速度，加快测井、固井、试油、试气等完井作业的速度，以减少钻井液对油、气层的浸泡时间。

②合理选择钻井液密度，控制井内压差，采用平衡钻井新工艺，既可减少泥侵及水侵对产层的损害，还可快速钻开油气层减少钻井液浸泡时间。

③使用低固相、无固相优质轻钻井液钻开生产层，控制钻井液失水量不超过 5mL，提高钻井液的造壁能力，尽量减少泥侵与水侵的危害作用。

④在完井液中加入桥堵剂，以减少固体颗粒浸入。

⑤使用表面活性剂处理钻井液，降低钻井液滤液与原油间的表面张力，减少油气在孔隙通道中的流动阻力。

⑥提高钻井液的矿化度以减轻水侵的危害，防止油气层中的泥岩吸水膨胀。

⑦采用挤酸解堵措施克服泥侵造成的损害及扩大生产层的裂缝，才能获得较高的产量。

⑧使用特种钻井液钻开油气层，如油基钻井液或油包水乳化钻井液等，可从根本上避免水侵和钻井液对生产层的危害。

（三）完井方法

完井方法主要指一口井完钻后生产层与井底的连通方式及井底结构。为了满足不同性质油、气层有效开发的需要，现已有多种完井方法。从采油（气）的观点来看，需要满足以下几个方面的要求：能有效地连通井底和生产层，油、气流入井内的阻力要小；能妥善地封隔油、气、水层，防止各层之间互相窜扰；对不同性质的多油、气层能满足分层开采和管理的要求；能克服油、气层井壁坍塌和出砂的影响，保证油气井长期稳定生产；能够施行进一步压裂、酸化等增产措施及便于修井工作；工艺简便，完井速度快，成本低。

1. 裸眼完井法

裸眼完井法可分为先期裸眼完井法（见图 2–3–15）和后期裸眼完井法（见图 2–3–16）两种。先期裸眼完井法是钻至油、气层顶部，下生产套管固井，然后换小钻头钻开油、气层。后期裸眼完井法是钻穿油、气层，再把生产套管下到油、气层的顶部。裸眼完井法的最大优点是：油、气层暴露面积大，且直接和井底相通，油、气流入井内阻力小。与后期裸眼完井法相比，先期裸眼完井法还有以下优点：

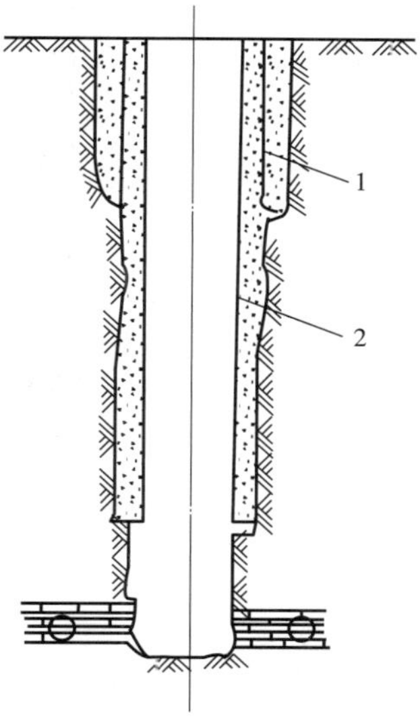

图 2–3–15　先期裸眼完井

1—表层套管；2—生产套管

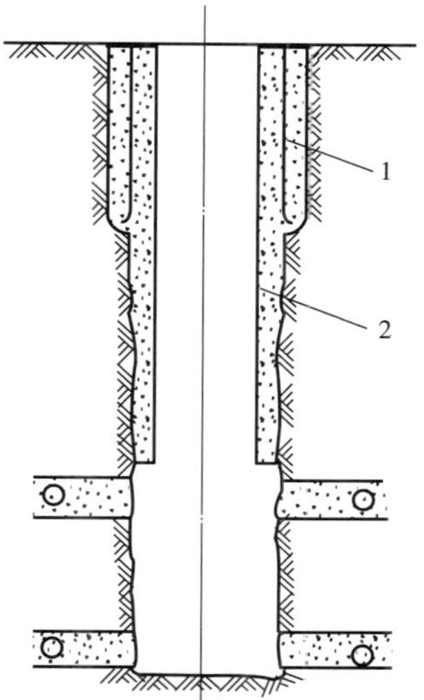

图 2–3–16　后期裸眼完井

1—表层套管；2—技术套管

①排除了上部地层的干扰，为采用符合生产层特点的钻井液钻开生产层创造了条件。

②缩短了钻井液对油、气层的浸泡时间，消除了水泥浆对油、气层的危害。

③钻开生产层后，如遇复杂情况，可以将钻具起至套管以内进行处理，避免事故进一步恶化。

④消除了高压油、气对固井工作的影响，为提高固井质量创造了良好条件。

裸眼完井法的缺点是：不能克服生产层的井壁坍塌和油层出砂对油井生产的影响；不能克服生产层范围内不同压力下油、气、水层的相互干扰；无法进行选择性酸化或压裂；先期裸眼完井法在钻开油、气层时遇到预料之外的水层、断层等复杂情况，由于井眼尺寸的限制，将给继续钻进带来很大困难；后期裸眼完井法不能消除钻井液和水泥浆对生产层的不良影响。因此，裸眼完井法只适用于那些岩性坚固稳定且无油、气、水夹层的单一油、气层，或一些油、气层性质相同的多油、气层的井。

2. 射孔完井法

钻穿油、气层后，将生产套管下至油、气层底部固井，然后再用射孔器射穿套管和水泥环并射入生产层内一定深度，为油气流入井内打开通道的完井方法即是射孔完井法。如图

2-3-17 所示，射孔是用射孔器形成人工孔道。常用的射孔器有子弹射孔器、鱼雷射孔器和聚能喷流射孔器三种。

射孔完井法是目前广泛使用的一种完井方法，其主要优点是：

①能封隔不同压力和不同性质的油、气、水层，防止互相窜扰，有利于进行分层测试、分层开采和分层酸化压裂、分层注水作业等工艺。

②能消除井壁坍塌对油、气井的影响。

③可根据钻进取心、电测或地层测试等取得生产层的实际资料来决定生产套管是否下入，减少或消除下生产套管的盲目性。

④可进行无油管完井、多管完井等。

射孔完井法的主要缺点包括在钻井和固井过程中，油、气层受钻井液和水泥浆的侵害较为严重；由于射孔数目、深度、孔径有限，导致油、气层与井底连通面积小，油、气流入井内阻力大；射孔的成功率和准确性不高，且不易防砂等。

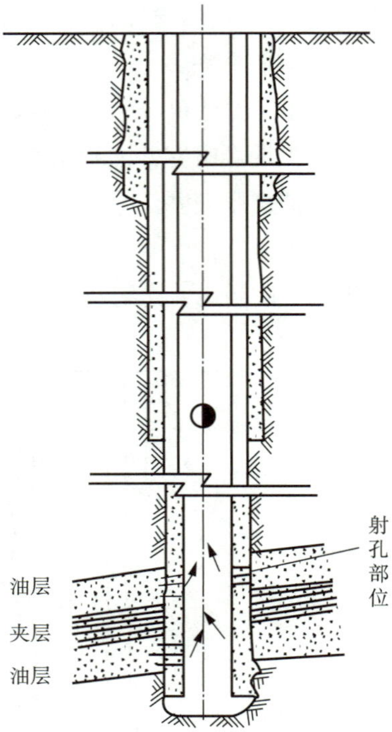

图 2-3-17　射孔完井法示意图

3. 贯眼完井法

这种方法是在钻穿油气层后，把带孔眼的套管下入油层部位。为了减少水泥浆对油气层的影响，在油气层顶部的套管外面装有水泥伞（倒置的用钢片作拉筋的帆布伞），起阻止环空水泥浆下流堵塞油气层的作用。注水泥时水泥浆从注水泥短节的孔眼向外返出，注水泥短节下部的套管内装有反向的单流凡尔，防止水泥浆从套管中下沉。固井后，再把水泥塞和倒装的单流凡尔钻掉，下入油管完井，如图 2-3-18 所示。

贯眼完井法的优点是井身结构比较简单，油、气层裸露面积大，能防止油层坍塌。缺点是水泥伞易被压坏，使水泥浆侵入油、气层，在水泥凝固期间油、气层部位的钻井液稠化，给以后的洗井投产带来困难；在生产过程中油、气层出水后不易封堵水层。由于这些缺点的限制，所以此法目前使用得较少。

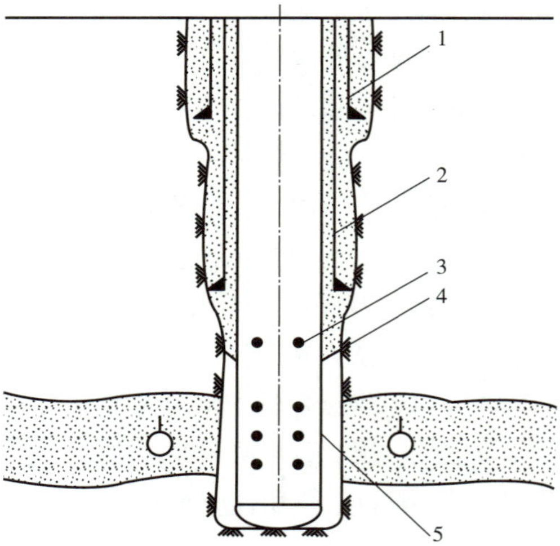

图 2-3-18　贯眼完井法示意图

1—表层套管；2—技术套管；3—注水泥短节；4—水泥伞；5—带眼套管

4. 衬管完井法

衬管完井法是钻至生产层顶部下套管固井，换小钻头钻开油、气层，然后在油、气层部位下入带割缝眼的衬管。衬管可以直接坐于井底，适用于油、气层薄，衬管短的情况，如图 2–3–19 所示。也可以通过衬管顶部的衬管悬挂器把衬管的重量悬挂在生产套管上，并密封套管和衬管之间的环形空间，适用于油、气层厚度大，衬管较长的井，如图 2–3–20 所示。

对于一些油、气层较疏松，出砂较严重的油、气井，为了更好地支撑井壁，防止形成砂堵，可在衬管与井壁的环形空间人为地充填一层一定尺寸的砾石，这种方法称为砾石衬管完井法。砾石衬管完井法需要钻开油、气层后采用偏心钻头扩眼。然后下入衬管，再用钻井液将砾石送至衬管与井壁的环形空间内，也可以在地面上将砾石放好在预制的砾石衬管（即双层衬管中间预先充填好砾石）内，然后下入井内。

充填的砾石与衬管可起双层阻砂作用，防砂能力强，油、气层裸露面积大时可防止井壁坍塌。砾石衬管完成的缺点是有夹层水时不宜采用，施工较复杂，一般在疏松的砂岩油、气层中采用。

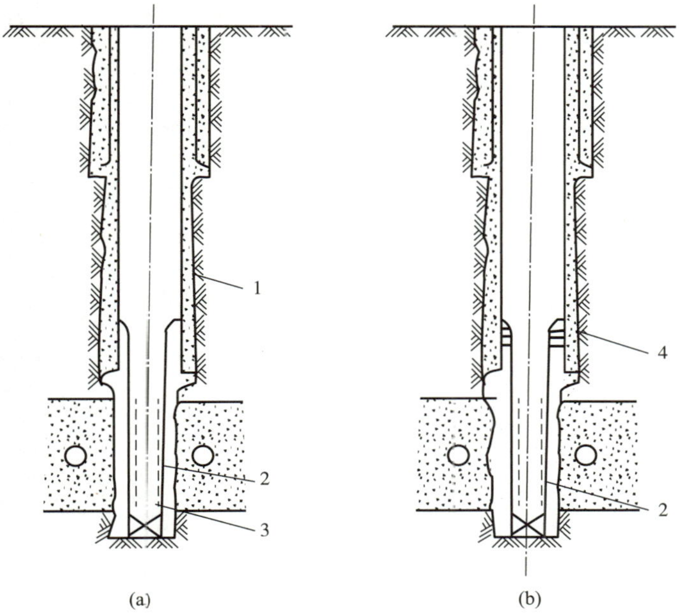

图 2–3–19　衬管完井法示意图（一）

1—生产套管；2—衬管；3—衬管鞋；4—卡瓦封隔器
（a）—直接坐承；（b）—采用卡瓦封隔

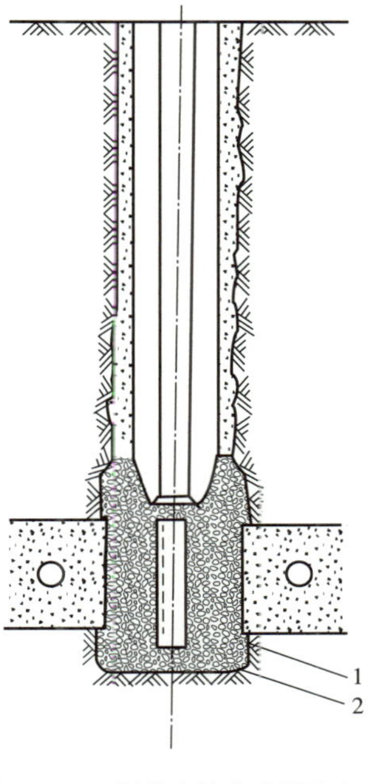

图 2–3–20　衬管完井法示意图（二）

1—衬管；2—砾石

思考题

1. 井斜的原因有哪些？
2. 简述控压钻井的基本原理？
3. 欠平衡压力钻井的特点是什么？适用性及局限性是什么？
4. 取心的目的是什么？

扫一扫
获取更多资源

5. 套管柱在井下可能受到哪些力的作用?
6. 水泥浆性能与固井质量有何关系?
7. 油井水泥的主要成分和性能分别是什么?
8. 前置液有什么作用?

第三章

石油钻机及主要设备

PART 3

石油钻机及机械附属设备主要是用于钻探油、气井的一套联合机组，包括用于钻井的成套地面设备、专用工具和钻井仪表等。其主要功用是旋转钻具、钻头，破碎岩石，形成井眼；循环钻井液（气），清理清除井底岩屑，保持连续钻进；起下钻具或套管，更换钻头或其他工具；完成固井、试油、修井及其他辅助工作。

第一节　石油钻机分类及基本构成

常用的石油钻机一般由提升系统、旋转系统、循环系统、动力及传动系统、控制系统、钻机辅助设备系统等一整套系统构成。根据驱动型式、移运型式、使用地区、名义最大钻井深度和最大钩载的不同可分为多种类型。

一　钻机分类

按驱动型式可分为：机械驱动；电驱动；液压驱动；复合驱动。其中电驱动，主要包括交流工频电驱动，直流电驱动，交流变频电驱动；复合驱动，主要包括：机械驱动＋电驱动，机械驱动＋液压驱动，电驱动＋液压驱动。机械驱动钻机按传动型式可分为：链条传动；皮带传动；齿轮传动；液力传动。

按移运型式可分为：橇装式；自走式；拖挂式。

按使用地区可分为：海洋钻机；陆地钻机。

按名义最大钻井深度和最大钩载可分为 11 个级别：ZJ10/600、ZJ15/900、ZJ20/1350、ZJ30/1800、ZJ40/2250、ZJ50/3150、ZJ70/4500、ZJ80/5850、ZJ90/6750、ZJ120/9000、ZJ150/11250。钻机的部分基本参数见表 3–1–1。

表 3-1-1　钻机的部分基本参数

钻机级别	最大钩载 /kN	名义钻深范围 /m	
		114 mm 钻杆	127 mm 钻杆
ZJ10/600	ZJ10/600	500 ～ 1000	500 ～ 800
ZJ15/900	ZJ15/900	800 ～ 1500	700 ～ 1400
ZJ20/1350	ZJ20/1350	1200 ～ 2000	1100 ～ 1800
ZJ30/1800	ZJ30/1800	1600 ～ 3000	1500 ～ 2500
ZJ40/2250	ZJ40/2250	2500 ～ 4000	2000 ～ 3200
ZJ50/3150	ZJ50/3150	3500 ～ 5000	2800 ～ 4500

续表

钻机级别	最大钩载 /kN	名义钻深范围 /m	
		114 mm 钻杆	127 mm 钻杆
ZJ70/4500	ZJ70/4500	4500 ~ 7000	4000 ~ 6000
ZJ80/5850	ZJ80/5850	5000 ~ 8000	4500 ~ 7000
ZJ90/6750	ZJ90/6750	6000 ~ 9000	5000 ~ 8000
ZJ120/9000	ZJ120/9000	7500 ~ 12000	7000 ~ 10000
ZJ150/11250	ZJ150/11250	10000 ~ 15000	8500 ~ 12500

二 基本构成

提升系统。提升系统的主要作用是起下钻具、控制钻压、下套管以及处理井下复杂情况和辅助起升重物。

旋转系统。旋转系统的主要作用是驱动井内钻具、钻头等旋转，连接提升系统和循环系统。

循环系统。循环系统的主要作用是冲洗净化井底、携带岩屑、传递动力。

动力及传动系统。动力及传动系统的主要作用是动力机为工作机组及其他辅助机组提供动力，并将动力传递，合理分配给各工作机组。

控制系统。控制系统的主要作用是通过控制元件达到控制相对应的设备动作的目的。

钻机辅助设备系统。钻机辅助设备系统的作用是协助主系统工作，保证钻井安全和钻井施工的正常进行。

第二节　提升系统

提升系统主要包括绞车、天车、游车、大钩、井架及底座等设备。

一 绞车

绞车是钻机的三大工作机之一，是一种集电、气、液控制为一体的机械传动设备。

（一）基本组成及功用

按动力机驱动形式，可分为机械驱动绞车、电驱动绞车、液压驱动绞车。一般由以下几部分组成：绞车架、滚筒轴总成、辅助驱动系统、过卷防碰装置、刹车系统、传动机构、控制系统、润滑系统。其功用是起下钻具和下套管；控制钻压；起吊重物和进行其他辅助工作。绞车结构如图 3-2-1 所示。

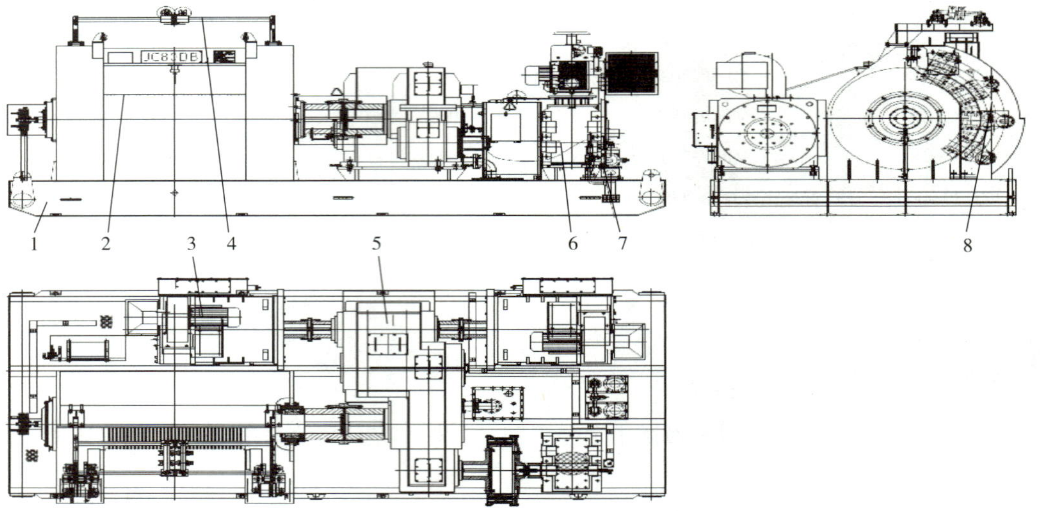

图 3-2-1　绞车结构示意图

1—绞车架；2—滚筒轴总成；3—1100kW 主电机；4—排绳器；5—减速箱；6—辅助驱动装置；7—润滑系统；8—刹车系统

1. 绞车架

绞车架由箱体、底座等组成，底座主要由工字钢焊成框架结构，箱体主要由钢板组焊成箱形结构。绞车架结构如图 3-2-2 所示。

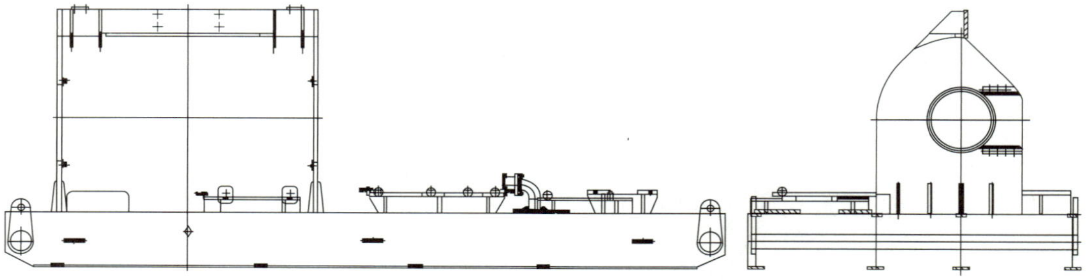

图 3-2-2　绞车架结构示意图

2. 滚筒轴总成

滚筒轴总成是绞车的核心部件，由滚筒、滚筒轴、刹车盘、轴承座、联轴器等组成。绞车工作时，滚筒上缠有游动系统钻井钢丝绳，通过滚筒轴的正反转，钢丝绳在滚筒上缠绕或退绳，从而实现钻具起升或下放作业。滚筒轴总成结构如图 3-2-3 所示。

3. 辅助驱动装置

辅助驱动装置主要由变频电机、减速器、离合器托盘、气胎离合器组等组成。

4. 过卷防碰装置

以气控系统为例进行介绍，防碰天车过卷阀安装在滚筒上方的纵向滑道内，可沿轴向左右调整。当游车上升处于极限高度还未停车时，滚筒上的缠绳触碰过卷阀拨杆，过卷阀

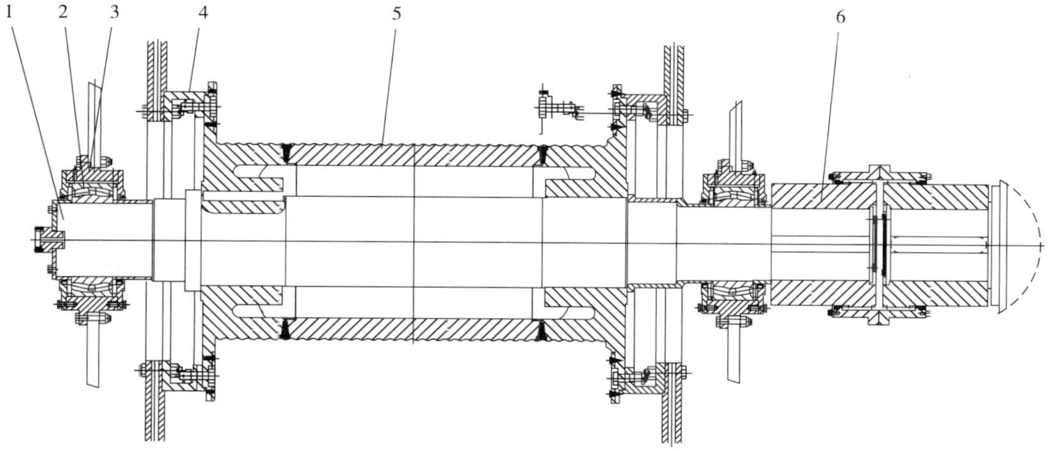

图 3-2-3 滚筒轴总成结构示意图

1—滚筒轴；2—轴承；3—轴承座；4—刹车盘；5—滚筒；6—联轴器

动作，一路气将绞车常开继气器关闭，总离合器放气，切断绞车动力；滚筒高、低速离合器放气，滚筒失去动力；另一路气控制盘刹工作钳和安全钳紧急制动，将滚筒刹停。

5. 刹车系统

在钻井过程中，刹车系统的功用主要是在正常钻进时控制滚筒转动，用以调节钻压、送进钻具；下钻和下套管时刹慢或刹住滚筒，并达到悬持钻具的目的。绞车的刹车机构包括主刹车机构和辅助刹车机构，两者配合使用，缺一不可，主刹车用于各种刹车制动；辅助刹车仅用于下钻时将钻柱刹慢，吸收下钻能量，使钻柱匀速下放。石油钻井绞车的主刹车机构分为机械带式刹车、液压盘式刹车两大类，辅助刹车机构包括水刹车、电磁涡流刹车、伊顿刹车和能耗制动刹车。机械带式刹车已逐渐被液压盘式刹车所取代，水刹车也已淘汰，不做具体介绍。

（1）液压盘式刹车

液压盘式刹车是利用液压能对刹车盘施加正压力，从而达到刹车的目的，司钻操作刹把（刹车阀）可控制刹车力的大小，实现了远程控制绞车的刹车。

液压盘式刹车主要由液压控制部分（操作台、液压站）和液压制动钳两部分组成。液压盘式刹车结构如图 3-2-4 所示。

液压站、操作台和执行机构三部分之间用液压管线连接，管线分为：从液压站到操作台有四根管线（ZJ40、ZJ50、ZJ70），分别为 P1、P2、P3、T，其中 P1 管线通过液压阀的控制给安全钳一路供油，P2、P3 经液压阀控制后分别给两路工作钳（左、右路工作钳）供油，T 为系统回油；从操作台到执行机构的刹车钳油缸由 B1、B2、B3 三根液压管线连接，其中 B1 管线接安全钳油缸，B2、B3 管线接工作钳油缸。

液压站上有四块压力表：MP 压力表显示系统压力，P1、P2、P3 压力表，分别显示 P1 口、P2 口、P3 口油路的压力。箱体是液压站的框架，有支撑保护的功能，其四周都有可打开或拆卸的门或挡板，顶部也可卸下，便于检查、维护保养和维修。

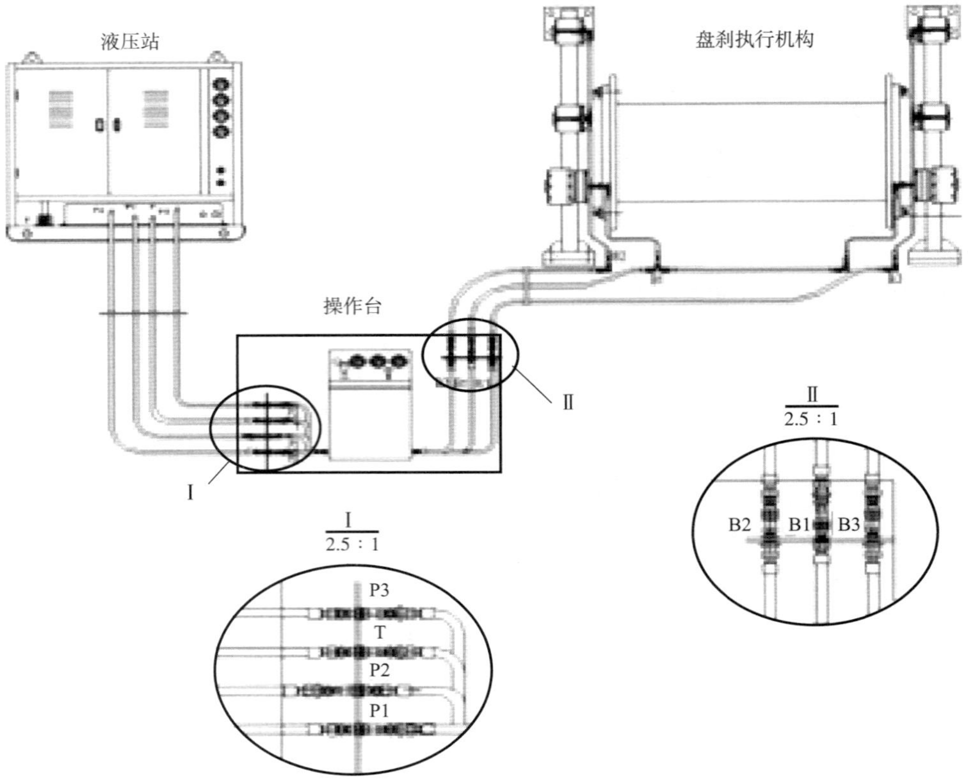

图 3-2-4　液压盘式刹车结构示意图

液压站由油箱、吸油滤油器、两台电动柱塞泵、管线、储能器、启动柜等阀件组成。

操作台由工作制动刹车阀组件、驻车制动刹车阀组件、紧急制动组件、油路块、气控换向阀、液控换向阀、压力表组成。工作制动刹车阀组件由刹把操作机构和双回路刹车阀组成。驻车制动刹车阀组件由驻车制动开关、油路块组成。紧急制动组件由气控按钮阀、气管线组成。

液压制动钳由钳架、刹车盘、刹车钳等组成，刹车钳由安全钳和工作钳组成，其结构如图 3-2-5 所示。刹车盘通过滚筒轮缘与滚筒组装成一体，刹车钳安装在钳架上，它是盘式刹车实现刹车的主要部件，其结构如图 3-2-6 所示。

①刹车盘。刹车盘环形侧表面与刹车钳上的刹车块构成摩擦副，实现绞车的刹车。刹车盘按结构形式分为水冷式、风冷式和实心刹车盘三种。水冷式刹车盘内部设有水冷通道，它是通过水循环来冷却刹车盘。风冷式刹车盘内部有自然通风道，靠自然通风道和表面散热。

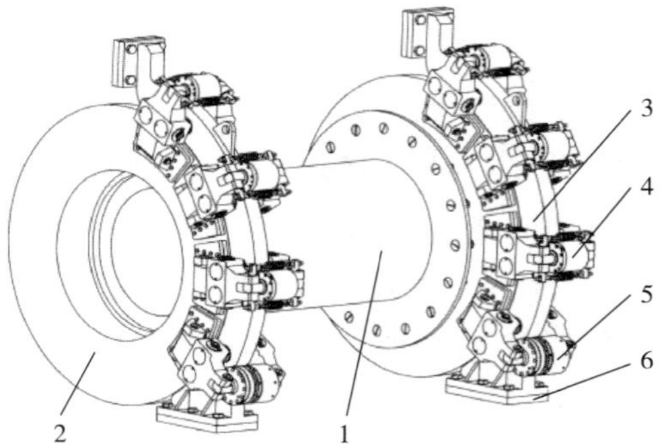

图 3-2-5　液压制动钳结构示意图

1—滚筒；2—刹车盘；3—钳架；4—工作钳；5—安全钳；6—过渡板

实心刹车盘靠表面散热，主要用于修井机和小型钻机。

②钳架。它是一个弯梁，工作钳及安全钳均安装在其上。通常配备两个钳架，钳架上下端通过螺栓分别固定在绞车横梁和绞车底座上，位于滚筒两侧的前方。

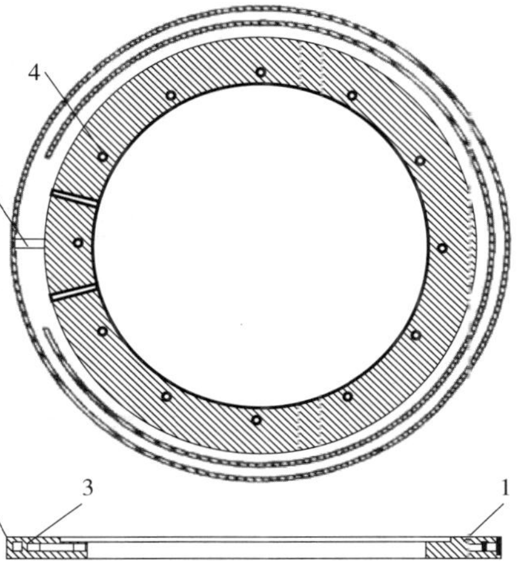

图 3-2-6　液压刹车盘结构示意图

1—刹车盘体；2—外封闭环；3—支撑环；4—沉头螺钉；5—隔板

③刹车钳。它由浮式杠杆开式钳（常开钳，结构如图 3-2-7 所示）和浮式杠杆闭式钳（常闭钳，结构如图 3-2-8 所示）组成。常开钳是工作钳，用于控制钻压、各种情况下的刹车，是通过油缸内液压油的压力作用使刹车块压紧刹车盘产生制动力矩的刹车钳。常闭钳用于悬持情况下的驻刹，是通过油缸内碟簧组的回复力作用使刹车块压紧刹车盘产生制动力矩的刹车钳。

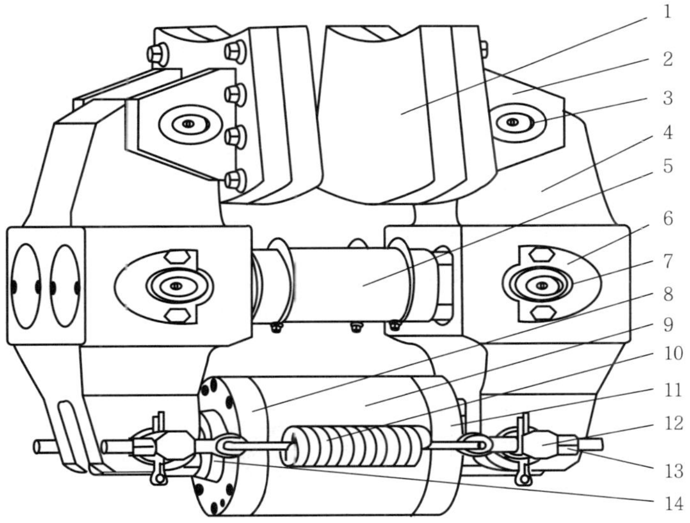

图 3-2-7　工作钳结构示意图

1—刹车块；2—钳体；3，7，12—销轴；4—杠杆；5—支杆；6—半圆挡圈；8—油缸端盖；9—缸体；10—拉簧；11—后端盖；13—调节螺帽；14—活塞杆

④液压动力源。由油箱组件、泵组、控制块总成、加油组件、电控箱等组成。

液压盘式刹车控制系统的主要作用是控制进入刹车钳液压油的油压，以获得不同大小的刹车力矩，从而达到调节钻压、送进钻具、悬持或刹住钻柱的目的。

（2）辅助刹车

辅助刹车的主要功用是刹慢滚筒，保持钻具以安全的速度均匀运动或配合主刹车刹停钻具，能够有效地减轻主刹车刹车块的磨损。辅助刹车分为水刹车、电磁涡流刹车和气动

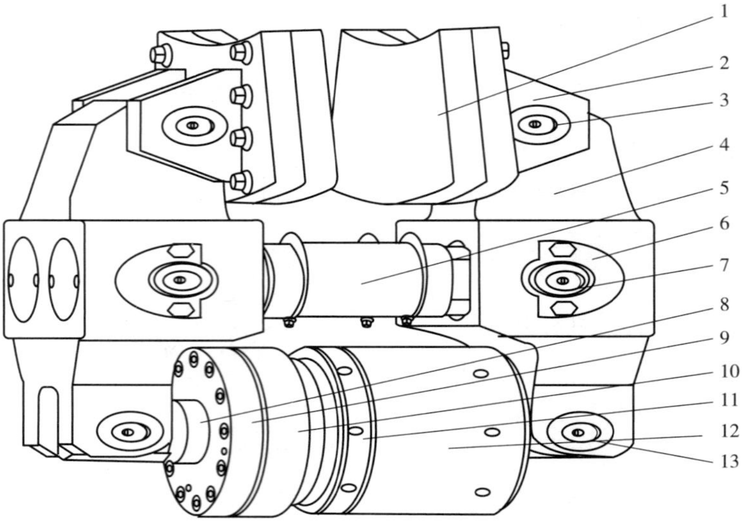

图 3-2-8　安全钳结构示意图

1—刹车块；2—钳体；3，7，13—销轴；4—杠杆；5—支杆；6—半圆挡圈；8—活塞；9—油缸端盖；10—油缸；11—锁紧螺帽；12—调节螺帽

水冷多盘式刹车（简称气控盘式刹车）。

电磁涡流刹车又称电磁涡流制动器，由刹车主体、可控硅整流装置及司钻开关三部分组成，是利用电磁感应原理进行制动行动的。作业人员通过调节控制手柄的角度来调节激磁电流的大小，达到控制绞车滚筒转动速度的目的。具有易安装、力矩大、无易损件、操作维护简单的特点，可大幅度减少主刹车的磨损，在现场应用广泛。电磁刹车结构如图 3-2-9 所示。

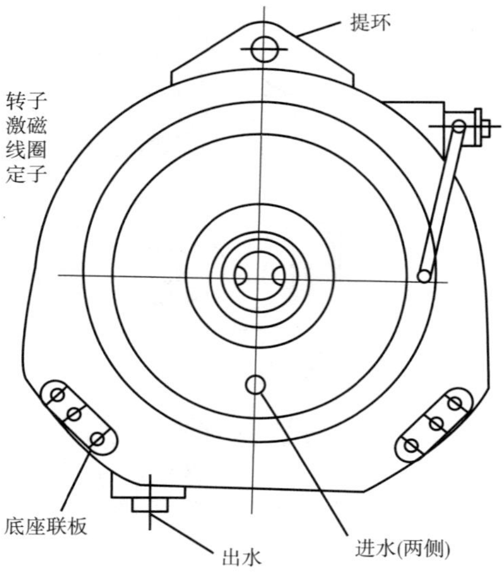

图 3-2-9　电磁刹车结构示意图

气控盘式刹车体积较小，制动中产生热量较大，系统冷却采用水冷却。以使用最为广泛的伊顿刹车为例进行介绍。

伊顿刹车是通过操作控制手柄，使压缩空气进入气缸推动活塞运动，使静摩擦盘与动摩擦盘贴合，实现制动操作。其基本结构由弹簧、密封件、活塞、压力盘、气缸、螺栓、安装法兰、动摩擦盘、齿轮、夹管等组成。伊顿刹车结构如图 3-2-10 所示。

当来自钻机气控制系统的压缩空气从汽缸上的进气孔进入汽缸后推动活塞向左移动，活塞推动压紧盘移动，压紧盘克服弹簧力向左移动，将动摩擦盘压紧，从而产生制动力矩。当切断汽缸进气孔处的压缩空气时，压紧盘在弹簧的作用下向右移动，推动活塞复位，同时动摩擦盘脱离两个静摩擦盘，使得盘式刹车处于非工作状态。

6. 传动机构

传动机构主要包括齿轮减速器和鼓型齿式联轴器等。

7. 控制系统

控制系统主要是利用压缩空气作为传递动力或信号的工作介质，配合气动控制系统的主要气动元件，与机械、液压、电气、电子（包括 PLC 控制器和微电脑）等部分或全部综合构成的控制回路，来实现所需的动作控制。

控制和显示是在触摸屏上进行的，并具有互锁保护，例如在触摸屏上点击“自动送钻”按钮，触摸屏上显示自动送钻离合器已挂合，此时若点击“转盘刹车”按钮则不起作用。

图 3-2-10　伊顿刹车结构示意图

8. 润滑系统

系统采用润滑油润滑和润滑脂润滑两种方式。电动油泵安装在绞车底座上，主要由油泵、初级滤清器、二级滤油器、油压开关、管路系统等组成；齿式联轴器、滚筒轴的支撑轴承采用润滑脂润滑。

（二）维护保养

1. 机械驱动绞车

（1）班维护

①检查绞车固定应牢靠。

②检查快绳绳卡压板螺栓应齐全，固定牢靠。

③检查刹车机构固定螺栓应齐全、无松动，轴承转动应灵活无卡滞现象，各连接销、垫圈、开口销应齐全，刹车间隙应符合规定要求；按照盘刹、辅助刹车操作规程检查工作状况，并维护。

④检查刹车毂（盘）磨损情况，应无裂痕。

⑤检查润滑油池油质、油量。

⑥检查冷却水、润滑油压力，应在规定范围之内；管路畅通无泄漏。

⑦检查传动链条应完好，运转无杂音，润滑良好，无断裂现象。

⑧检查轴承温升应不高于 50℃。

⑨检查传动部位、轴承盖及箱盖等应无渗漏。

⑩检查气胎离合器，应固定良好，摩擦片磨损量在规定范围内，气囊无漏气，气胎离合器气压不低于 0.7MPa。

⑪ 检查气阀工作应正常，气管线、接头等无漏气；快速放气阀灵活，无卡滞现象。

⑫ 检查上下角传动箱润滑应良好，无异响或明显温升。

⑬ 检查工作钳、安全钳与刹车盘间隙应符合规定。

⑭ 检查三级防碰天车装置应动作灵敏、性能可靠。

（2）周维护

①完成班维护保养内容。

②检查滤清器滤芯应完好、无堵塞。

③检查刹车盘磨损量。

④检查链条零部件应齐全完好，链轮无断齿和异常磨损。

（3）月维护

①完成每周维护保养内容。

②检查气胎离合器气囊应完好，无龟裂等异常现象。

③检测润滑油。

2. 直流、交流变频电机驱动绞车

（1）班维护

①检查绞车各连接螺栓，应齐全、无松动。

②检查快绳绳卡压板螺栓，应齐全、无松动。

③按照盘刹、辅助刹车操作规程检查盘刹工作状况，并维护。

④检查电机进风口，清洁滤网，应保持畅通。

⑤检查油池油面高度，当机油液面低于油位的下限时，应补充润滑油，以防油泵吸空。

⑥检查齿轮油泵压力，压力应在 0.1 ~ 0.6 MPa。

⑦检查司钻台各控制手柄、手轮工作应正常，零点无漂移。

⑧检查每个轴端轴承温升情况。建议轴承温升不超过环境温度 50℃，轴承最高实际温度不超过 85℃。

⑨检查每个轴端，轴承盖及箱盖等处确保密封件良好无渗漏。

⑩检查各主电机温度，应无异常温升。

⑪ 检查各种气阀，应工作正常，气管线、接头等无漏气现象。各快速放气阀应畅通，无阻卡，导气接头无发烧或漏油情况。

⑫ 检查润滑管线应无漏油，各喷嘴无堵塞，喷嘴方向正确。

⑬ 检查锁挡机构应工作正常，锁挡压力表显示正确，如有异常应及时排除。

⑭ 检查三级防碰装置，应工作正常可靠。

⑮ 检查刹车盘与刹车块，确保刹车盘与刹车块上无油渍污染。

（2）周维护

①检查润滑系统吸油过滤器滤芯应无堵塞，如堵塞应及时清洗或更换。

②检查润滑油油质，如发现油变质或变脏时应及时更换。

③按照盘刹、辅助刹车操作规程检查盘刹工作状况并维护。

（3）月维护

①按照盘刹、辅助刹车操作规程检查盘刹工作状况并维护。

②检查油路、气路管线，应保持畅通、无渗漏。

③检查链条状态，链板、链销、滚子、销子要逐一检查，磨损严重的应予以更换。

④检查所有电机接地，保证接地良好。

（4）其他检查项目

①每班、每周、每月检查时，根据绞车润滑图表的规定和要求加注润滑脂。

②润滑油更换周期，在油池杂质不多及油品无严重变质，能正常循环的情况下为 2000h 或更长。

③在停机时，要检查、调整、紧固各传动连接件。

④未列入检查项目内容，亦在巡回检查和观察中予以注意，随时消除设备隐患，维持设备正常运转。

3. 液压盘刹

（1）班维护

①检查液压站油质、油量，油温应不高于 70℃。

②检查液压系统压力应在规定范围内。

③检查滤清器应完好、无堵塞。

④检查各液压元件及接头应密封良好。

⑤检查刹车块厚度及工作间隙，厚度不低于磨损极限值，工作钳刹车块与刹车盘间隙单边不大于 1mm，安全钳刹车块与刹车盘间隙单边不大于 0.5mm。刹车块磨损至 12mm 时，必须更换刹车块；新更换刹车块经过磨合才能使用。

（2）周维护

①完成班维护保养内容。

②检查各销轴应灵活、无卡滞。

③检查储能器充氮压力应在规定范围内。

（3）月维护

①完成班维护保养内容。

②各转动销轴加注润滑脂。

（4）季维护

①完成月维护保养内容。

②对执行机构进行拆卸、清洗、润滑。

③检查紧固固定螺栓。

（5）半年维护

①完成季度维护保养内容。

②检查刹车盘表面龟裂状况及磨损量，单边磨损量应小于 5mm。

③更换滤芯器。

④检查钳架焊缝及结构件应无裂纹。

⑤清洁油箱、液压回路。

（6）年维护

①完成半年维护保养内容。

②更换安全钳碟簧。安全钳碟簧使用 12 个月时，应全部更换。

（7）注意事项

①液压盘刹维修作业，应将钻具坐转盘释放悬重、游车处于低位并悬挂固定。

②不应同时调整和更换工作钳、安全钳的间隙及刹车片。

③不应使油类或硬物进入刹车盘与刹车块之间。

4. 电磁刹车

①定期检查涡流刹车基座及齿圈轴端挡板固定螺栓应固定牢靠。

②检查冷却系统，应冷却良好。

③下钻前，刹车两侧的轴承腔内、齿圈加注锂基润滑脂。

④检查离合器执行机构应灵活可靠，位置正确。

⑤检测转、定子的气隙应在规定范围内。

⑥检查电控装置电器元件清洁干燥，连接件应固定牢靠。

⑦检查电缆应完好，绝缘可靠。

5. 伊顿刹车

①检查水路、气路无泄漏；空载时，动、静盘处于分离状态。

②检查动、静盘磨损情况，及时调整配合间隙。

③检查活塞密封圈应完好。

④检查气缸，清除气缸中的冷凝水。

⑤检查动盘、静盘、齿轮及动盘花键应完好，无卡滞现象。

⑥检查气控或电控互锁装置应可靠。

⑦检查冷却水压力及温度。

（三）常见故障处理

液压盘刹常见故障与处理如表 3-2-1 所示。

表 3-2-1　液压盘刹常见故障与处理

故障现象		可能原因	排除措施
系统压力不正常	低于 2MPa，一台泵反转	油路块中控制反转泵的单向阀不起作用（反转那台泵）	更换或清洗单向阀
	低于 4MPa	泵调压不正确或调压阀失灵	调压或换泵
		系统安全阀调压不正确或失灵	调压或换阀
		储能器的截止阀未关严或失效	检查截止阀
		油箱液位太低	加油
	高于额定压力 3MPa	液压油受污染，油脏	换油换滤芯
		泵的吸油回油管路上的截止阀未打开	检查截止阀
		泵的调压装置损坏且安全阀设置得太高	调压及换泵

续表

故障现象		可能原因	排除措施
温度过高	温度高于 60℃	安全阀压力设置得太低或安全阀失灵	调压或换安全阀
		油箱液位太低	加油
		液压油受污染，油脏	换油换滤芯
		未加冷却水	加冷却水
噪声过大或震动	尖锐声音并且系统压力低	泵有可能过度磨损（因液压油中有污染物或未打开溢流管线截止阀）	更换新泵
	噪声过大或震动	油箱液位太低	加油
		吸入和回油管接头松而使系统有气	检查接头
		电机和泵轴不对中	拆泵检查
		电机底座螺栓松动	紧固螺栓
液压操作不灵敏	系统压力不合适	供油压力过低	检查泵压压力
		系统压力过低	检查系统压力
		回油滤芯被堵塞	更换滤芯
		储能器漏失或预压力过低	更换、充氮气
		控制阀被堵塞或有缺陷	清洗或换阀
	工作钳压力不正常	操作装置内的凸轮磨损严重	更换凸轮
		刹车阀损坏	更换刹车阀
		因冬季油稠回油有阻力	换油或给油加热
	安全钳压力不正常	驻车阀坏	换阀
		因冬季油稠回油有阻力	换油或给油加热
	紧急刹车失灵	没有气源	检查
		急刹阀坏	换阀
		气控换向阀阀芯卡堵	换阀芯
刹车钳跳动		润滑不良销轴黏连	润滑销轴或更换销轴
		刹车粉尘堆积在销轴或轴孔处	
		销轴过度磨损或腐蚀	
滤油器的指示在黄色或红色区域		液压油受污染	换油换滤芯
		冬季油稠有阻力	换油或给油加热
系统不保压		系统有漏油、储能器气囊破损	更换气囊
工作钳释放缓慢		工作钳间隙未调好	调整
		刹车片磨损严重	更换
		油缸内有气	排气
		冬季油稠有阻力	换油或加热
换碟簧后使用异常		安装时碟簧顺序不对或漏装	整改

二 天车

天车是钻机提升系统的主要设备之一，安装于井架顶端。

（一）基本组成与功用

天车主要由天车架、滑轮、滑轮轴、轴承及轴承座等部件组成。可分为三种基本结构形式：①单轮轴天车，各滑轮同轴，且各滑轮相互平行；②双轮轴天车，快绳滑轮轴线与滑轮组轴线平行；③双轮轴天车，快绳滑轮与滑轮组偏斜。其主要功用是与游动滑车及钢丝绳组成游动系统。如图 3-2-11 所示。

天车架与井架上段顶部用螺栓或连接销连接，固定要牢固。为了保证天车工作和运转正常，天车架底面应保持水平，而且天车、转盘、井口三者的中心必须在同一条铅垂线上，其最大允许偏差不超过 10mm。使用螺栓时，螺栓的规格符合标准，螺帽、弹簧垫、平垫及防松部件齐全。

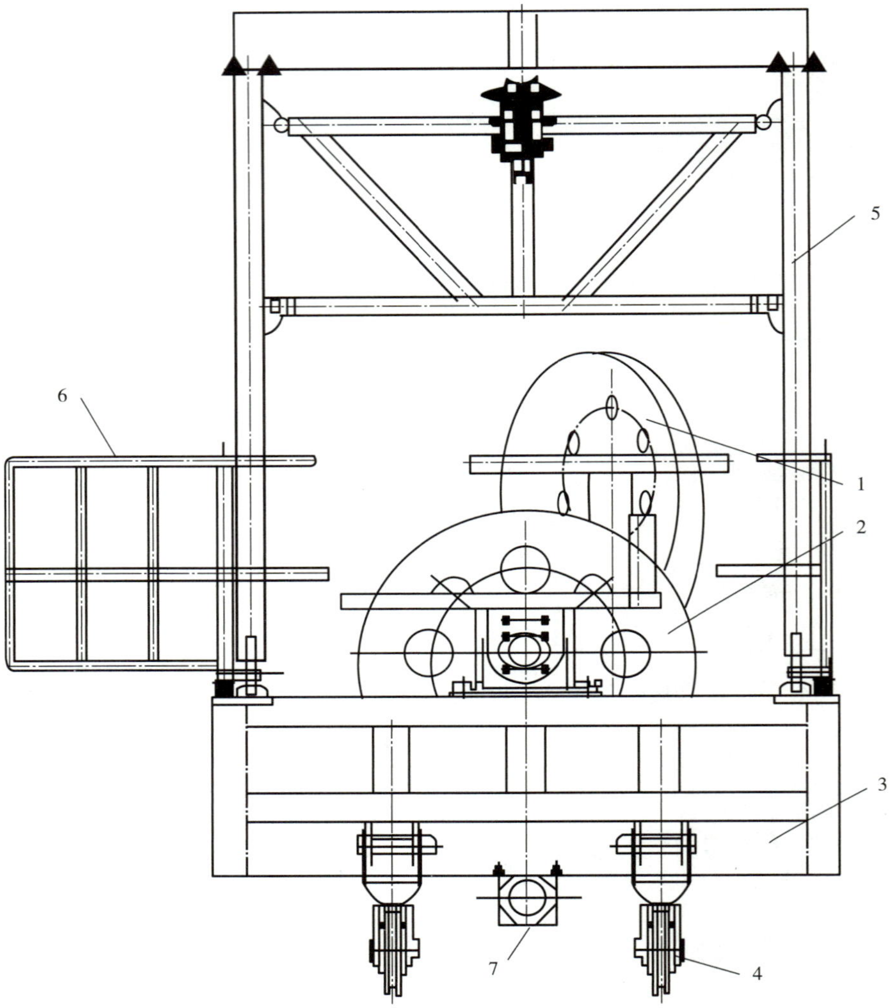

图 3-2-11　天车结构示意图

1—快绳轮；2—天车绳轮；3—天车架；4—辅助滑轮；5—滑轮起重架；6—栏杆；7—防碰枕木

（二）维护保养

①每周用专用样板规对滑轮槽测量，滑轮槽应光洁平滑，不得有缺陷。当滑轮槽底半径减小到小于允许的最小半径时，滑轮应更换。天车轮检验如图 3–2–12 所示，滑轮槽底样板规尺寸与滑轮允许磨损的最小半径见表 3–2–2。

②滑轮槽产生偏磨时，可将滑轮倒转 180° 使用或更换滑轮。

③天车的挡绳架与滑轮轮沿之间的间隙不得大于 8 ~ 12mm，防止钢丝绳跳槽。

④天车轴承温度不得超过 70℃（温升超过环境温度 40℃），异常时及时查找原因。

⑤天车中心、转盘、井口三者中心铅垂线最大允许偏差不超过 10mm。

⑥快绳滑轮轴承有 1 个润滑点、滑轮轴承有 6 个润滑点、辅助滑轮轴承有 4 个润滑点。

表 3–2–2　滑轮槽底样板规尺寸与滑轮允许磨损的最小半径

mm

钢丝绳公称直径	槽底样板规尺寸		磨损滑轮槽允许的最小半径
	最小槽底半径	最大槽底半径	
32（ZJ40）	16.84	17.48	16.28
35（ZJ50）	18.52	19.2	17.91
38（ZJ70）	20.19	20.96	19.53
45（ZJ90）	23.57	24.64	23.78
48（ZJ120）	25.25	26.19	24.41

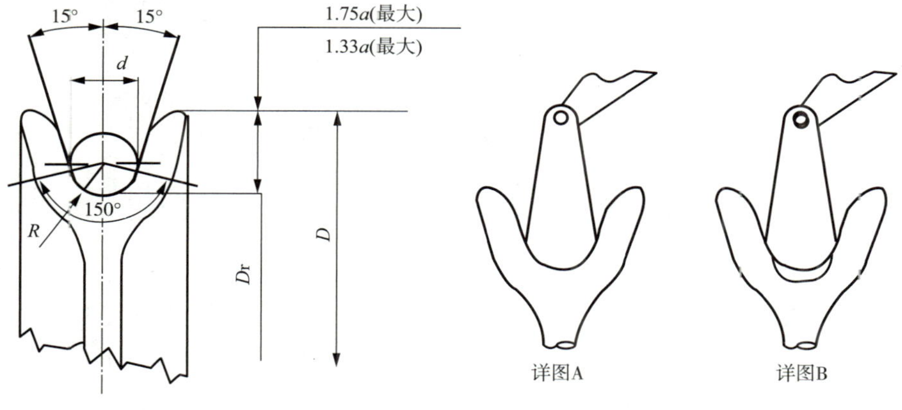

图 3–2–12　天车轮检验示意图

R—滑轮绳槽半径；*d*—钢丝绳公称直径；*D*—滑轮直径；*D*r—槽底面直径

（三）常见故障处理

天车的常见故障及排除方法见表 3–2–3。

表 3-2-3　天车的常见故障及排除方法

故障	原因	排除方法
滑轮轴承发热升温至 70℃以上	①油道堵塞，缺油；润滑脂不清洁； ②轴承跑内、外圆	①疏通油道，注油、清洁换油； ②调整换轴承
运转中轴承有杂音	①轴承磨损严重； ②轴承保持架坏	换轴承
滑轮严重阻卡或卡死	有杂物或轴承已磨损坏	清洗、换轴承
辅助滑轮不转	没有润滑脂	清洗、加润滑脂

三　游车

游车是钻机游动系统的主要设备之一。

（一）基本组成与功用

游车主要由吊梁、滑轮、滑轮轴、侧板、下护板、侧护板、提环销、提环等零部件组成，其结构如图 3-2-13 所示。其主要功用是与天车及钢丝绳组成游动系统。

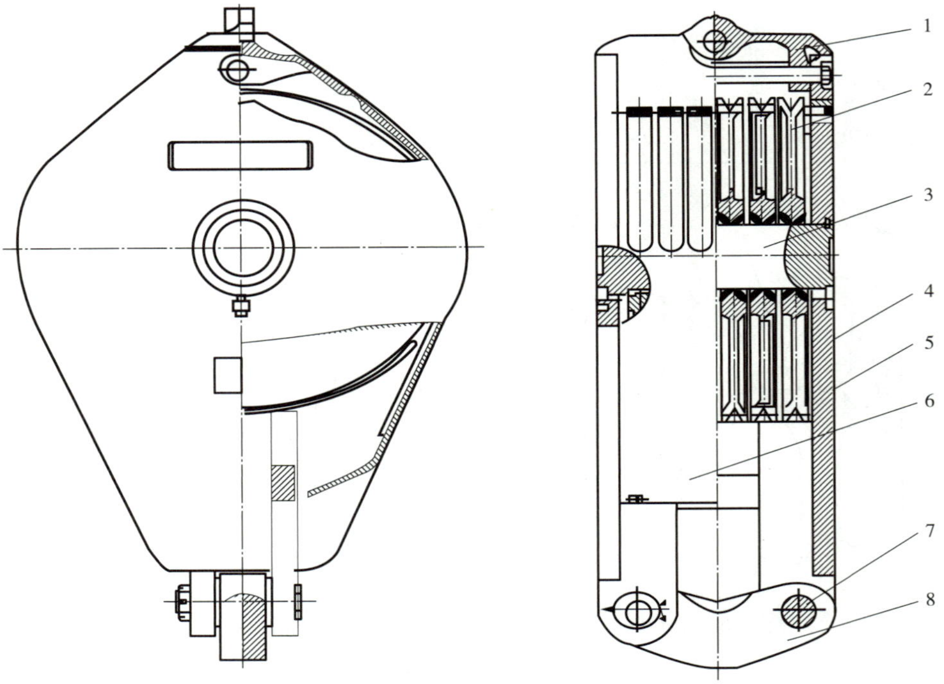

图 3-2-13　游车结构示意图

1—吊梁；2—滑轮；3—滑轮轴；4—侧板；5—下护板；6—侧护板；7—提环销；8—提环

滑轮用双列圆锥滚子轴承支撑在滑轮轴上，每个轴承都通过安装在滑轮轴两端的油杯单独进行润滑。侧板组上部用螺杆与横梁连接，下提环被两个提环销连接在销座上。销座用销轴与侧板组连接，提环销的一端用开槽螺帽及开口销固定。当高挂大钩或顶驱时，可以拆掉游车上的任何一个或两个提环销。为使两侧板组夹紧滑轮轴，通过两侧板组的中部和上部的调节垫片进行调节。用止动块（或键）将轴固定在侧板上，以防止轴转动。

（二）维护保养

①游车在使用前及使用过程中，应经常检查各部位工作是否正常，如果出现故障，应立即排除。

②在使用前，各滑轮轴承应注满润滑脂，轴承的转动应正常，无噪声。

③在使用期间，检查滑轮轴承是否发出噪声或有由不平稳转动造成的滑轮抖动。

④检查护罩是否有变形影响到滑轮的正常转动，若有则应按要求校正护罩的形状。

⑤定期用专门样板规检查滑轮槽是否磨损或者偏磨。

⑥定期检查轴承温度，若有异常及时排查或更换润滑脂。

⑦轴承在使用前和工作期间应按规定加注润滑脂。

⑧轴承的润滑是通过滑轮轴两端的油杯进行的，轴承应定期加注锂基润滑脂。

⑨轴承温升不得超过 40℃，最高温度不超过 70℃。

⑩游车长时间连续使用时，应加密保养。

（三）常见故障处理

游车的常见故障及排除方法见表 3–2–4。

表 3–2–4 游车的常见故障及排除方法

故 障	原 因	排除方法
滑轮轴承发热升温至 70℃以上	①油道堵塞，缺油；润滑脂不清洁； ②轴承跑内、外圆	①疏通油道，注油、清洗换油； ②调整换轴承
运转中轴承有杂音	①轴承磨损严重； ②轴承保持架坏	换轴承
滑轮严重阻卡或卡死	有杂物或轴承已磨损坏	清洗、换轴承
出现振动声	护罩松动或钢丝绳磨护罩	紧固或调整护罩

四 大钩

大钩有单钩、双钩和三钩（一个主钩和两个侧钩）三种类型。目前石油钻机一般都用三钩式大钩。

（一）基本组成与功用

大钩的基本组成有吊环座、定位盘、弹簧、筒体、钩身、轴承及制动锁紧装置等，其结构如图 3–2–14 所示。其主要功用是悬挂水龙头和钻具；悬挂吊环、吊卡等辅助工具，可起下钻具和下套管；起吊重物，安装设备或起放井架等。

（二）维护保养

①检查确定提环销轴两端的螺帽及开口销齐全、固定牢固。

②检查确定侧钩（通常也称为副钩）上的螺栓齐全紧固。

③检查确定安全舌灵活可靠。

④检查确定摩擦盘、安全销、顶杆、安全舌的润滑良好。

⑤检查确定钩身转动灵活。

⑥检查确定制动机构的“开”“关”灵活可靠。

⑦检查确定筒体内机油油质、油位。

⑧检查确定大钩在水平及垂直位置时，各密封处不泄漏。

⑨筒体上部密封盘、安全舌销轴、顶杆、安全舌采用润滑脂润滑，每周加注一次。

⑩筒体内的轴承、衬套等采用机油润滑。油量约为 20L，加油时，让大钩空负荷垂直悬挂，同时打开筒体上的两个丝堵，使干净的机油从一个油孔流入，直到油位到达对面油孔位置为止。

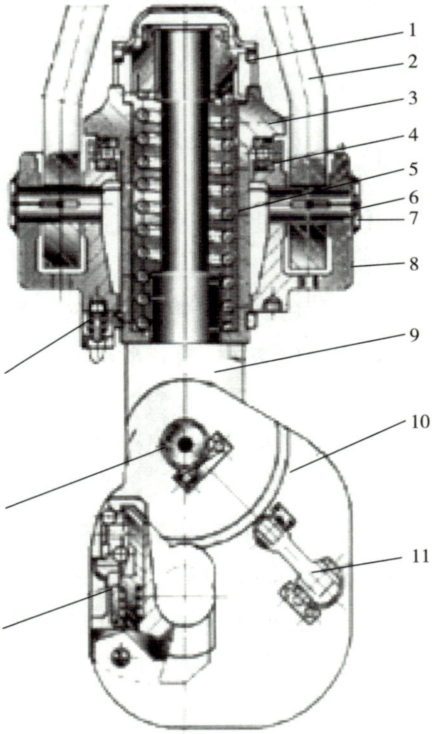

图 3-2-14　大钩基本结构示意图

1—螺母；2—提环；3—套筒；4—轴承；5—弹簧；6—油杯；7—提环销；8—钩座；9—钩杆；10—钩体；11—侧钩；12—安全机构；13—钩销；14—锁紧装置

⑪ 定期检查机油的质量，发现有变质或混浊等情况应立即更换，建议每 10 个月检查一次。

（三）常见故障处理

大钩的常见故障及排除方法见表 3-2-5。

表 3-2-5　大钩的常见故障及排除方法

故障	原因	排除方法
大钩弹簧行程缩短或回不去	①弹簧疲劳松弛； ②弹簧折断	①换弹簧； ②换弹簧、清洗、换油
钩口安全锁紧装置失灵	①滑块或拨块变形； ②弹簧坏	①换滑块或拨块； ②换弹簧
钩体制动装置失灵	①制动销变形； ②弹簧坏	①换制动销； ②换弹簧
钩体摆动受阻	①缺油； ②油脏	①注油； ②清洗

五 井架

井架是钻机提升系统的重要组成部分，它是一种具有一定高度和空间的金属桁架结构。井架必须具有足够的承载能力，足够的强度、刚度和整体稳定性。井架按其主要结构形式可分为塔型井架、A 型井架、K 型井架（前开口）、桅型井架、H 型井架等基本类型。

（一）基本组成及功用

井架主要由主体、人字架、二层台、立管平台、油管台和工作梯等组成。其主要功用是安放天车、游动滑车、大钩、吊钳等起升设备与工具，为起下钻具、存放钻具、下套管作业提供一定的高度空间和承载能力。井架示意图如图 3-2-15 所示。

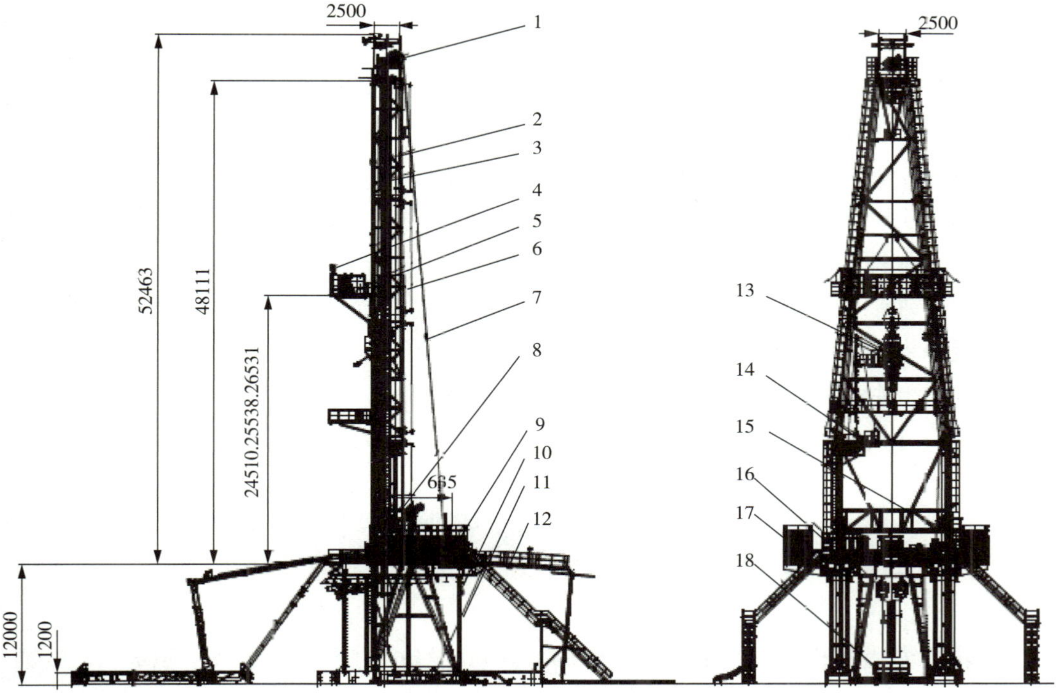

图 3-2-15 井架示意图

1—天车；2—井架；3—防坠落装置；4—二层台逃生装置；5—风动绞车；6—游车；7—钻井钢丝绳；8—死绳固定器；9—绞车；10—底座；11—储气罐；12—电缆槽；13—顶驱；14—液压套管扶正台；15—右偏房；16—防喷器移动装置；17—左偏房；18—防喷器检修平台

（二）维护保养

（1）检查基础应坚实可靠，无下沉现象。

（2）检查各连接销轴及附件应齐全、固定可靠。

（3）检查各结构件应完好，无变形、开裂、开焊现象。

（4）按照相关标准进行定期检测，并依据检测结果使用。

六 底座

底座是提升系统最下端的一个部件，它直接与地面基础接触，把井架的支撑力传递到基础与地面。按结构形式和起升方式主要分为箱叠式底座、箱块式底座（亦称块装式底座）、旋升式底座、弹弓式底座（亦称双升式底座）、伸缩式底座（亦称升缩式底座）。

（一）基本组成及功用

底座一般由金属框架、组合梁、板块等组成。其主要功用是安放井架、绞车、转盘等钻井设备，并提供钻井作业操作的场所和井口装置的安装空间；承受钻井工作载荷、井架起升载荷与设备重力载荷，并把这些载荷传递到基础与地面。

（二）维护保养

①检查基础应坚实可靠，无下沉现象。

②检查各连接销轴及附件应齐全、固定可靠。

③检查各结构件应完好，无变形、开裂、开焊现象。

④起放前检查起升滑轮及附件应完好，转动灵活，并注油。检查起升大绳无断丝、锈蚀、变形，绳端无滑移现象；钢丝绳需定期保养。

⑤检查钻台铺板、栏杆等附件应完好，无变形。

⑥缓冲装置管路接头应做好防护。

⑦按照相关标准进行定期检测，并依据检测结果使用。

第三节 旋转系统

旋转系统是用于驱动钻头进行旋转钻井的一套设备，主要包括转盘、顶部驱动装置、水龙头等。

一 转盘

转盘是一台把动力机传来的水平旋转运动转化为垂直旋转运动的减速增扭装置。

（一）基本组成及功用

转盘的组成一般包括底座（壳体）、转台、负荷轴承、防跳轴承、水平轴（主动轴或快速轴）、大小锥齿轮、方瓦等，其结构如图 3-3-1 所示。其功用是在转盘钻井中，传递扭矩、带动钻具旋转；在井下动力钻井中，承受反扭矩；在起下钻过程中，悬持钻具及辅助上卸钻具螺纹；在固井中协助下套管，承受套管串的重力；协助处理井下故障，如倒螺纹、套铣、造螺纹等。常用的传动方式有链传动、万向轴传动等。

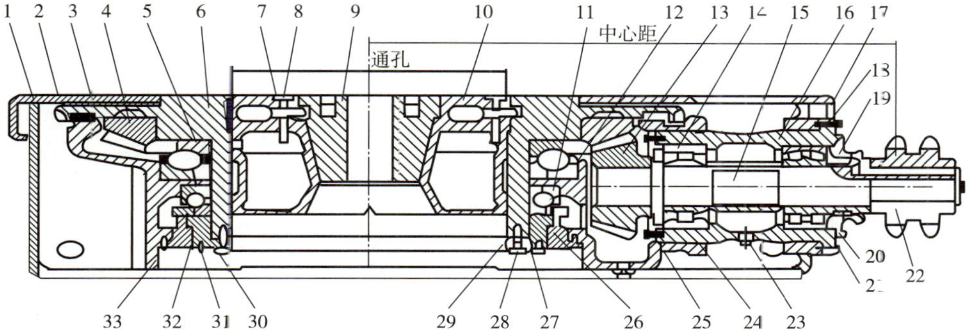

图 3-3-1　转盘结构示意图

1—底座；2—挡板；3—上盖；4—大齿圈；5—负荷轴承；6—转台；7—制动块；8—制动销；9—方补心；10—补心；11—防跳轴承；12—调整垫片；13—齿轮；14，17—轴承；15—输入轴；16—轴承套；18，21，28，31—螺栓；19—弹性密封圈；20，25—轴承压板；22—链轮（连接部件）；23—排油口；24，27，33—“O”形密封圈；26—迷宫密封环；30—下座圈；32—挡污盘

（二）维护保养

①新启用的转盘应先在油池内加入工业齿轮油，油面应达到油标尺上下刻度之间。

②对锁紧装置上的销轴注入润滑脂。

③检查锁紧装置上的操纵杆或手柄位置，转盘开动前应在解锁位置。锁紧的转盘在启动时会使其零部件产生严重的损坏。制动块和连接销应转动灵活，制动应可靠。

④检查转台与方瓦、方瓦与补心是否锁紧。

⑤检查快速轴上的弹簧密封圈密封是否可靠。

⑥检查各部位固定是否牢固不松动，运转部位做好安全防护。

⑦间歇挂合气阀手柄，使转盘平稳启动。然后检查转台是否跳动、声音是否正常。

⑧锥齿轮副和所有轴承均采用飞溅润滑，润滑油每 2 个月更换 1 次，每周检查 1 次油的清洁情况，发现油脏，应立即更换。换油时应将油池用轻质油进行彻底清洗，然后加注工业齿轮油。

⑨防跳轴承和锁紧装置销轴的润滑应每周润滑 1 次，用油枪注入锂基润滑脂。

（三）常见故障处理

转盘故障的原因及排除方法见表 3-3-1。

表 3-3-1　转盘故障的原因及排除方法

故障	原因	排除方法
转盘壳体发热（超过 70℃）	①油池内缺油； ②油池漏油，油面下降； ③油池进钻井液，润滑油不干净	①加油； ②采用消除措施或更换转盘； ③清洗油池换新油

续表

故障	原因	排除方法
转盘一边发热	①安装不平； ②偏磨； ③井架与转盘中心不正	①重新安装； ②找出偏磨原因，清除摩擦； ③找正中心
转盘径向摆动和轴向跳动	主轴承磨损严重导致间隙增大	重新调整间隙，修理、更换主轴
旋转时有剧烈的敲击声	①齿顶齿根无间隙； ②齿轮啮合间隙过大； ③大小齿轮严重损坏	①调节水平轴； ②调整壳体与转盘壳体间垫片厚度； ③更换转盘
转盘发热伴有响声	轴承损坏	更换轴承

二 水龙头

水龙头是钻机旋转系统的主要设备，是旋转系统与循环系统连接的纽带。

（一）基本组成及功用

水龙头类型不同，结构不同，但都由固定部分、旋转部分、密封部分组成。基本组成有壳体、中心管、轴承（主轴承、防跳轴承、扶正轴承）、冲管、盘根及盘根盒等，其结构如图 3-3-2 所示。其主要功用是悬挂钻具，承受井内钻具的大部分重力；改变运动形式；循环钻井液。

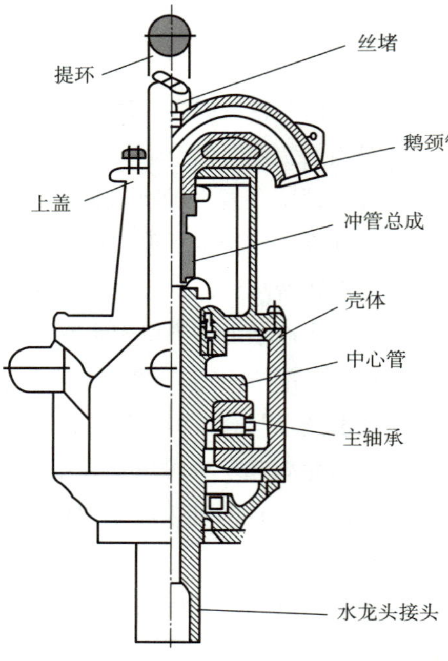

图 3-3-2　水龙头结构示意图

（二）维护保养

①检查主轴承上座圈的端面与中心管端面的贴合情况，最大间隙处 0.03mm 塞尺应不能通过。

②上盖与外壳之间的调整垫是用来调整上扶正轴承的轴向间隙，间隙为 0.05 ~ 0.25mm。

③用百分表检查以下径跳：检查上盖孔，径跳量为 0.20mm；检查鹅颈管，径跳量为 0.30mm；检查冲管，径跳量为 0.30mm。如果径跳量不在上述范围内，可松开上下螺帽，轻轻敲击冲管，改变螺栓的拧紧程度来调整上盖和鹅颈管的径跳量，保证径跳量在以上范围内，使冲管总成在最佳工作条件下工作。

④水龙头壳体内的油位每班都要检查一次，检查油面在油标尺刻度内。润滑油每两个月更换一次，在使用期间润滑油受到污染应及时更换。对新的或修理过的水龙头，在使用满 200h 后应更换。换油时应将脏油排净，用冲洗油洗掉全部沉淀物，再注入符合要求的工业齿轮油。

⑤提环销、冲管总成、上部和下部油封用润滑脂每班润滑一次。保养冲管总成应在没有泵压的情况下进行，以便使润滑脂能挤入冲管总成的各个部位，更好地润滑冲管和各个盘根。

（三）常见故障处理

水龙头常见故障与排除方法见表 3–3–2。

表 3-3-2　水龙头常见故障与排除方法

故障现象	可能原因	排除方法
壳体发热	①油池缺油； ②油脏	①加油； ②清洗，换油
中心管转动不灵或转不动	①轴承损坏； ②冲管盘根及机油盘	①检修； ②调整盘根
中心管下部螺纹漏泥浆	①扣未上紧或松扣； ②螺纹裂纹	①紧扣； ②换接头或进行检修
提环转动不灵	①缺油； ②槽孔堵塞	①注油； ②清洗槽孔
中心管径向摆动大	①方钻杆弯曲； ②扶正轴承磨损	①换方钻杆； ②进厂检修
油池进泥浆 油池漏油	①上机油盘根损坏； ②下机油盘根损坏	①更换新盘根； ②更换新盘根

更换冲管总成操作步骤为：

①用榔头砸松上下盘根盒压盖，卸开取下旧冲管总成。

②卸下黄油嘴、螺钉、上下盘根盒的“O”形密封圈、卡簧、上盘根盒，抽出冲管，拿下压盖，分别把上下盘根盒里的密封压套、隔环、盘根取出清洗干净并检查完好后待用。

③将新冲管、新盘根、隔环、上下盘根盒内涂一层润滑脂，按先后顺序把盘根装入隔环，再装入上下盘根盒。把下盘根盒密封压套装好用螺钉固定。

④把新冲管装入下盘根盒内，套上下压盖，再套上上压盖，装上上盘根盒，卡上盘根盒密封压套，卡上卡簧．最后装上下盘根盒的“O”形密封圈及黄油嘴。

⑤将装好的冲管总成装入水龙头的冲管位置上下对正，上紧上下压盖，清理好工具，更换完毕。

三　顶部驱动装置

顶部驱动钻井装置（以下简称顶驱）是用以取代转盘钻井的石油钻井装备。

（一）基本组成及功用

1. 基本组成

顶部驱动装置主要由动力水龙头、导轨、滑车总成、管子处理装置、平衡系统、冷却系统、司钻操作台、可选用的附属设备（如液压吊卡等）组成。

下面以名义钻深 7000m 的顶驱为例进行介绍。顶驱结构如图 3–3–3 所示。

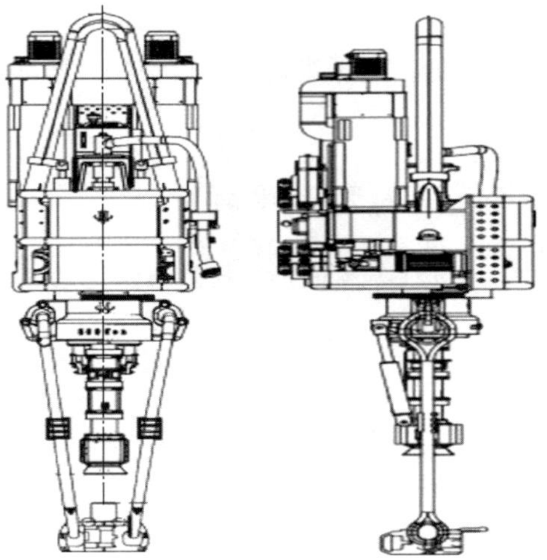

图 3–3–3　名义钻深 7000m 顶驱结构示意图

（1）动力水龙头

动力水龙头部分由主电机、电机上端的刹车与风冷装置、平衡装置、提环、冲管总成、减速箱及其他零部件等组成。其主要功能是使主电机驱动主轴旋转钻进，为上卸扣提供动力，同时循环钻井液，保证正常的钻井工作进行。动力水龙头结构如图 3–3–4 所示。

（2）管子处理装置

管子处理装置是顶部驱动装置的重要组成部分，由倾斜机构、背钳总成、螺纹防松装置、IBOP 机构、回转头及其他零部件组成，能在很大程度上提高钻井作业的自动化程度。管子处理装置结构如图 3–3–5 所示。

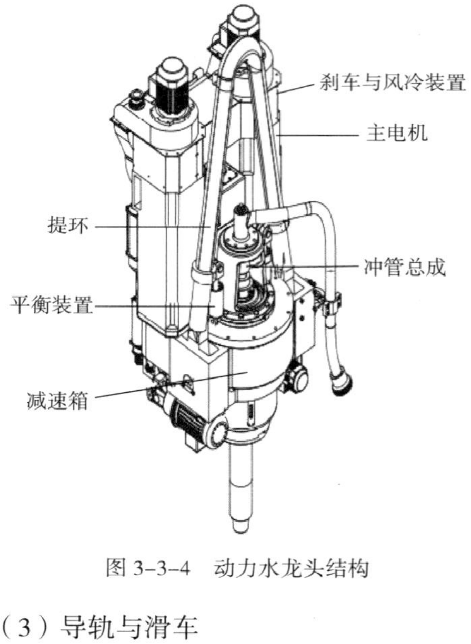

图 3–3–4　动力水龙头结构

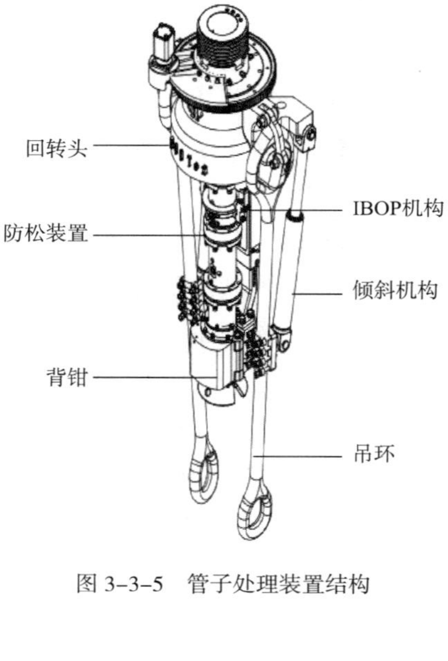

图 3–3–5　管子处理装置结构

（3）导轨与滑车

导轨主要作用是承受顶驱工作时的反扭矩。与顶驱的减速箱连接的滑动小车穿入在导轨中，随顶驱上下滑动，将扭矩传递到导轨上。导轨最上端与井架的天车底梁连接，导轨下端与井架的反扭矩梁连接，使顶驱的扭矩直接传递到井架下端。导轨采用整体滑插式和分体拼接式。

（4）司钻操作台

司钻操作台具有钻井作业所需的基本操作功能和各种辅助操作功能。可以设置顶驱的转速、转矩、操作模式等。司钻操作台为正压防爆型，应先保证司钻台内压力正常，才能通电进行操作，否则触摸屏上会有气压丢失指示。典型的司钻操作台面板示意图如图 3-3-6 所示。

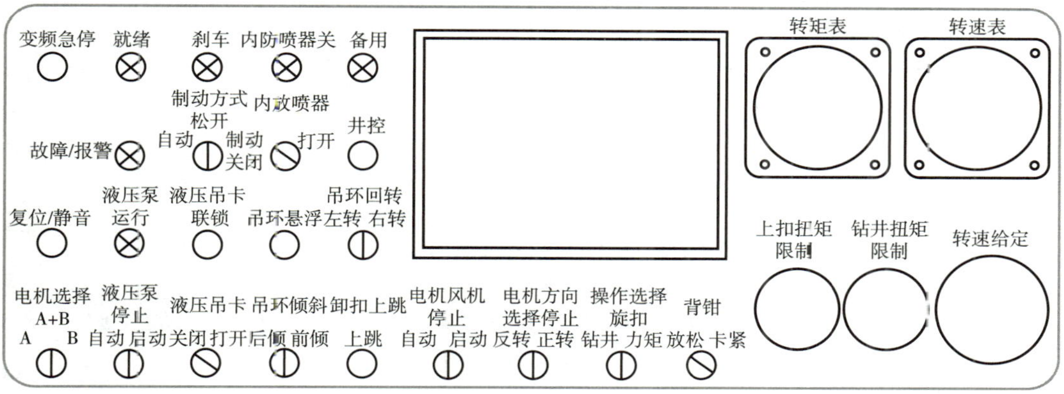

图 3-3-6　司钻操作台面板示意图

（5）液压控制系统

液压控制系统是顶驱装置的重要组成部分。除主轴旋转由主电机驱动外，其他功能可上卸扣、吊环倾斜与回转、IBOP 打开与关闭、主电机制动、主体重量平衡等均由液压控制实现。顶部驱动钻井装置的液压控制系统包括主体重量平衡系统、刹车系统、旋转头回转系统、吊环倾斜系统、IBOP 控制系统、背钳系统、液压吊卡等。液压控制系统主要由液压源、液压阀组、执行机构、液压管线、附件等部分组成。控制阀组分为七个控制油路，分别控制不同的操作功能。各油路均设置有压力检测点，以监测各路工作压力，同时也可通过测压点排出各路及油缸中的气体，使系统工作平稳。

2. 功用

顶部驱动装置可从井架上部空间直接旋转钻具，沿专用导轨向下送进，完成钻具旋转钻进、循环钻井液、接立柱、上卸扣和倒划眼等多种钻井操作。顶驱按驱动主轴旋转的动力源形式，可分为电驱动顶驱和液压驱动顶驱。电驱动顶驱又分为直流电驱动顶驱和交流电驱动顶驱。

（二）维护保养

1. 班组检查

班组检查项目见表 3-3-3。

表 3-3-3　班组检查项目

序号	检查项目	检查内容
1	紧固件	目视检查全部紧固件完好无松动，安全锁线没有锈蚀断脱
2	电缆连接	目视检查电缆护套完好，固定可靠，电缆接头没有松动迹象
3	液压管线与接头	目视检查液压管线没有破损，接头没有松动和漏油
4	液压源油箱液面	检查油箱液位，符合规定要求
5	液压阀组	观察液压阀组，各处电磁阀块没有松动漏油现象

续表

序号	检查项目	检查内容
6	减速箱润滑油	观察减速箱润滑油液面，符合规定要求
7	司钻操作台防爆	检查气源处理元件，清理积水，确认输出压力符合要求
8	司钻操作台接头	检查操作台电缆接头，连接可靠，没有松脱、死弯等不正常现象
9	司钻操作台显示	观察司钻操作台指示灯和仪表，没有异常指示或报警
10	电气柜	观察电气柜，输入输出正常，接地正常
11	电气柜空调	电控房空调设备工作正常 / 柜内通风机工作正常，柜门通风口滤网清洁
12	电缆	观察地面、井架及游动电缆，无磕碰、划伤、死弯等现象
13	滑车滚轮	检查滑车滚轮，锁紧螺帽没有松动，滚轮没有严重磨损、转动灵活
14	导轨连接	目视检查导轨垂直状态保证无弯曲现象，导轨锁销位置正常，导轨锁销无位移
15	悬挂吊耳	目视检查导轨调节背板、连接销、卸扣，没有磨损，别针没有脱落等异常现象
16	顶驱运行	顶驱运行过程中所有电机与传动系统无异常杂音

2. 每日维护保养项目

每日润滑检查项目见表 3–3–4。

表 3-3-4　每日润滑检查项目

序号	项目	润滑点
1	冲管盘根总成	1
2	遥控内防喷器控制机构	5
3	背钳扶正环	2

（1）冲管

①润滑部位：冲管下盘根盒侧面油嘴1处。

②润滑方法：用黄油枪向油嘴加注润滑脂2～4冲。

③检查项目：冲管是否泄漏。如果泄漏，应及时清理冲管支架，防止钻井液堆积后进入齿轮箱内部。如图 3–3–7 所示。

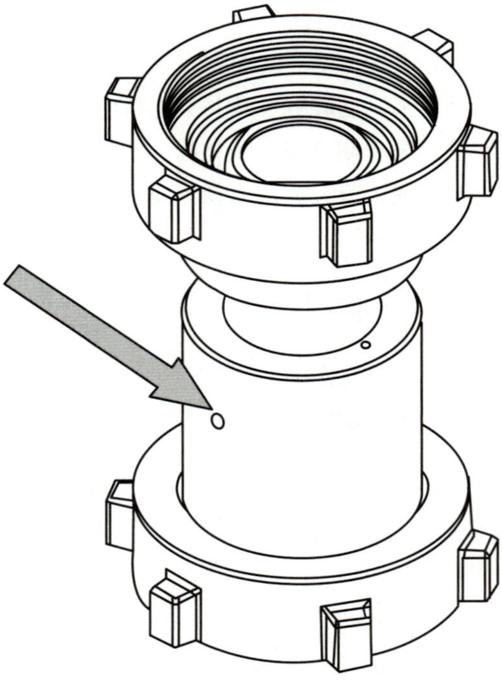

图 3–3–7　冲管润滑检查项目

（2）遥控内防喷器控制机构

①润滑部位：侧面 4 个滚轮轴油嘴。滑套与开关齿轮啮合处。

②润滑方法：用黄油枪向油嘴加注润滑脂，每处 1 冲。将润滑脂涂抹在滑套与开关齿轮啮合处。

③检查项目：导向板与滚轮螺栓是否松动、损坏或丢失。防喷滑轮润滑、偏斜以及磨损情况。如图 3–3–8 所示。

（3）背钳扶正环

①润滑部位：扶正环内孔面。

②润滑方法：用黄油枪向内孔面涂抹适量润滑脂。

③检查项目：检查扶正环的磨损程度，根据磨损情况及时进行更换。如图 3-3-9 所示。

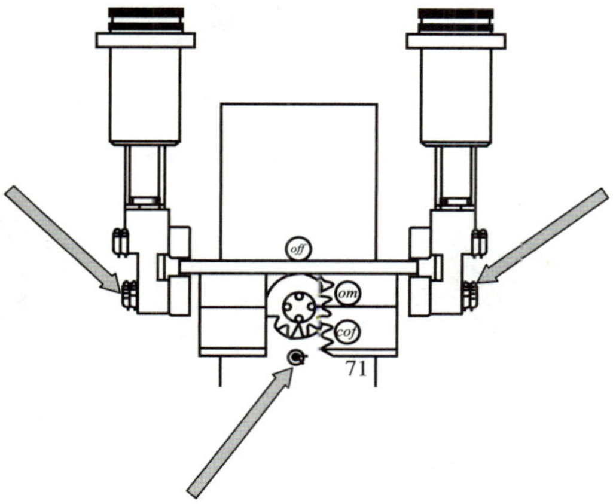

图 3-3-8　遥控内防喷器控制机构润滑检查项目

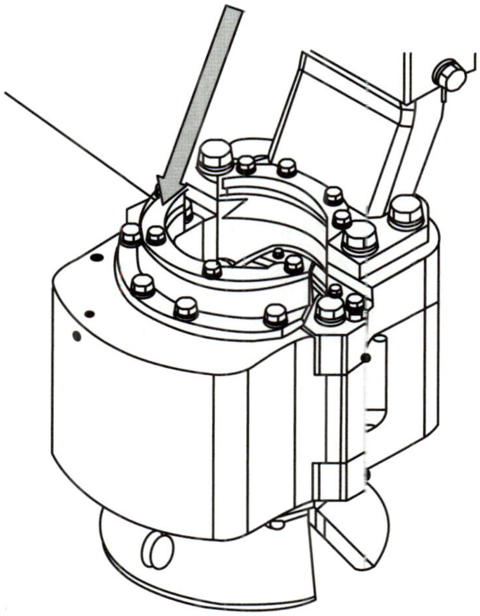

图 3-3-9　背钳扶正环控制机构润滑检查项目

3. 每周维护保养项目

每周润滑检查项目见表 3-3-5。

表 3-3-5　每周润滑检查项目

序号	项目	润滑点
1	提环销轴	2
2	滑车	16
3	倾斜机构油缸销	4
4	反扭矩梁	检查
5	防松装置	检查
6	背钳固定销	1
7	平衡液压缸连接销轴	2
8	背钳悬挂销轴	1

（1）提环销轴

①润滑部位：提环销轴 2 处。

②润滑方法：用黄油枪向油嘴加注润滑脂，每处 2 ~ 4 冲。

③检查项目：提环销的润滑情况。提环销挡板及螺钉。如图 3–3–10 所示。

（2）滑车

①润滑部位：滑车底部 4 处。滑车两侧各 12 处。

②润滑方法：用黄油枪向油嘴加注润滑脂，每处 2 冲。

③检查项目：检查滑车滚轮运转是否正常、有无卡滞现象。检查滚轮的磨损情况，如磨损严重要及时更换。检查滚轮固定螺帽是否松动，止动垫是否卡紧。如图 3–3–11 所示。

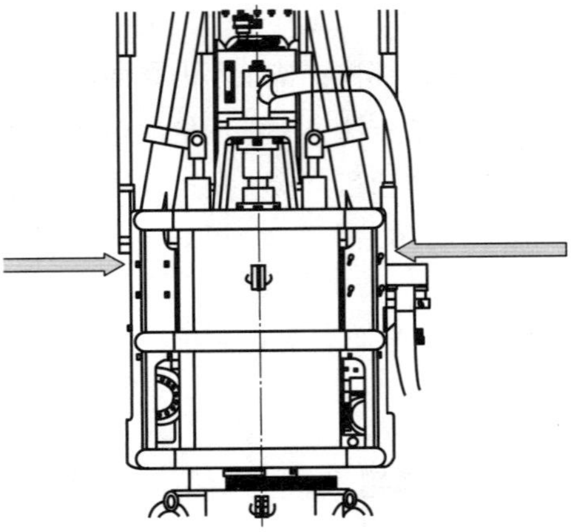

图 3–3–10　提环销轴润滑检查项目

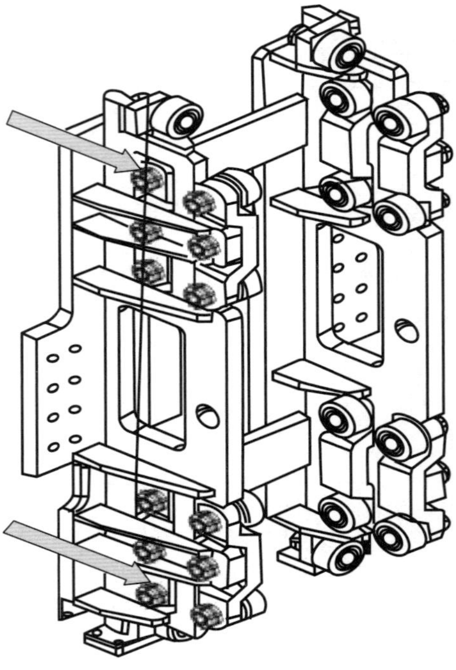

图 3–3–11　滑车润滑检查项目

（3）倾斜机构

①润滑部位：关节轴承与吊环连接销轴处。

②润滑方法：将适量的润滑脂涂抹于润滑处。

③检查项目：吊环倾斜液压缸销轴磨损。固定压板的位置和夹紧情况。关节轴承的润滑与锁紧。如图 3–3–12 所示。

（4）反扭矩梁检查

检查项目：检查螺栓紧固情况，及时进行紧固。检查反扭矩架偏移情况，如有偏移距离 3mm 以上，必须进行调整。如图 3–3–13 所示。

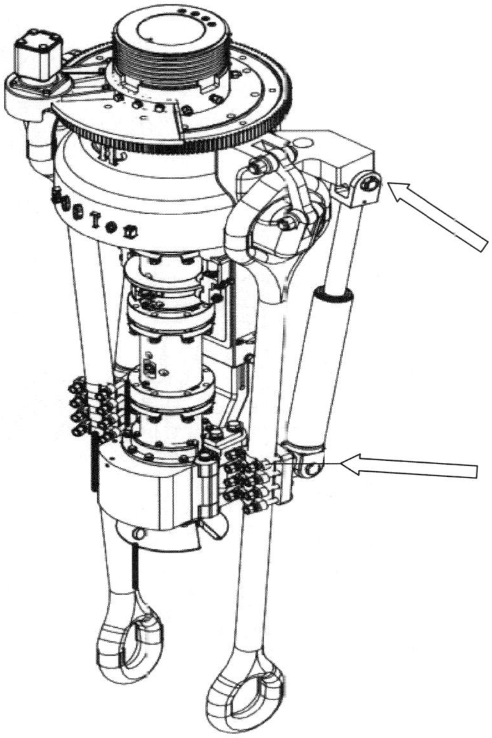

图 3–3–12　倾斜机构润滑检查项目

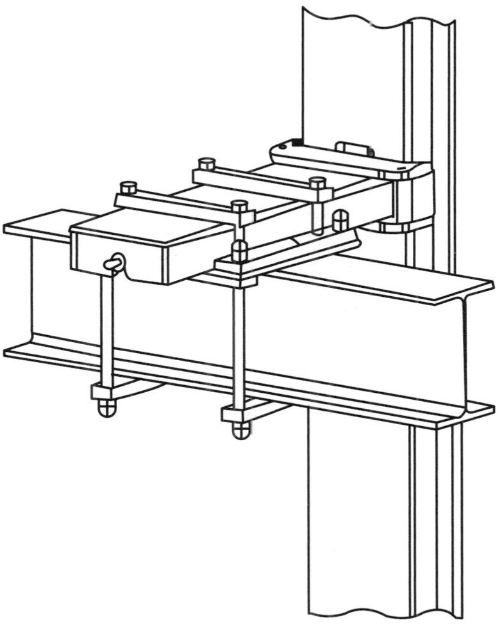

图 3–3–13　反扭矩梁检查项目

（5）防松装置

检查项目：检查是否有松动的螺栓。检查安全锁线。

防松装置的安装：

①在锁紧螺栓的螺纹表面，螺栓帽下涂抹二硫化钼润滑脂。

②在安装防松装置前，必须确保各连接处已上紧至要求扭矩。

③清洁内防喷器、主轴及保护接头表面，确保这些表面上光洁且没有油脂等污物。

④将防松装置在接头处成对摆放。

⑤将钳牙放在接头连接处的中心。

⑥用扭矩扳手将螺栓旋紧，直至所有螺栓上紧扭矩为 420 ~ 450N·m。

⑦把所有螺栓用安全锁线固定。如图 3–3–14 所示。

（6）背钳固定销

保养项目：拆除固定销时只能拆除右侧固定销。右

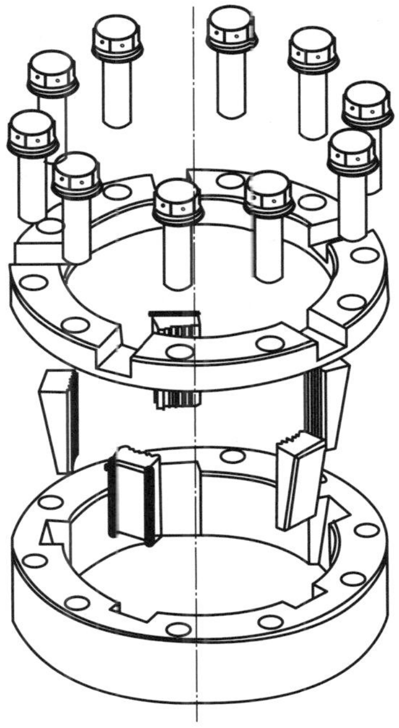

图 3–3–14　防松装置

侧固定销底部有 1 处油嘴，用黄油枪向油嘴加注润滑脂，每处 3 ~ 4 冲。如图 3-3-15 所示。

（7）平衡液压缸连接销轴

①润滑部位：平衡液压缸连接销轴 2 处。

②润滑方法：用黄油枪向油嘴加注润滑脂，每处 2 ~ 4 冲。如图 3-3-16 所示。

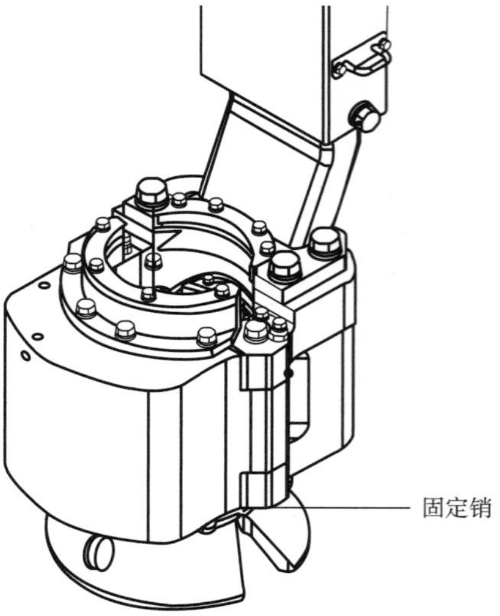

图 3-3-15　背钳固定销

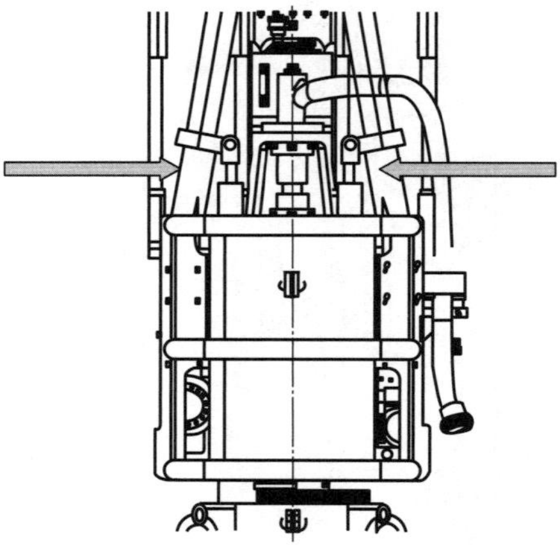
图 3-3-16　平衡液压缸润滑检查项目

（8）背钳悬挂销轴

①润滑部位：背钳悬挂销轴 1 处。

②润滑方法：用黄油枪向油嘴加注润滑脂，每处 2 ~ 4 冲。如图 3-3-17 所示。

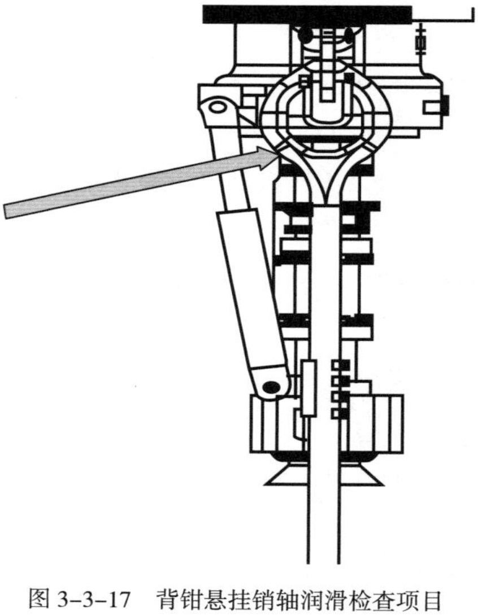
图 3-3-17　背钳悬挂销轴润滑检查项目

4. 每月维护保养项目

每月润滑项目见表 3–3–6。

表 3-3-6　每月润滑项目

序号	项目	润滑点 / 检查
1	刹车装置	检查
2	天车悬挂吊耳、连接卸扣和固定销	检查
3	鹅颈管	检查
4	主电机与风冷电机	检查
5	背钳	检查
6	冲管大压盖密封	润滑点 1（大压盖上油嘴）

（1）刹车装置

①检查项目：刹车摩擦片的磨损形式是否为对称磨损。刹车摩擦片的磨损程度。液压制动管线是否有泄漏现象。

②更换刹车片的原则：当刹车摩擦片的摩擦材料低于 3mm 时，应更换刹车片。刹车片被油或者油脂污染后，摩擦力将减弱，刹车片需要更换。刹车装置如图 3–3–18 所示。

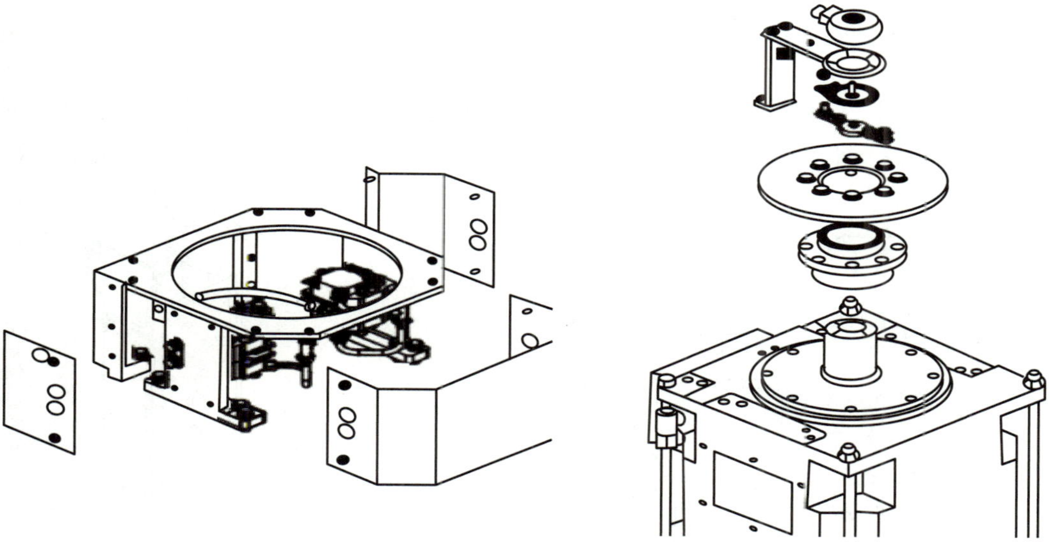

图 3–3–18　刹车装置

注意：新的刹车摩擦片需要一段时间的磨合才能达到额定力矩。时刻保持摩擦材料清洁，使其不要接触到油或者油脂。

（2）天车悬挂吊耳、连接卸扣和固定销

检查项目：目视检查焊点和焊缝。目视检查固定销和卸扣连接件的安全别针是否有脱落现象。检查磨损情况。如图 3–3–19 所示。

（3）鹅颈管

检查项目：检查是否有凹陷、磨损、腐蚀。检查有无渗漏现象。如图 3–3–20 所示。

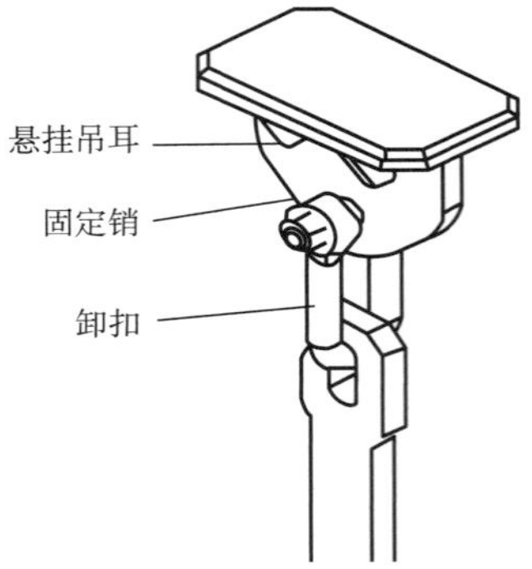

图 3–3–19　天车悬挂吊耳、连接卸扣和固定销

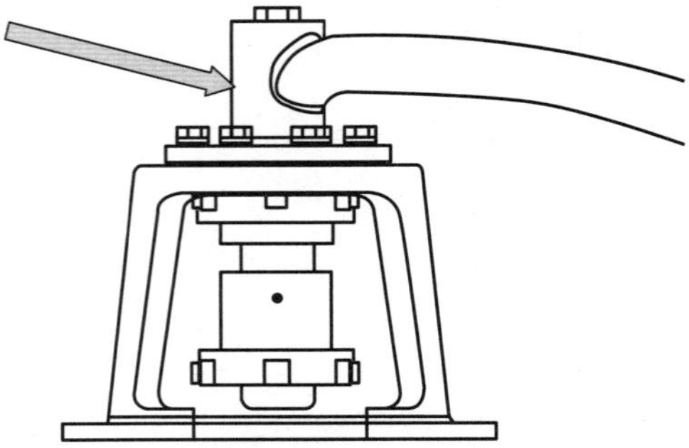

图 3–3–20　鹅颈管

（4）主电机与风冷电机

①检查项目：电机出线电缆是否有损坏。螺栓和安全锁线是否有松动或损坏。出风口百叶窗和滤网是否有损坏。热交换器是否杂物附着。

②保养项目：在主电机停止转动时，主电机加热器会自动加热，当长期不用加热时应关掉加热电路。对风机进行初步检查，在运输过程中或长期存放后有无机件损坏，是否有杂物落入风机流道内，然后盘车，是否转动灵活，有无碰擦声。及时清理热交换器杂物，保持通风顺畅。如图 3–3–21 所示。

（5）背钳

①检查项目：检查钳牙磨损情况。检查钳牙座固定螺栓是否有松动现象。经常检查喇叭口固定螺栓、耐磨环螺栓、固定销等各紧固件是否有松动和损坏，锁紧是否可靠。如图 3–3–22 所示。

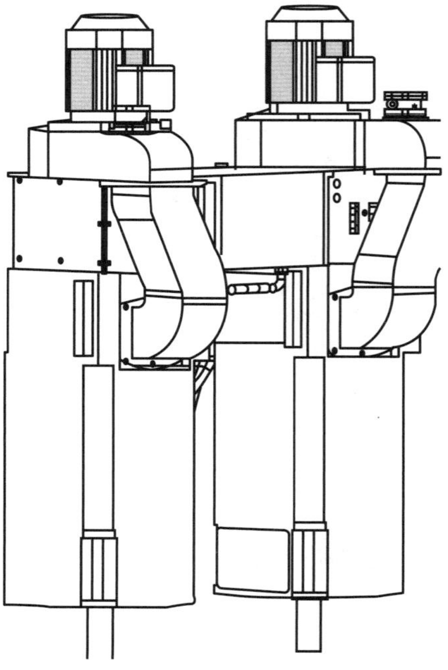

图 3–3–21　主电机与风冷电机

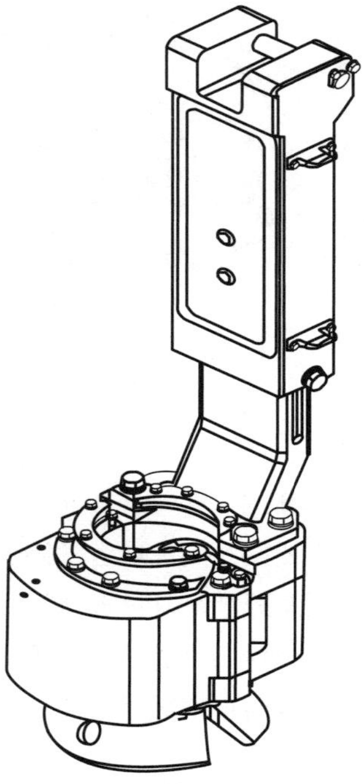

图 3–3–22　背钳机构

②保养项目：及时清除牙板齿沟及表面的污垢。更换钳牙时，将四个一起换掉，以便保证钳牙的几何尺寸、机械强度相同。

（6）冲管大压盖密封

①润滑部位：大压盖上油嘴。

②润滑方法：用黄油枪向油嘴加注润滑脂，每处 3 ~ 4 冲。如图 3-3-23 所示。

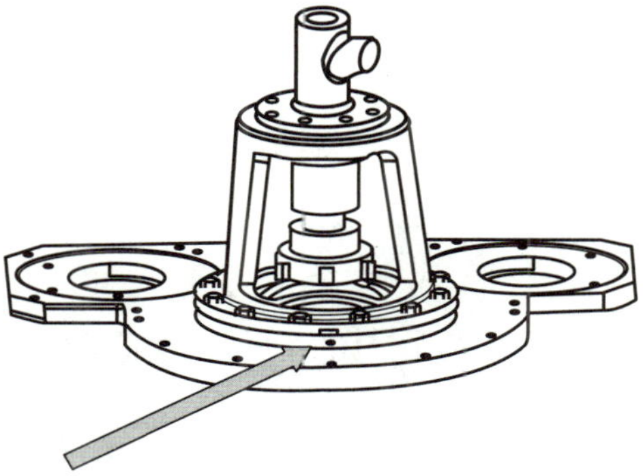

图 3-3-23　冲管大压盖密封润滑项目

5. 每季度维护保养项目

每季度润滑项目见表 3-3-7。

表 3-3-7　每季度润滑项目

序号	项目	润滑点
1	主电机轴承润滑	4
2	回转头大齿轮及驱动马达小齿轮	1
3	遥控内防喷器	2

（1）主电机轴承润滑

①润滑部位：主电机前部上侧 2 处。主电机前部下侧 2 处。

②润滑方法：用黄油枪向油嘴加注润滑脂。上侧加入 350g，下侧加入 250g。

③检查项目：电机绝缘检测；储能器预冲压力检测。如图 3-3-24 所示。

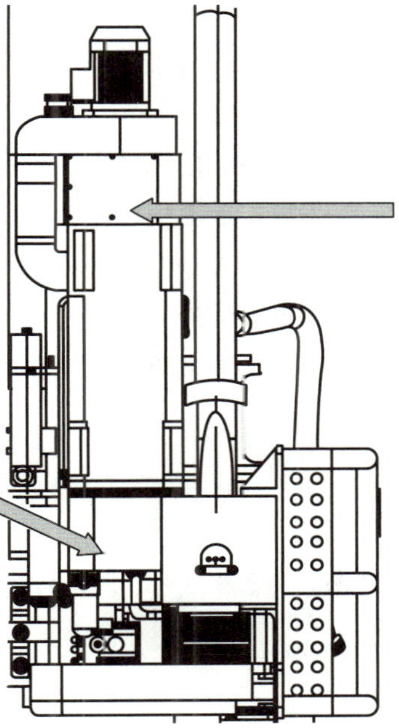

图 3-3-24　主电机轴承润滑检查项目

（2）回转头大齿轮及驱动马达小齿轮

①润滑部位：齿轮啮合处及齿部。

②润滑方法：将润滑脂涂抹于啮合处及齿部。

③检查项目：检查马达支架的固定螺栓有无松动，如有松动现象应及时锁紧。如图 3-3-25 所示。

（3）防喷器保养

①润滑部位：遥控内防喷器 1 处油嘴、手动内防喷器 1 处油嘴。

②润滑方法：用黄油枪向油嘴加注润滑脂，每处 2 冲。如图 3-3-26 所示。

6. 半年维修保养项目

（1）液压油检查项目

液压油的检查项目主要有液位、压力、温度、清洁等。

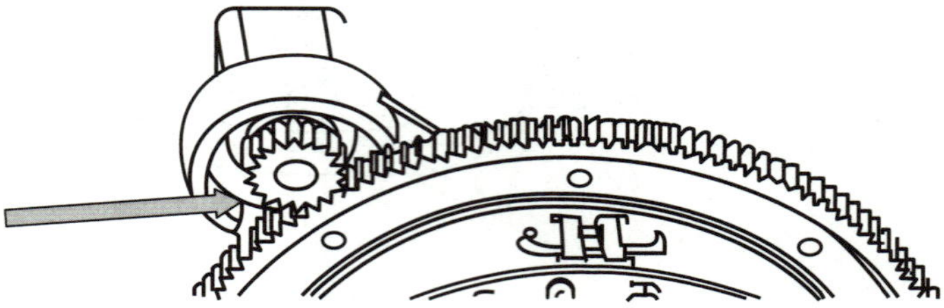

图 3-3-25　回转头大齿轮及驱动马达小齿轮润滑检查项目

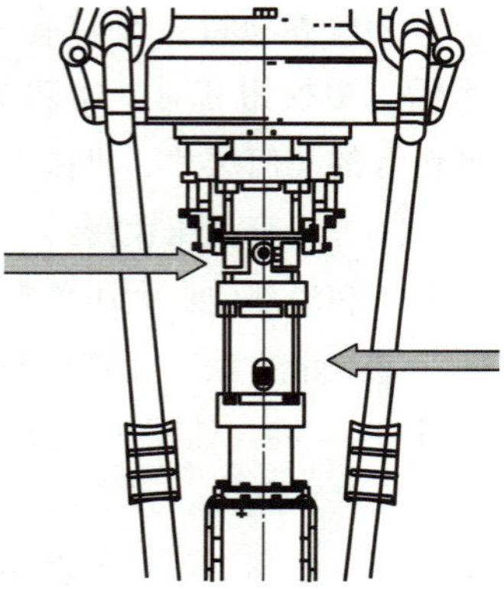

图 3-3-26　防喷器润滑项目

保养方法：

根据现场使用情况，按需求添加或更换液压油。

①第一次更换液压油时间为连续使用 3 个月。

②间隔 6 个月或者根据油样分析进行适时更换。

③更换油液时同时更换液压油滤芯。同时清理过滤器磁棒杂物。

（2）齿轮油检查项目

齿轮油的检查项目主要有液位、压力、温度、清洁等。

保养方法：

根据现场使用情况，按需求添加或更换齿轮油。

①第一次更换齿轮油时间为连续使用 3 个月。

②间隔 6 个月或者根据油样分析进行适时更换。

③更换油液时，同时更换齿轮油滤芯。

滤芯及油液更换周期见表 3-3-8。推荐选用油液见表 3-3-9。

表 3-3-8　滤芯及油液更换周期

齿轮油过滤器	过滤器滤芯连续使用 3 个月进行更换
液压油过滤器	过滤器滤芯连续使用 3 个月进行更换
齿轮油	首次更换为连续使用 3 个月，此后为 6 个月
液压油	首次更换为连续使用 3 个月，此后为 6 个月

表 3-3-9　推荐选用油液

液压油			
环境温度范围 /℃	-30 ~ -7℃	-6 ~ 20℃	21 ~ 55℃
ISO 黏度	10	32	46

续表

齿轮油			
环境温度范围 /℃	−30 ~ −7℃	−6 ~ 20℃	21 ~ 55℃
ISO 黏度	32	68	220

7. 每年维修保养项目

（1）需要对悬挂吊耳、卸扣、固定销进行拆解探伤。

（2）需要对提环、提环销轴进行检查，建议进行探伤。提环销的磨损情况，磨损量超过 2mm，要降低承载重量使用，当磨损量超过 3mm 时需要进行更换。

（3）需要对导轨销进行探伤。

（4）需要对吊环与回转体吊耳进行探伤。

（5）对齿轮油润滑泵和液压油泵进行整体检测，根据检测结果进行调整。

（6）对齿轮泵压力进行检测，如压力不符合要求，应寻找原因，必要时更换齿轮泵。

（7）需要对导轨钢丝绳进行检查：导轨本体在折叠状态时，检查导轨接头处钢丝绳是否有绳芯被挤出或钢丝绳整股断裂造成结构损坏；钢丝绳磨损，直径减小，若超过钢丝绳直径的 30%，必须进行一次全面检查或做强度试验，以便确认是否需要更换新的钢丝绳。（保养方法：导轨本体在折叠状态时，在导轨接头处钢丝绳涂抹润滑脂。）

（8）需要对回转头进行润滑保养。

①润滑部位。回转头油嘴 3 处。

②润滑方法。用黄油枪向油嘴加注润滑脂，每处 6 ~ 10 冲。

③保养项目。定期对回转头齿轮涂润滑脂。回转头 7 道“旋转格莱圈”更换时使用导向工具。防止损坏“旋转格莱圈”。

④检查项目。平时应经常检查马达支架的固定螺栓有无松动，如有松动现象应及时锁紧。如图 3-3-27 所示。

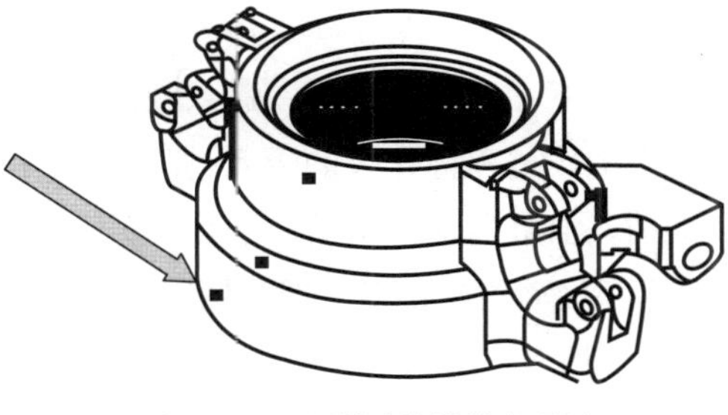

图 3-3-27　回转头润滑检查项目

第四节　循环系统

钻井液循环系统是由钻井泵、钻井液净化设备等组成。主要用于循环、净化处理钻井液，保证连续钻井作业。

一　钻井泵

钻井泵是循环系统的心脏，是钻井施工中的关键设备。目前，钻井泵采用的基本形式为单作用往复式活塞泵。

（一）基本组成及功用

现场使用的钻井泵主要是三缸泵，五缸泵一般在深井、超深井、高压喷射钻井、大位移水平井、丛式井、海洋平台钻井中应用较多。钻井泵主要由液力端和动力端两大部分组成。此外，还配备排出空气包总成、安全阀、喷淋泵总成、灌注系统等。其主要作用是向井底输送钻井液，以便冷却钻头和携带出岩屑，同时为井底动力钻具提供动力。三缸钻井泵结构如图 3–4–1 所示。

图 3–4–1　三缸钻井泵

1—液力端；2—动力端；3—主动轴；4—排出空气包；5—安全阀；6—排出口；7—吸入口

钻井泵工作时，动力机通过皮带、联轴器、传动轴、齿轮等传动部件带动主轴及固定其上的曲柄连杆旋转。当曲柄从水平位置自左向右逆时针旋转时，活塞向动力端（图 3–4–2 中右方）移动，液缸内形成真空，钻井液罐中的液体在液面压力的作用下，顶开吸入阀，进入液缸，直到活塞移动到右止点（即曲柄自 0° 旋转到 180°）。这个工作过程称作泵的吸入过程。曲柄继续旋转，活塞开始向液力端（图 3–4–2 中左方）运动，液缸内液体受挤压，压力升高，吸入阀关闭，排出阀被顶开，液体进入排出管，直至活塞移动到左止点（即曲柄自 180° 旋转到 360°）这个工作过程称作泵的排出过程。如图 3–4–2 所示。

当动力机不断运转，钻井泵不断重复吸入和排出过程，将吸入池中液体源源不断地经排出管送向井底。活塞在液缸中移动的距离称作活塞的冲程长度；活塞每分钟往返的次数，称为泵的冲次。

1. 液力端

液力端主要由液缸、阀总成、缸套、活塞、吸入和排出管汇等部件组成。钻井液经液力端活塞在缸套内表面的往复运动，形成高压，经排出管输出到高压管线、水龙带及钻柱、

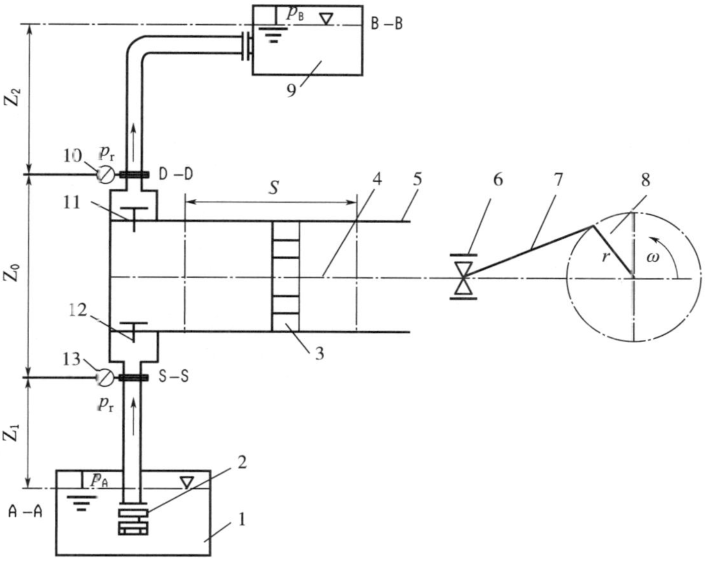

图 3-4-2　钻井泵工作原理示意图

1—吸入罐；2—底阀；3—活塞；4—活塞杆；5—液缸；6—十字头；
7—连杆；8—曲柄；9—排出罐；10—压力表；11—排出阀；12—吸入阀；13—真空表

钻头的底端排出。

液缸：采用“L”型结构，分块制造，可以单独拆卸，具有耐压能力高的优点。常用的还有“I”型结构，如图 3-4-3 所示。

阀总成：吸入和排出阀能通用互换。当工作压力小于等于 35MPa 时，应使用普通阀；当工作压力大于 35MPa 时，应使用高压阀。

缸套：分为单金属缸套、双金属缸套、陶瓷缸套、镍基合金缸套。根据排量的要求，选用不同直径的缸套。

活塞：主要由活塞芯、皮碗、压板、卡簧组成。分为整体式和分体式（可更换皮碗）两种。

吸入管、排出管：作为钻井液的循环管路，并装有吸入和排出滤网。

2. 动力端

动力端主要由主动轴（传动轴或小齿轮轴）、被动轴（主轴或曲轴）、十字头总成、机架（泵座和泵壳）等组成。用来传递动力、转换运动方式及速度，为液力端提供合适的动力。

机架。钻井泵的骨架，由各种规格的钢板焊接而成，各部件均安装在机架上，起支撑作用。

被动轴总成。是泵动力端的关键部位，作用是将钻井泵的旋转运动转化为十字头的往复运动。

主动轴总成。通过皮带轮或万向轴等与外部动力系统连接，外部动力通过小齿轮传到大齿圈，从而带动曲轴总成旋转。

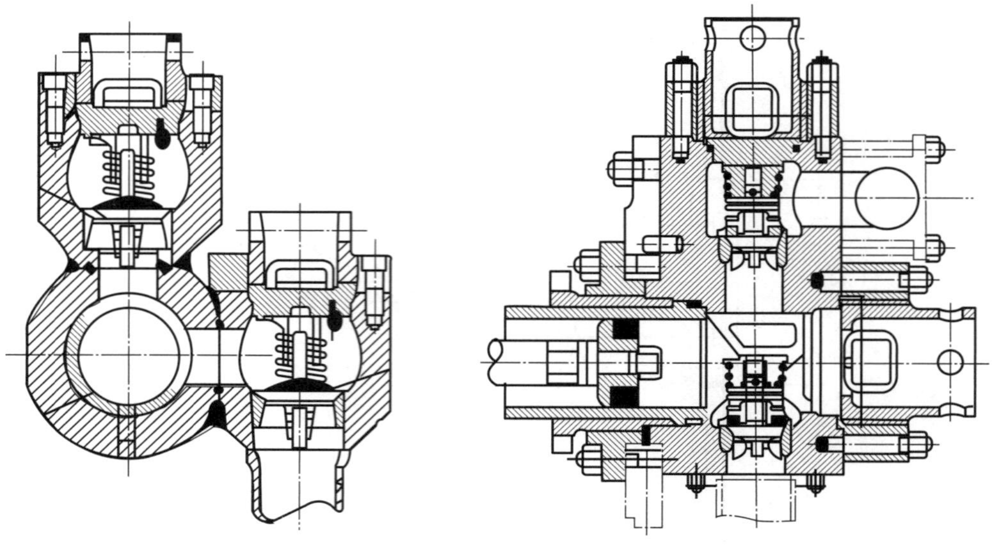

L 型液缸布置示意图　　　　I 型液缸布置示意图

图 3-4-3　液缸布置示意图

十字头总成。泵的动力中间端，是传递活塞力的重要部件，对活塞在缸套内作往复直线运动起导向作用。

动力端润滑总成。内藏式润滑油泵是将齿轮油泵及滤油器等安装在泵机架后方油池内，润滑油泵靠曲轴大齿圈带动。

3. 空气包

空气包有吸入和排出两种类型，主要由壳体、胶囊、压盖、压力表等组成。空气包预充气体为压缩氮气，预充压力为钻井泵排出压力的 20% ~ 30%，空气包胶囊的最高充气压力应与型号相符。

目前使用得最广泛的是球形隔膜式预压空气包，它主要由壳体和橡胶囊组成，胶囊上口被固定在壳体上。工作时随排出的变化，胶囊底部上下运动，以储存或挤出液体。它是一个内充氮气的密闭容器。钻井泵排出阀附近安装排出空气包，在吸入阀附近安装吸入空气包。

空气包的工作原理：钻井泵活塞处于排出过程时，排出管内流体流速加快，压力也随之升高，当压力大于空气包气室内的压力时，气囊被压缩，部分液体进入空气包壳体内；当活塞处于吸入过程、排出管内液体压力小于空气包气室的压力时，气囊开始膨胀，挤出空气包内的液体，随着排出和吸入过程的不断重复进行，空气包不断交替地储存和排出液体。自动调节排出管中的流体速度和压力，达到稳定泵压的目的。

4. 安全阀

安全阀由活塞总成、剪切板、剪切销、销轴、安全罩等组成。当泵的工作压力超过规定值时迅速泄压，以保证设备安全。

5. 喷淋泵总成

喷淋泵总成由喷淋泵、水箱、喷淋管等组成。在泵的运转过程中对缸套、活塞及密封进行冷却，以提高其使用寿命。

6. 灌注系统

灌注系统由灌注泵及其底座、蝶型阀、吸入管汇等组成，可以有效提升钻井泵的吸入效率。

（二）维护保养

1. 班维护保养

①检查润滑油、润滑油压力表，油压介于0.2～0.4MPa，油量在标尺上下刻度之间。

②缸套冷却水水质合格、水量充足，喷淋泵上水良好无泄漏，喷嘴畅通，位置合适。

③打开排污阀排污。

④检查并紧固活塞杆卡箍螺栓。

⑤检查维护各密封部位有无刺漏现象。

⑥检查钻井泵各部位运转声音应无异常，各轴承温度应无异常升高。

⑦泵压表应灵敏准确，泵压无异常。

⑧检查空气包预充压力为钻井泵工作压力的20%～30%。

⑨保持设备外部清洁。

⑩检查电动机声音应无异常，轴承温升应不超过40℃。

⑪ 检查冷却风机，运转应正常、风道应畅通。

2. 周维护保养

①完成日维护保养内容。

②检查维护吸入、排出滤清器应完好、畅通无堵塞。

③检查安全阀保险销及各部位，更换不合格保险销。

④紧固皮带轮螺栓，检查皮带磨损情况。

⑤检查维护密封部位。

⑥检查阀体、阀座、弹簧、定位架、定位板及阀箱磨损情况，紧固各部位螺栓。

⑦检查缸套、活塞磨损情况及活塞螺帽锁紧情况。

⑧检查传动皮带的磨损情况和松紧程度。

⑨检查电动机固定情况，机座端盖应无裂纹。

3. 月维护保养

①完成周维护保养内容。

②检查紧固所有紧固件。

③检查十字头、导板磨损情况，调整导板间隙。

④清理动力端油槽、油道及十字头下部油污。

⑤检查润滑油油质，更换不合格润滑油，换油前应先清洗油池、油道。

⑥紧固电动机连接线路，线路应无破损。

⑦清洁冷却风机滤网。

4. 季维护

①完成月维护保养内容。

②检查主动轴轴承、被动轴轴承、连杆轴承、十字头轴承及扶正架应完好。

③检查齿轮副磨损情况，应无裂纹、断齿现象。

④检查耐磨板，密封面应无刺痕。

⑤每隔三个月检测主电机绝缘电阻，应大于 1MΩ。

⑥每季度测试主电机紧急停车功能。

⑦每半年用干燥的空气清理主电机内部。

（三）常见故障处理

以 F 系列钻井泵为例，钻井泵液力端故障的原因及排除方法见表 3–4–1，钻井泵动力端故障和排除方法见表 3–4–2。

表 3-4-1　钻井泵液力端常见故障判断及排除方法

故障	原因	排除方法
压力表的压力下降、排量减小或完全不排钻井液	①上水管线密封不严，使空气进入泵内； ②吸入滤网堵死	①拧紧上水管线法兰螺栓或更换垫片； ②停泵、清除吸入滤网杂物
液体排除不均匀，有忽大忽小的冲击；压力表指针摆动幅度大；上水管线发出呼呼声	①一个活塞或一个阀磨损严重或者已经损坏； ②泵缸内进空气； ③空气包气囊漏气	①更换已损坏活塞，检查阀有无损坏及卡死现象； ②检查上水管线及阀盖是否严密； ③充气或换气囊
缸套处有剧烈敲击声	①活塞螺母松动； ②缸套压盖松动； ③吸入不良产生水击	①拧紧活塞螺母； ②拧紧缸套压盖； ③检查吸入不良的原因
阀盖、缸盖及缸套密封处报警孔漏钻井液	①阀盖、缸盖未上紧； ②密封圈损坏	①上紧阀盖、缸盖； ②更换密封圈
排除空气包充不进气体或充气后很快泄漏	①充气接头堵死； ②空气包内胶囊已破； ③针形阀密封不严	①清除接头内的杂物； ②更换胶囊； ③修理或更换针形阀
柴油机负荷大	排除滤筒堵塞	拆下滤筒，清除杂物

表 3-4-2　钻井泵动力端常见故障和排除方法

故障	原因	排除方法
轴承高热	①油管或油孔堵死； ②润滑油太脏或变质； ③滚动轴承磨损或损坏； ④润滑油过多或过少； ⑤机油泵损坏； ⑥机油泵链条断； ⑦机油泵装反	①清理油管及油孔； ②更换新油； ③修理或更换轴承； ④润滑油适量； ⑤检修机油泵； ⑥检修机油泵链条； ⑦整改

续表

故 障	原 因	排除方法
动力端有敲击声	①十字头导板已严重磨损； ②轴承磨损； ③导板松动； ④液力端有水击现象	①调整间隙或更换已磨损的导板； ②更换轴承； ③上紧导板螺栓； ④改善吸入性能

1. 更换钻井泵缸套

（1）操作步骤

①更换钻井泵缸套前，准备好新缸套、缸套密封圈、活塞总成、扳手、撬杠、榔头、润滑脂。

②把新缸套清洗干净，涂一层润滑脂。倒阀门，关闭泵的上水管阀门，卸掉缸盖螺纹圈，取出缸盖，放净阀箱内的钻井液，取出固定阀总成。

③卸下活塞拉杆与介杆的卡箍，人力盘泵，使介杆置于动力端死点。卸下喷淋罩，拉出活塞总成。用榔头砸松并卸下压紧缸套的活接头圈，用撬杠（液压拔缸器）拔出旧缸套。

④把阀箱内外清洗干净，各活接头螺纹和密封面涂上润滑脂，将新缸套套上密封圈推入缸套座，旋上活接头圈并砸紧。

⑤把新活塞总成从泵头端推入缸套内，人力盘泵使介杆接触活塞拉杆卡箍上好卡子。再装上固定阀总成、缸盖，旋上缸盖螺纹圈并用撬杠上紧。

⑥装好喷淋罩，打开上水管阀门。

⑦倒好回水阀门排空气，试运转。

⑧正常后倒好阀门，更换完毕。

（2）注意事项及要求

①拆装时注意保护好各密封面和螺纹，以防刺漏。

②在同一台泵上各缸套的尺寸必须一致。

③固定缸套的活接头必须上紧，拉杆卡箍不能上反并用专用螺栓卡紧。

④更换缸套时，要有专人看管钻井泵离合器开关，以防误开泵。并禁止动力盘泵。

⑤更换完毕必须清理好拉杆箱内的手工具，倒好阀门后再开泵。

2. 更换钻井泵活塞

（1）操作步骤

①准备好新活塞总成、扳手、撬杠、活塞螺母扳手。

②停泵放回水，倒好组装阀门，关闭泵的上水阀门。卸掉阀箱螺纹圈，取出固定阀总成，放净阀箱内的钻井液。

③人力盘泵，使介杆退至缸套室的后部，卸下喷淋罩，再卸下活塞杆两个卡箍，取出连杆。

④以缸套室底部的撬杠座为支点，用撬杠撬出活塞杆。

⑤用特制的活塞螺母扳手旋下自锁螺母，取下旧活塞；装上新活塞，再上好自锁螺母。

⑥在缸套内表面和活塞外表面涂抹润滑脂。将新活塞装入缸套端部的锥面坡口，再用撬杠顶着缸套室的下凸台，把活塞撬入缸套。

⑦装上连杆，卡好卡箍，装好喷淋罩及固定阀总成，上紧阀箱螺纹圈，打开上水管阀门。

（2）注意事项及要求

①拆装时注意保护好各密封面和螺纹，预防刺漏。

②各卡箍要用专用螺栓卡紧，缸盖螺纹圈必须上紧。

③更换活塞时，要有专人看管钻井泵离合器开关，以防误开泵。并严禁动力盘泵。

④更换完毕必须清理好拉杆箱内的工具，倒好阀门后再开泵。

3. 更换钻井泵阀座

（1）操作步骤

①准备好撬杠、扳手、液压拔缸器和相同规格的新阀座。

②停泵放回水，倒好组装阀门，卸开阀箱螺纹圈，取出阀总成。

③装阀座取出器，使丝杠下端的凸形爪将阀座挂好，套上液压千斤顶和垫圈，上紧螺帽。装好手压泵及传压管线，关闭卸压阀，上下掀动手压泵手把，压力上升即可拔出旧阀座。

④把阀箱内外清洗干净，装上新阀座、阀总成，旋紧螺纹圈，清理好手工具。

（2）注意事项及要求

①取阀座要用专用阀座取出器。

②装阀座时，要将阀箱内锥孔洗净；锥孔表面要光滑无损坏，不得涂润滑脂，新阀座也要洗净、放正。

③要在安全位置操作手压泵，其他人员离开泵周围。

④更换阀座的过程中严禁开泵。

二 钻井液净化设备

目前，国内外钻井队普遍配备由振动筛、除砂器、除泥器（旋流器）、离心机等组成的三级或四级钻井液固相控制设备。

1. 振动筛

振动筛是一种过滤性的机械分离设备，是钻井液固控的关键设备，担负着清除大量钻屑的任务。

振动筛的筛布有多种孔眼型号，应根据返出钻井液中岩屑及固相的尺寸、各种尺寸固相的百分含量来选择合适目数（在泰勒标准筛中，1 英寸长度中的筛孔数目，简称为目，孔眼数目 / 寸）的筛布。随着对钻井液固相控制意义认识的不断提高，现在逐步采用 100 目、120 目、150~300 目的筛网，现场常用的筛网为 200 目。振动筛主要是清除 74μm 以上的岩屑和砂粒。

振动筛结构如图 3-4-4 所示。

图 3-4-4　振动筛

维护保养：

（1）班维护

①检查各部位固定应牢固、无松动。

②停机后，检查清洁、保养。

③检查筛布、支撑件及流道保护装置应无异常。

④检查电气插件连接应牢固可靠。

⑤检查电机温升应无异常，工作良好，无异响。

⑥检查手动 / 电动泵油箱油位应在规定范围内。

⑦检查减震弹簧 / 浮动减震块等应无断裂、损坏。

（2）周维护

①完成班维护保养内容。

②检查清洁正反丝杆、液压调节装置。

③检查前帘和后部密封垫应无老化损坏。

（3）月维护

①完成周维护保养内容。

②激振电机加注专用润滑脂：

——每隔半个月，检查轴承温度，温度上升 10℃以上，需加注锂基润滑脂；

——电机每运转 2000h，保养换油一次，每个轴承加注 26g 润滑脂；

——如果振动电机外壳温度超过 90℃，且以此为基准温升每过 10℃，润滑时间缩短一半，润滑脂用量也减少一半，轴承最高温度不应大于 120℃。

③检查手动泵油缸、管路无泄漏。

常见故障处理：

振动筛常见故障见表 3-4-3。

表 3-4-3　振动筛常见故障

故障	原因	解决办法
跑钻井液	筛箱运动轨迹是否正确	在筛箱任一部位选取一点或人为划取一点观察椭圆正常、小圆电机同向旋转，调换相线
	一开或二开大排量，处理量不够	①增大筛箱的倾角，提高处理能力；②更换更粗目数的筛网
	钻遇细砂层（钻屑为细砂），砂堵	①及时刷洗筛面；②更换更细目数的筛网并调整筛箱的倾角
	糊筛（药品水化不好粘附在筛网表面）	充分搅拌药品，不在泵吸入仓直接添加，更换低目数筛布，泥浆性能趋于正常后提高目数
	下钻到底泥饼岩屑沉淀、泥浆比重黏度高，开泵前期跑浆	打开缓冲池底阀，减少通过振动筛的泥浆量（不建议）
筛网使用寿命过短	1. 筛箱倾角过高，造成排砂缓慢，进料端堆积钻屑，靠近进料端筛网上层细目数丝网磨损过快，严重时造成丝网穿孔	降低筛箱倾角，正常使用尽量控制在 3° 以内。如果跑浆降低筛网目数
	2. 筛网丝网未绷紧会造成细网磨损过快和丝网穿孔	检查筛网是否绷紧，是否平整，如不是说明筛网质量有问题
	3. 筛网张紧力不够时，会造成筛面上的岩屑堆积，造成筛网冷板断裂、筛网脱胶、拍打胶条造成胶条磨损	按照筛网安装要求检查张紧筛网
	4. 筛网下的支撑胶条出现过度磨损、缺失、支撑高度不一致	定期检查支撑胶条磨损情况，使用半年全部更换一次
积砂、排砂不畅	1. 首先观察振动筛的运转轨迹，确保筛箱运转轨迹正确	顺时针平动椭圆合适，逆时针调相线
	2. 筛网张紧力不够时，会造成筛面上的岩屑堆积。判断：用手指抠起筛布边沿，所用力量不是很大，筛布起缝，或用手拍击筛网面，听声音判断	张紧筛网；否则会造成筛网的非正常损坏（如冷板断裂、筛网脱胶、拍打胶条造成胶条磨损）
	3. 筛网下的支撑胶条出现过度磨损及缺失也会造成筛面积砂现象	定期检查支撑胶条磨损情况，使用半年全部更换一次；否则会造成筛网的非正常损坏
	4. 当筛箱内的泥浆流线过短时（液池流线在排沙口筛网入口处和中间位置最好），也容易造成筛面积砂	及时调整适合的筛网，提高筛网目数（如将 100 目筛网换成 180 目筛网）或降低筛箱倾角
电路故障	电机转向不对	任意调整三根相线中的一根
	电机异响	轴承松动、磨损大松动失效（更换）；护罩松动、停机紧固
	电机不能启动	供电电源断开、电源电缆失效、控制线路保险丝断、电机坏、加热丝断路、固体过载断路（IEC）、电压缺相（重新连接电源、维修或更换电缆、更换保险丝、维修或更换电机、按复位按钮、待自动复位后重新启动、检查接线正确连接）
	启动后又断开	热接触器过载、IEC 装置切断了接触器（检查接触器是否失效、型号是否合适，查找过载原因；确保过载装置在电机铭牌上所列的同一电流强度上）

2. 旋流分离器

旋流分离器是一个尖顶朝下的圆锥形漏斗。锥角一般为 15° ~ 20°，上部有圆柱形部分与圆相连。上方圆柱体圆心处有一垂直的短管，称为溢流管，处理过的钻井液由此排出。圆锥体一侧有进口管，它沿切线方向与旋流器相连。漏斗底部的锥尖为底流口，分离出的钻屑由此排出，排出的泥砂液流叫底流，底流口直径可以调节。中间的空腔叫液腔，内壁衬以耐磨橡胶或其他耐磨材料，旋流分离器的结构如图 3–4–5 所示，工作示意图如图 3–4–6 所示。

旋流器装置可分为除砂器、除泥器两种，是继振动筛之后的第二级和第三级固控设备，除砂器装置和除泥器装置的工作原理、组成装置的设备是相同的。通常都是由旋流器、总进液管（砂泵排出管）、分流管、溢流管、总出液管、砂泵、砂泵进液管防爆电动机及钻井液罐等设备组成。在旋流器底流处加装一种小型超细网目振动筛就构成了钻井液清洁器。

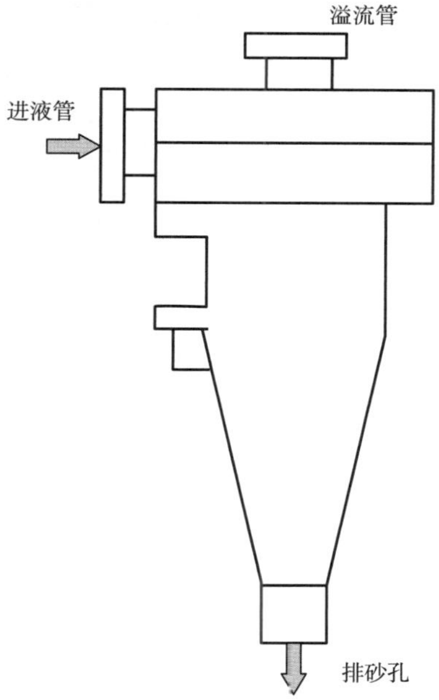

图 3–4–5　旋流器示意图

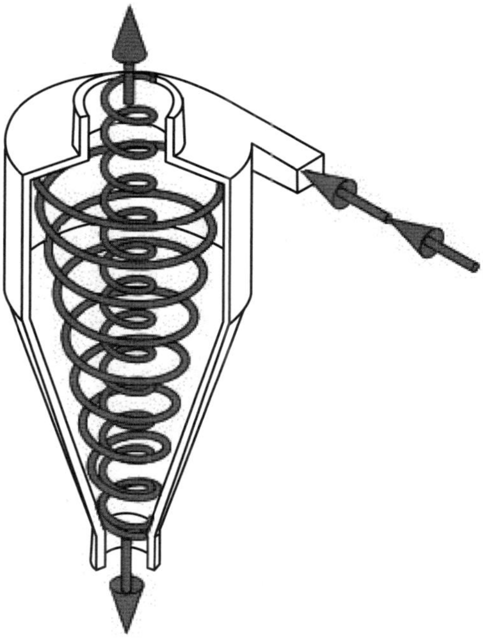
图 3–4–6　旋流器工作示意图

根据清除固相颗粒尺寸的不同，旋流分离器又分为除砂器、除泥器和微型旋流分离器（清洁器）三种。

①除砂器如图 3–4–7 所示，用来分离直径在 74μm 以上的固相颗粒（也可以分离少部分 40 ~ 74μm 的固相颗粒）。

②除泥器如图 3–4–8 所示，用来分离 10 ~ 74μm 的固相颗粒（大部分在 20 ~ 40μm 范围）。

③清洁器。如图 3–4–9 所示。分离 5 ~ 10μm 的固相颗粒，可从钻井液中分离出膨润土。

除砂、除泥器维护保养：

（1）班维护

①保持设备外部清洁。

②保证设备固定牢固，保证连接件无松动、缺失。

③检查筛箱内应无杂物。

④检查筛网和支撑胶条损坏情况，若损坏严重应及时更换。

图 3-4-7　除砂器

图 3-4-8　除泥器

图 3-4-9　清洁器

⑤检查电气插件连接应牢固可靠，无破坏。

⑥检查振动电机固定螺丝应无松动。

⑦检查电机工作应良好，无异响。

⑧检查进料斗、除砂器除泥器连接应无泄漏。

⑨检查旋流器出浆情况，及时调整。

⑩停机后及时清理旋流器内积液、沉渣。

（2）周维护

①完成日维护保养内容；

②检查筛网固定机构应无损坏或缺失。

（3）月维护

①完成周维护保养内容。

②检查各部件应无损坏。

③激振电机加注润滑脂。

除砂、除泥一体机维护保养：

（1）班维护

①保持设备外部清洁。

②保证设备固定牢固，保证连接件无松动、缺失。

③检查筛箱内应无杂物。

④检查筛网和支撑胶条损坏情况，若损坏严重应及时更换。

⑤检查电气插件连接应牢固可靠，无破坏。

⑥检查振动电机固定螺丝应无松动。

⑦检查电机工作应良好，无异响。

⑧检查进料斗、除砂器除泥器连接应无泄漏。

⑨检查旋流器出浆情况，及时调整。

⑩停机后及时清理旋流器内积液、沉渣。

（2）周维护

①完成日维护保养内容。

②检查筛网固定机构应无损坏或缺失。

（3）月维护

①完成周维护保养内容。

②检查各部件应无损坏。

③升降油缸加注机油。

④检查手动泵油缸无渗漏、不变质，若变质应及时更换。

⑤检查减震装置是否过度松弛，应无裂缝、断裂或损坏现象。

⑥激振电机加注润滑脂：

——振动电机运行 1000 h 后，每 7 天需补充 3 ~ 5g 的 2# 锂基脂润滑脂。

——如果振动电机外壳温度超过 90℃，且以此为基准温升每过 10℃，润滑时间缩短一半，润滑脂用量也减少一半，轴承最高温度不应大于 120℃。

3. 离心机

离心机是离心分离设备，可分离 2 ~ 5μm 以上的固相颗粒，是最后一级钻井液固控设备。离心分离机结构形式如图 3-4-10 所示。

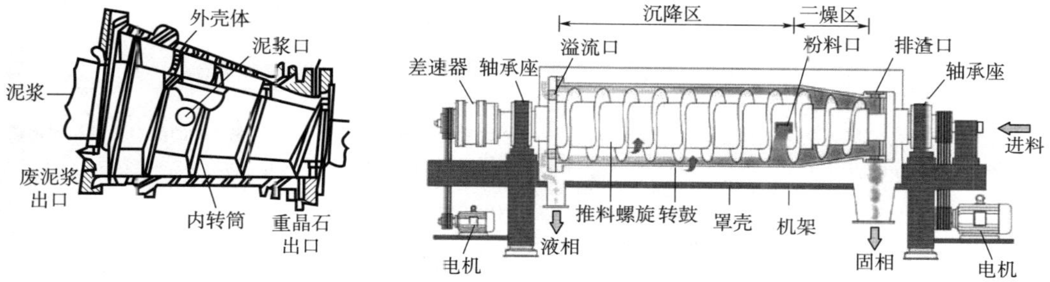

图 3-4-10　离心分离机结构形式示意图

维护保养：

（1）班维护

①检查各联接部件应无松动，各运动部件应无卡阻及异常。

②检查电路系统各线接点应可靠。

③检查差速器、液力耦合器油质、油量，应无泄漏。

④检查电机应无异响。

（2）周维护

①完成班维护保养。

②滚筒两端黄油嘴加 2# 锂基脂，每运转 50 h 加注 20 ~ 30g。

③检查紧固皮带轮螺栓，检查皮带磨损和松紧情况。

④差速器采用齿轮油，新机运转 150h 更换润滑油，以后每运行 500h 进行更换。

⑤耦合器使用 6# 液力传动油，运转 3000h 进行更换。

常见故障处理：

离心机常见故障及排除方法见表 3-4-4。

表 3-4-4　离心机常见故障及排除方法

序号	故障现象	原因	排除方法
1	离心机振动大	螺栓松动	拧紧所有螺栓
		罐面太软，产生共振	加固罐面
		长时间停用后，首次启动	启动辅机，同时通过冲洗接头向离心机内注入适量清水运转 1min
		上次工作后滚筒内固相未清洗干净	开辅机清洗
		进液管装偏，造成进液管与滚筒摩擦或进液管断裂	拔出进液管检查，如有摩擦痕迹，应重新找正进液管，如进液管断裂，应掏出端头后更换新管
		搬家时进液管被撞弯或其他原因造成进液管弯曲	更换新管
		上箱盖未盖正，造成滚筒与箱体摩擦	打开箱盖重新盖正
		排砂口合金套破碎，造成滚筒不平衡	尽量完整地收集喷嘴碎片，以确定喷嘴重量，并通知厂家维修
		维修后半月盘位置装错	如需拆卸时注意按序号装回原处，不能随意互换
2	排砂口无固相排出	电源接错，电机转向不对	重接电源
		辅机皮带打滑	张紧辅机皮带
		供液量不足或不供液	检查供液泵及供液管线查看排液口排液情况，排除供液系统的故障
		进液管折断	检查折断原因，排除后更换新管
		注①： 离心机的排砂量大小除与离心机本身工作是否正常有关外，还与泥浆中的固相含量和固相颗粒直径有关，如果钻进速度很慢时会造成： A：泥浆从井底携带出的固相减少。 B：钻头钻下的岩屑中细小颗粒所占比例增加。 这两个因素都使离心机除砂量减少，这时，如果还希望进一步降低泥浆中固相含量，应考虑选用分离因素大的离心机，如果条件允许，可考虑往泥浆中加入适量絮凝剂，使微小的固相颗粒凝聚成团，从而容易被离心机分离出来。 注②： 除供液量不足和注 1 指出的原因造成排砂减少外，表中其他原因造成不出砂时都会同时造成滚筒和螺旋推进器抱死，这时，滚筒中可能堆积了多达 100 千克以上的泥砂，应按照 5 给出的方法解卡后才能正常使用	
3	滚筒小端有泥浆返出	进液量过大	适当分流
		进液管排出口被杂物堵塞	拔出进液管清理
		滚筒与推进器抱死	参见 2 和 2 中注 2 处理
4	偶合器易熔塞融化	耦合器内油量过多或用油不合格	调整或更换
		离心机负荷过重或滚筒推进器抱死	按引起离心机负荷过重及抱死的各种原因检查处理
5	滚筒与推进器抱死	滚筒与推进器抱死	把清水灌入滚筒内，把滚筒内壁的泥饼泡软，拆下辅机护罩，用手来回盘皮带轮，使皮带轮能转动半圈以上，（如盘不动，可卸下半月盘，把推进器叶片和半月盘之间的泥沙扣出，但注意一定要把半月盘装回原位，不能随意调换位置，以免引起滚筒不平衡）。打开辅机接线盒，把辅机电源反相，启动辅机，往滚筒内不断加入清水，用木棍逐渐煞住滚筒。（注意：千万不能把棍棒插入排砂嘴中来制动滚筒，这样做必然会把排砂嘴撬碎，引起严重后果！）这时，滚筒中的泥沙会逐渐从排砂嘴中排出，当泥砂排完后，把辅机重新接回正常相序，扣好护罩、箱体，启动离心机，并检查转动方向是否正确，然后注入清水冲洗 10min 即可

4. 搅拌机

钻井液搅拌机是固液混合设备，主要作用是使固相颗粒均匀悬浮于钻井液中。由于搅拌机叶轮的搅拌作用，使沉淀于循环罐底的固相颗粒冲起与钻井液混合，便于除砂、除泥清洁器和钻井液离心机对钻井液中固相颗粒的分级、分离。钻井液搅拌机可分为机械式搅拌机和水力式搅拌机两种类型。机械式搅拌机就减速机的类型分为蜗杆传动搅拌机、齿轮传动搅拌机、摆线针轮传动搅拌机三种。以蜗杆传动搅拌机传动装置为例，其结构如图 3–4–11 所示。

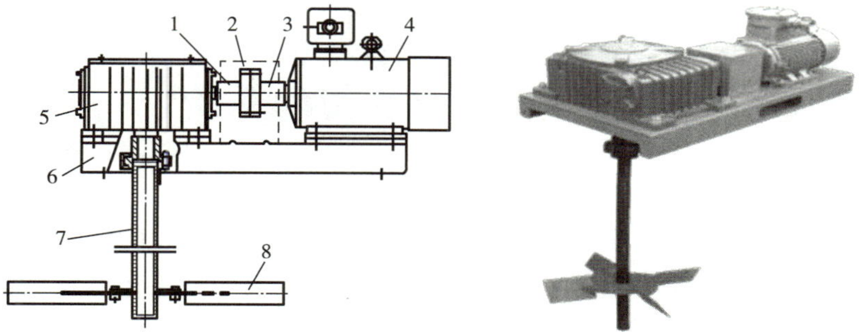

图 3–4–11　蜗杆传动搅拌机传动装置

1—蜗杆联轴器；2—护罩；3—电机联轴器；4—卧式防爆电机；5—蜗杆减速机；6—底座；7—搅拌轴；8—搅拌叶轮

维护保养：

①搅拌机正常工作时，减速器内润滑油温度≤ 95℃。

②定期检查联轴器的连接情况。

③电机应无异响。

④减速器应无漏油现象。

5. 剪切泵

单吸悬臂式离心泵，主要由泵体、叶轮、轴、剪切盘、托架、轴封装置等组成，如图 3–4–12 所示。其特殊的叶轮结构，可产生很高的剪切效应，在一次吸汲过程中可对流体进行多次剪切，对液流中的固相进行强力粉碎，使其分散均匀，完全水化。达到有效混合、充分水化钻井液中所加物料的目的。

图 3–4–12　卧式剪切泵

维护保养：

①剪切泵应经常检查各紧固件是否松动，若有松动应及时紧固。

②定期维护检查保养轴承润滑情况。

③定期添加润滑油，若发现润滑油变质、变脏，应及时清洗或更换新油。

④剪切泵较长时间停用时，应用水清洗，否则易造成流道和喷嘴的堵塞。

⑤冬季野外作业时，如不使用泵应放净泵内液体

⑥如长期停止使用，应将泵清洗上油，包装保管。

第五节　动力及传动系统

动力及传动系统的主要任务是把动力设备的机械能或电能，通过传动系统分配给绞车、钻井泵和转盘等工作机组。

一　动力系统

动力系统由柴油机或燃气机、柴油发电机组、油水系统、交流电动机、直流电动机及其辅助控制装置组成，为钻台区、泵房区、钻井液罐区及其他区域的所有设备提供动力，动力系统中柴油机或燃气机、柴油发电机组、网电电机按需要可任意并车运行，负荷可调节自由分配。柴油机如图 3-5-1 所示，卡特发电机如图 3-5-2 所示。

图 3-5-1　柴油机

图 3-5-2　卡特发电机

二　传动系统

钻机的传动系统有机械传动、电传动、液力传动（液力耦合器、液力变矩器）、液压传动等多种形式。将动力设备提供的动力和运动进行变换，然后传递和分配给各工作机组，以满足各工作机组对动力的不同需求，实现并车、调速、倒车、变矩等功能。并车联动箱如图 3-5-3 所示。

图 3-5-3　并车联动箱

第六节　控制系统

钻机是一套大型的联动机组。钻井时，必须严格按照工艺要求对钻机的各个部件进行灵活可靠的控制，以使钻机各机组协调地连续工作，准确完成钻井过程。所以钻机的控制系统是整套钻机必不可少的组成部分，是钻机的中枢系统。

一　组成及功用

（一）气动控制系统

气动控制系统主要由气源发生装置、气源净化装置、气动控制元件及气动执行元件等组成。其中气源发生装置主要有螺杆式压缩机和活塞式冷启动压缩机等。气源净化装置主要由后冷却器、干燥机和过滤器等组成。主要功能有：

①将钻机各种防碰或紧急信号进行联合处理，最终实现绞车提升动力的切断与绞车的紧急刹车。

②控制气胎离合器及推盘离合器，通过摩擦片（盘）将主动件的工作扭矩传递给从动件，从而实现动力传输与速度调节。

③控制各种气动马达，如钻台面提升钻具用的气动绞车、二层台钻工助力小绞车、气动载人绞车及气动套管扶正台等。

④实现气动换挡控制、气动锁挡控制和液气大钳钳头的伸出与缩回控制等。

⑤利用压缩空气实现正压防爆、气喇叭鸣笛及气动刮雨器动作等。

（二）电气控制系统

电动钻机电气控制系统大致由动力及传动控制部分、驱动及控制部分、MCC 配电控制部分及电控房等 4 部分组成。

①动力及传动控制部分。由多台柴油发电机组构成，每台柴油发电机组由柴油机和交流发电机及其控制系统组成，多台发电机组并网运行，通过发电机输出电缆、断路器连接到电控房交流公共母线，为钻井现场提供动力及照明电能。

②驱动控制部分。电动钻机驱动部分是指绞车、转盘、钻井泵及顶驱等主要设备由电动机驱动。

③ MCC 配电控制部分。交流电动机控制中心 MCC（ Motor Control Center ）的主要功能是对井场的钻台区、泵房区、动力和电传动区、固控区和油水罐区等区域的交流电动机进行控制并提供整个井场照明和其他生产与生活设备用电。辅助设备如钻井液循环系统中的混合泵、灌注泵、加重泵、剪切泵、除砂器和除泥器、离心机、振动筛、搅拌器以及主电动机冷却风机，各种润滑泵、油泵、水泵等均由交流电动机驱动。

④电控房。根据陆地钻机野外工况的需要，电动钻机电气控制系统通常集中安装于电气控制房内，并成为电动钻机的重要核心部分。

二 司钻房

司钻房是钻机的主要部件，集电、液、气、人机工程及通信等技术于一体，为司钻提供一个安全舒适和操作便捷的工作环境。钻机的所有操作手柄、按钮、开关等均在司钻控制室内。司钻可以在房内完成对钻井过程需要的大多数设备的操作。司钻房内配置有司钻控制台、顶驱控制台、钻井仪表显示、工业监视系统、气路控制系统、刹车控制系统、通信系统等设备。司钻房如图 3–6–1 所示。

（一）气控系统

钻机正常工作时，压缩机组输出的压缩空气经 2.5m^3 的储气罐后再进入干燥机进行干燥处理。干燥的压缩空气通过气管线输送到柴油机气马达，用于启动柴油机；另一路管线将压缩空气输送到底座上的 4m^3 储气罐储存，用于钻机各部分气动设备的控制或提供能量，空气处理装置输出的压缩空气，气压在 0.7 ~ 0.9MPa，主要供气给绞车、司钻控制房、气动绞车、液气大钳等设备。

（二）液控系统

司钻房内司钻主要操作液压猫头（井口机械化工具）和液压盘刹，因此，此处的液控系统是指液压猫头（井口机械化工具）和液压盘刹的控制系统。液压缓冲装置有单独的操作台，其由钻台的钻工协助司钻操作。系统采用液压站作为主液压源，在压力油路上分成 4 路分别作为液压猫头、缓冲油缸、液压小绞车及钻杆动力钳的压力油进口，各执行机构的回油分别回至油箱。

（三）电控系统

司钻控制房内的电控系统由电控柜、触摸屏、绞车速度给定手柄、转盘调速手轮、泥浆泵调速手轮及连接电缆组成。它的主要功能是：完成钻井工艺的逻辑控制功能、保护功能、钻井参数检测显示功能及其他辅助功能。电控柜内由控制系统的 24V 直流稳压单元、继电器、PLC 以及端子等构成。电控柜是电气传动系统的逻辑控制中心。

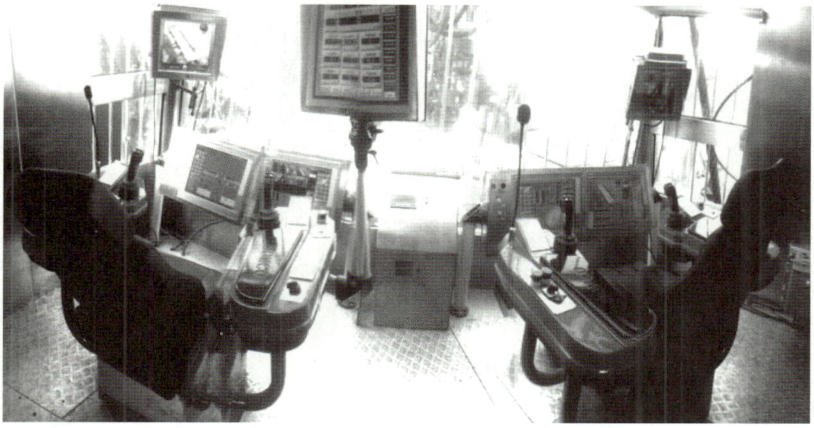

图 3-6-1　司钻房

第七节　辅助系统

钻井现场的辅助设备一般包括动力小绞车、猫道、现场辅助用泵等。

一　动力小绞车

动力小绞车是石油钻井现场的辅助起重设备，主要用于起放钻具、套管单根及其他重物。

（一）基本组成及功用

动力小绞车按照动力方式分为气动小绞车、液压小绞车和电动小绞车。此处以气动小绞车为例进行介绍。

气动小绞车是以气动马达为动力，通过减速机构实现重物提升或者牵引的一种装置。按气动马达类型，分为活塞式、叶片式和齿轮式三种。气动小绞车结构如图 3-7-1 所示。

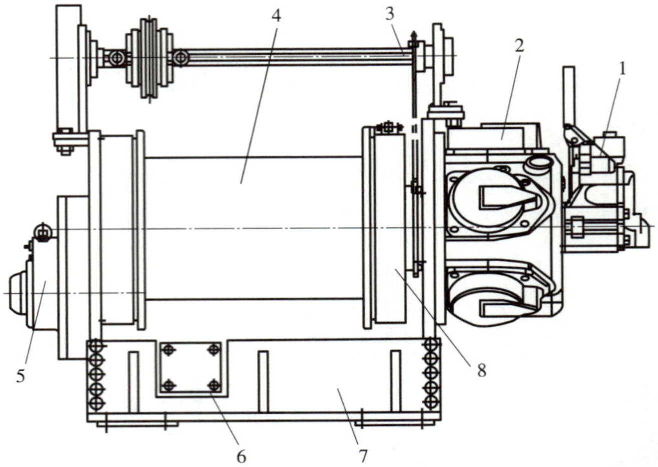

图 3-7-1 气动绞车结构示意图

1—配气总成；2—马达总成；3—自动排绳装置；4—滚筒总成；5—传动总成；6—自动刹车总成；7—框架；8—手动刹车总成

（二）维护保养

①每班检查各部位应固定牢靠，护罩齐全。

②每班检查曲轴箱、油雾器油油质、油量，并及时排污。

③每班检查气路管线应密封可靠，闸阀灵活。

④每班检查操作手柄动作应灵活，复位弹簧完好，锁紧可靠。

⑤每班检查调整制动装置，刹车带磨损达到极限值时应进行更换。

⑥每周对脂润滑部位注油。

二 猫道（跑道）

猫道是钻井现场吊、甩管具和其他重物的辅助设施之一，一般可以分为普通猫道、带甩钻具装置的猫道、动力猫道三种，摆放于井架大门正前方，用以支撑坡道。

（一）基本组成及功用

带甩钻具装置的猫道主要由前支架、后支架、拉拽小车总成、钻杆左右翻升装置、小车止挡装置、钻杆翻转装置、自动卷管装置以及气路系统、电路控制系统组成。其结构如图 3-7-2 所示。

（二）维护保养

①每班检查各部位应固定牢靠，护罩齐全。

②每日检查控制管线及其连接状况。

③每周对脂润滑部位注脂。

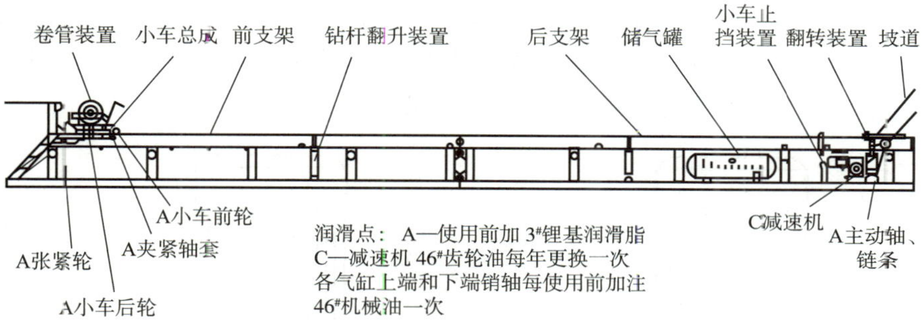

图 3-7-2　带甩钻具装置的猫道结构示意图

三　钻井现场辅助用泵

在钻井现场施工中，受到工作条件、环境及要求等因素需要用到各式的小型泵，统归为辅助用泵，一般有离心泵、潜水电泵、气动隔膜泵三类，现场多以离心泵为主。

（一）基本组成及功用

离心泵是典型的叶片式机械泵，主要作用是进行抽汲并达到输送的目的。当叶轮快速旋转时，叶轮中的流体受离心力功用而从叶轮四周射出，导致叶轮中央处形成真空（低压区），即此处的压力低于大气压力，而大气压力作用在下游流体表面上。在压力差的作用下，流体从下游流向叶轮中央，达到吸入的目的。叶轮中央处的压力越低，流体泵吸入的高度越大。这就是离心泵的吸入原理，如图 3-7-3 所示。

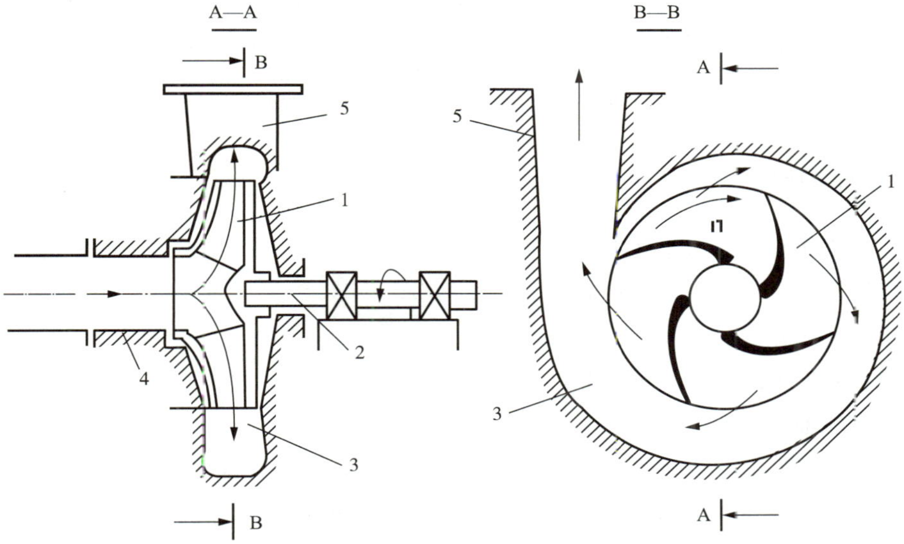

图 3-7-3　离心泵结构示意图

1—叶轮；2—泵轴；3—蜗壳；4—吸入口；5—扩散管

长杆泵是钻井现场使用得最多的小型单级单吸立式离心泵之一，工作时只需把蜗壳没入工作介质中（清水、钻井废液、钻井液）即可，可垂直或倾斜使用、占地面积小，启动时不需灌引水就可以工作，其结构如图 3-7-4 所示。

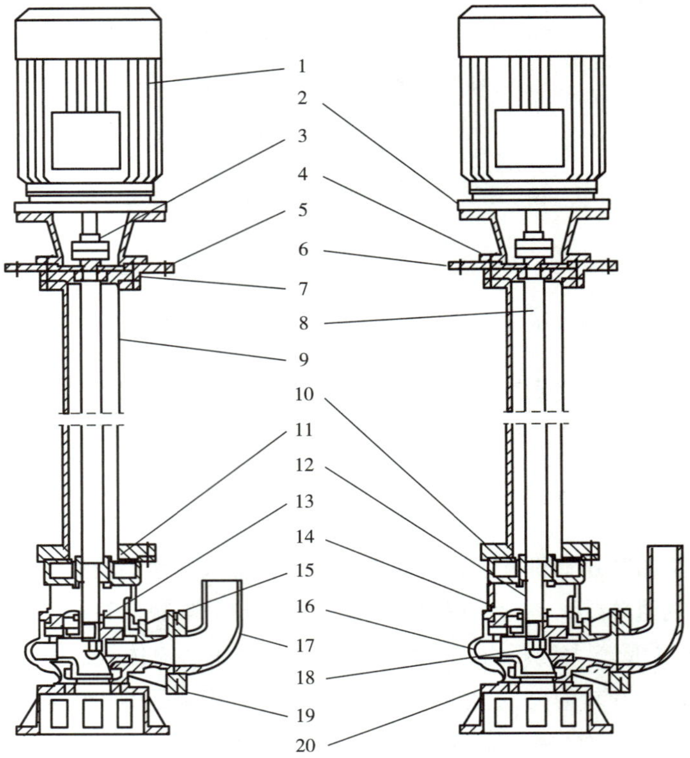

图 3-7-4 立式离心泵结构示意图

1—电机；2—电机座；3—联轴器；4—轴承压盖；5—安装盘；6—上轴承；7—轴承座；8—加长轴；9—接筒；10—油箱；11—下轴承；12—上机械密封；13—油箱压盖；14—下机械密封；15—叶轮；16—泵体；17—出水管；18—叶轮螺母；19—密封环；20—底盘

（二）维护保养

①正常工作时，轴承处温度≤ 80 ℃。

②定期检查联轴器的连接情况。

③电机应无异响。

④各密封处应无渗油、漏浆现象。

⑤检查联轴器温度。

⑥轴承润滑采用 30 号机油润滑，加至油标的中线，运转 1500 h 更换一次。

⑦轴承每运转 800 h，至少检查一次，根据油质检测结果，更换润滑油。

⑧较长时间停止使用，环境温度低于 0 ℃，应将泵内液体排放干净，以免泵壳冻裂。

⑨如长期停止使用，应将泵清洗上油，包装保管。

四 倒绳机

基本组成及功用

倒绳机是应用于游动系统收放钢丝绳的专用设备，它配备了卷绳滚筒，不用其他辅助设备和工具就可以完成开钻前的穿绳工作及完井后的收绳工作。

倒绳机按动力方式又分为电驱动、液压驱动、压缩空气驱动三种驱动型式，每种驱动型式又分为单滚筒和双滚筒两种型式。电动倒绳机结构如图 3–7–5 所示。

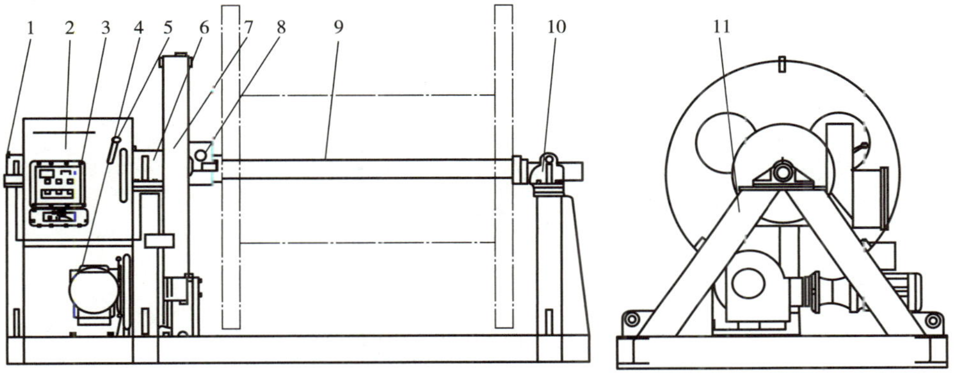

图 3–7–5　电动倒绳机结构示意图

1—支座 I 总成；2—小滚筒护罩；3—防爆启动器；4—动力部件；5—小滚筒部件及离合刹车总成；6—支座 I 总成；7—齿圈护罩；8—齿圈部件；9—绳杠总成；10—支座Ⅱ总成；11—机架总成

第八节　井口工具

井口工具主要包括吊卡、卡瓦、吊环、液压动力钳、B 型吊钳等。

一 吊卡

在钻井现场我们最常使用的钻杆吊卡为侧开双保险式和对开式（牛头）吊卡，下套管使用的为侧开式套管吊卡。吊卡是用以悬挂、提升和下放钻杆、套管或油管的工具。按用途吊卡分为钻杆吊卡、套管吊卡和油管吊卡。按结构分为侧开式吊卡、对开式（牛头式）吊卡和闭锁环式吊卡。吊卡按作用原理，分为机械式吊卡和液压吊卡。

（一）侧开双保险式钻杆吊卡

侧开双保险式吊卡主要由主体、活页（门）、卡页、安全锁销、连杆机构、手柄、复位弹簧等零件组成，卡页上设计有安全锁销和连杆机构。侧开双保险式吊卡结构如图 3-8-1 所示。

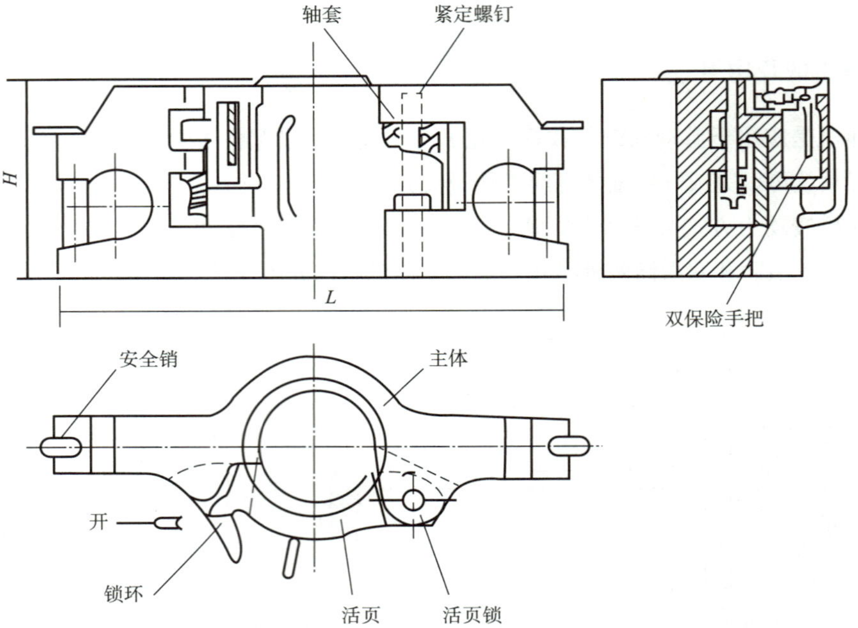

图 3-8-1　侧开双保险式吊卡结构

（二）对开式钻杆吊卡

对开式主要由左右主体、锁销、锁板、保险手把、锁舌、扭力弹簧、轴销等组成。左、右主体外侧耳环内可挂吊环，锁销将左、右主体扣合成一体，通过锁板，确保锁销在起下钻过程中不会打开。对开式（牛头式）吊卡示意图如图 3-8-2 所示。

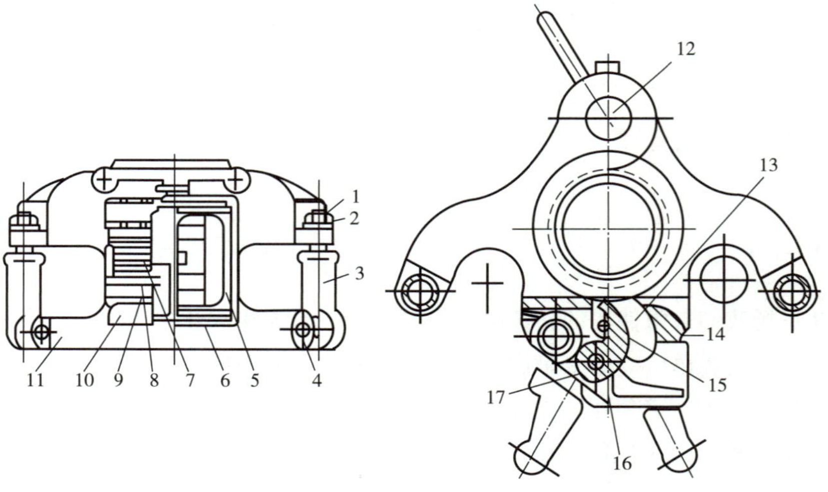

图 3-8-2　对开式（牛头式）吊卡示意图

1—螺栓；2—垫圈；3—耳环；4—耳销；5—锁板；6—右主体；7—扭力弹簧；8—弹簧座；9—长销；10—锁销；11—左主体；12—轴销；13—右体锁舌；14—锁孔；15—锁销；16—短锁；17—锁板

（三）套管吊卡

侧开式套管吊卡由主体、活页、销轴、锁销、保险机构等部件组成。活门关闭时，靠上下锁销与主体自动锁牢。打开时，按下锁销手柄，外拉即可打开活门。侧开式套管吊卡组成如图 3–8–3 所示。

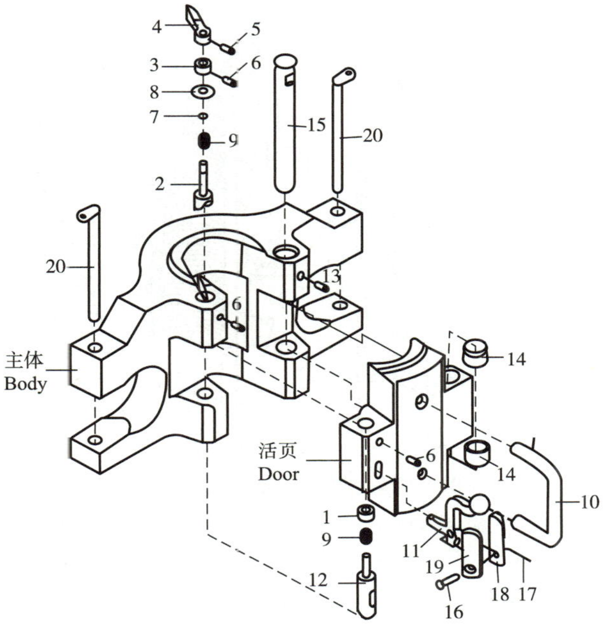

图 3–8–3　侧开式套管吊卡组成示意图

1—下夹圈；2—上锁销；3—上夹圈；4—双保险阻铁；5—圆锥销；6—紧定螺钉；7—“O”形密封圈；8—垫圈；9—弹簧；10—手把；11—锁销手柄；12—下锁销；13—紧定螺钉；14—轴套；15—活页轴；16—手柄销；17—开口销；18—角铁；19—角铁；20—安全销

二 卡瓦

卡瓦是在钻井过程中用来卡住并悬持井中钻柱的工具。卡瓦主要由卡瓦体、卡瓦牙、手柄以及连接件等组成，按用途分钻杆卡瓦、钻铤卡瓦和套管卡瓦以及安全卡瓦。

（一）钻杆卡瓦与钻铤卡瓦

1. 钻杆卡瓦

现场使用的钻杆卡瓦多为三片式卡瓦，按卡瓦牙与钻杆的接触长度分为：短型（SDS）；中型（SDML）；加长型（SDXL）。SDS 适用于浅井，SDML 适用于中深井，SDXL 适用于深井。钻杆卡瓦结构示意图如图 3–8–4 所示。

2. 钻铤卡瓦

钻铤卡瓦大多为多片体结构，能适应钻铤磨损后外径尺寸的变化。

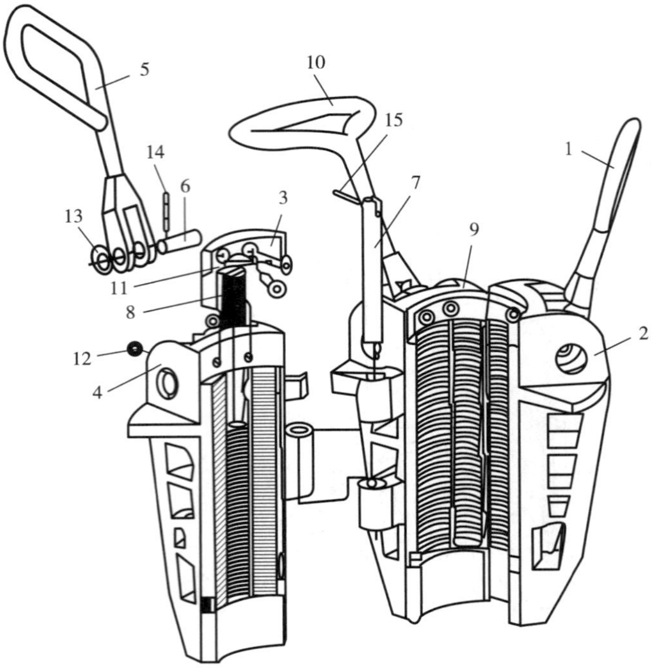

图 3-8-4　钻杆卡瓦结构示意图

1—右手把；2—右页卡瓦体；3—挡环；4—左页卡瓦体；5—左手把；6—销轴；7—铰链销；8—牙板；9—中页卡瓦体；10—中手把；11—沉头螺钉；12—锁紧螺帽；13—垫圈；14，15—开口销

钻铤卡瓦结构示意图如图 3-8-5 所示。钻铤卡瓦常用参数见表 3-8-1。

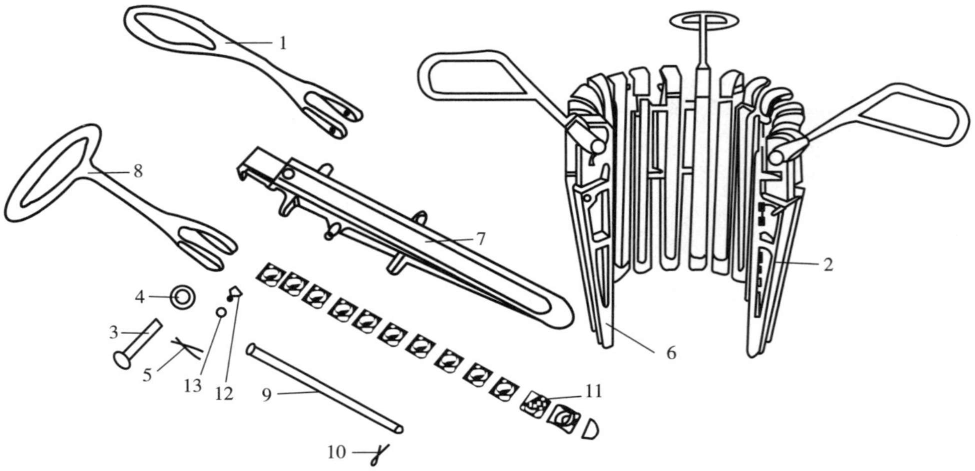

图 3-8-5　钻铤卡瓦结构示意图

1—边叶手把；2—右叶卡瓦体；3—销轴；4，13—垫圈；5，10—开口销；6—左叶卡瓦体；7—中叶卡瓦体；8—中叶手把；9—卡瓦体连接销；11—牙板；12—螺钉

表 3-8-1　钻铤卡瓦常用参数

钻铤卡瓦常用参数			
型号	扣合管径		卡瓦体数量
	in	mm	
DCS-S	3 ~ 4	76.2 ~ 101.6	7
	4 ~ 4 7/8	101.6 ~ 123.8	
DCS-R	4 1/2 ~ 6	114.3 ~ 152.4	9
	5 1/2 ~ 7	139.7 ~ 177.8	
DCS-L	6 3/4 ~ 8 1/4	171.4 ~ 209.6	11
	8 ~ 9 1/2	203.2 ~ 241.3	12
	8 1/2 ~ 10	215.9 ~ 254.0	13
	9 [illegible]/4 ~ 11 1/4	235.0 ~ 285.7	14
	11 ~ 12 3/4	279.4 ~ 323.9	16
	12 ~ 14	304.8 ~ 355.6	17

（二）安全卡瓦

安全卡瓦是防止无台肩或无接头的钻柱或工具发生滑位的保险卡紧工具，是用于防止钻铤从钻铤卡瓦中滑脱的重要辅助工具。安全卡瓦由牙板、牙板套、手柄、调节丝杠、螺帽、轴销、弹簧、插销及保险链等组成。安全卡瓦的牙板非常多，几乎将钻具外径包合一圈，再通过丝杠的旋紧，包咬效果更佳，牙板是楔形的，上面有向上的牙齿，当管柱有向下运动时，井口卡瓦将挡住安全卡瓦，此时牙板将一起向下运动，由于牙板是楔形的，管柱将被动卡住，从而达到制动的目的。安全卡瓦结构如图 3-8-6 所示。

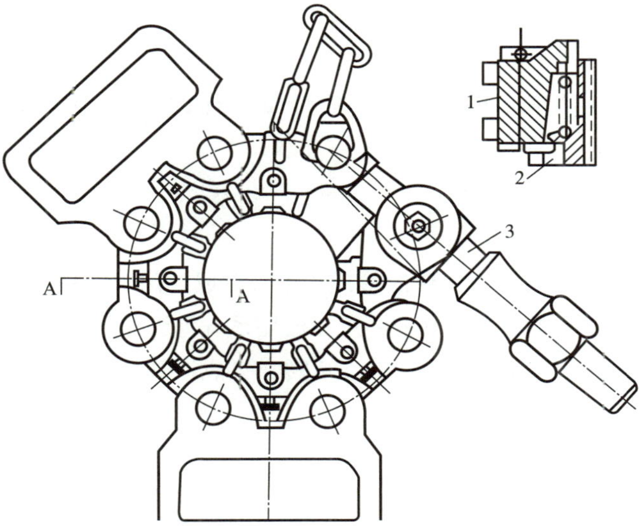

图 3-8-6　安全卡瓦结构

1—牙板套；2—牙板；3—调节丝杠

三 吊环

吊环是钻井作业时起下管柱悬挂吊卡的专用井口工具，要求承载能力强，耐冲击，重量轻，安全可靠。吊环上耳挂在大钩两侧副钩或顶驱回转体吊耳内，下部挂在吊卡的吊耳上。

吊环按结构可分为单臂吊环和双臂吊环。单臂吊环如图 3–8–7 所示，双臂吊环如图 3–8–8 所示。双臂吊环常用于浅井，承载能力不大于 1350kN。

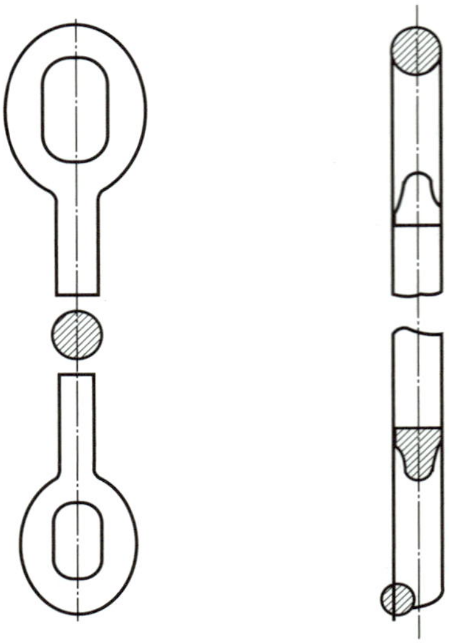

图 3–8–7 单臂吊环

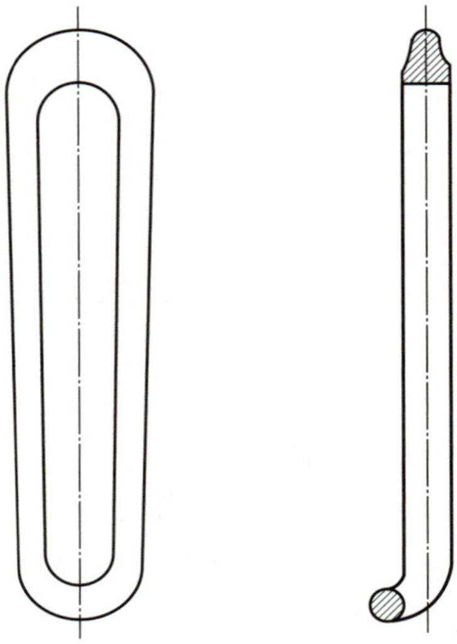

图 3–8–8 双臂吊环

四 液压动力钳

液压动力钳是利用液压动力驱动机械进行上卸螺纹的工具。钻井现场使用得最多的是钻杆动力钳和套管动力钳。

（一）钻杆动力钳

钻杆动力钳又称液气大钳，主要由吊杆、钳头总成、门框、液压马达、行程变速箱、减速装置、移送气缸、夹紧气缸、气控系统、液压系统等组成。其下钳卡紧下部管体或接头，上钳卡紧上部管体或接头后能够正转、反转，完成钻具的上卸扣。液气大钳的组成如图 3–8–9 所示。

（二）套管动力钳

套管动力钳包括液压马达、钳头、行星齿轮变速箱、传动部分、吊杆、吊簧筒、液压和气控系统。套管动力钳，在钻井现场使用 B 型吊钳作为下钳与套管动力钳配合进行紧扣、

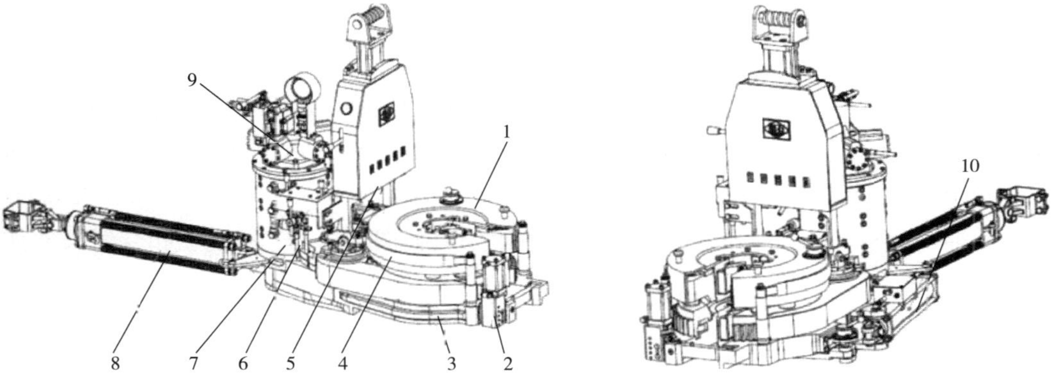

图 3-8-9　液气大钳的组成

1—钳头总成；2—门框；3—传动总成；4—刹带总成；5—吊升装置；6—气阀板总成；7—两挡行星变速箱；
8—移送气缸总成；9—液压马达总成；10—夹紧气缸总成

松扣作业。通过安装钳尾绳来提供反扭矩，限制套管钳本体的旋转；吊簧筒用来满足套管钳上卸扣过程中垂直方向发生的位移变化。套管动力钳如图 3-8-10 所示。

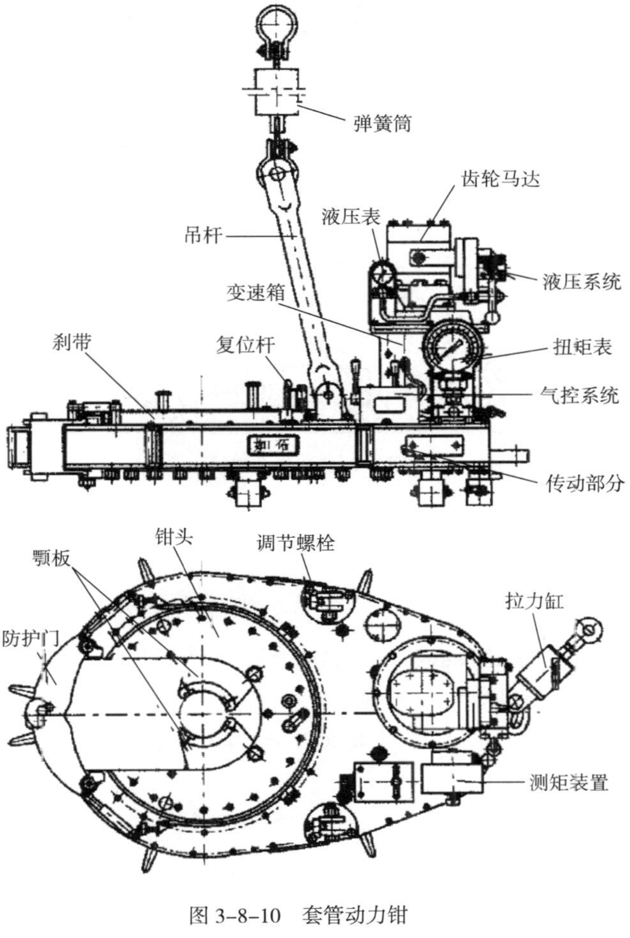

图 3-8-10　套管动力钳

五 B型吊钳

B 型吊钳是石油钻井作业中上卸钻具、套管接头、接箍螺纹的工具。随着液气大钳的普及使用，现阶段钻井现场的 B 型吊钳多用于下套管、大尺寸钻具的上卸扣以及需要大扭矩松扣的作业。主要分为以下三种：钻杆吊钳（ϕ88.9~298.45mm）；套管吊钳（ϕ324mm、ϕ349mm、ϕ508mm）；油管吊钳。钻杆吊钳组成如图 3–8–11 所示，扣合钳尺寸如图 3–8–12 所示。

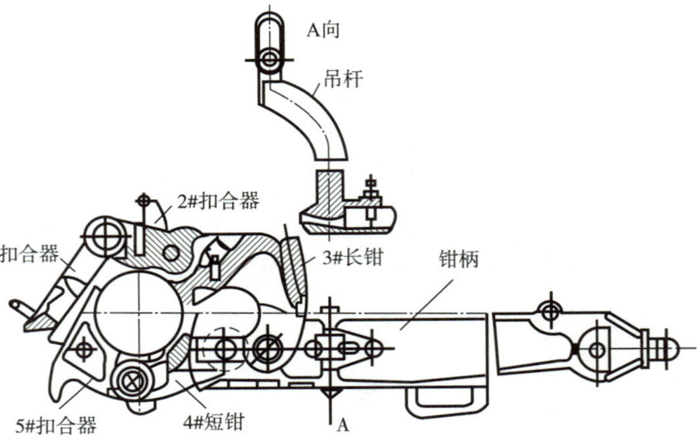

图 3–8–11　钻杆吊钳组成

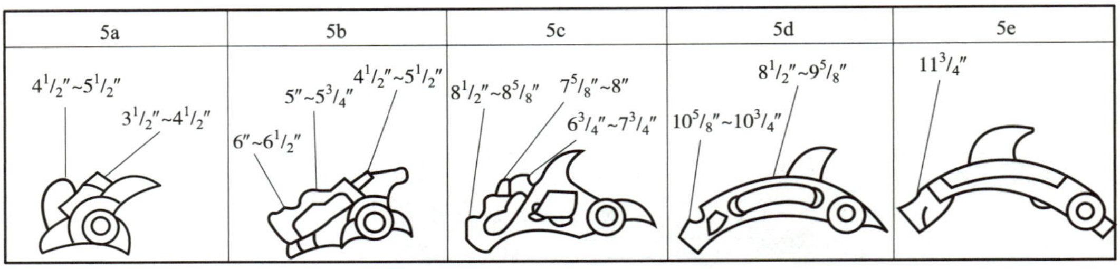

图 3–8–12　扣合钳尺寸

六 方补心

方补心是旋转钻井中传递转盘功率、驱动方钻杆旋转的工具。

钻井现场方补心有多种类型：

①按驱动方钻杆类型分为：六方式和四方式两种。四方和六方方补心俯视图如图 3–8–13 所示。

②按结构分为：对开式和滚子式两种。

③按用途可分为：方补心和小补心。

④按钻机转盘的不同类型分为：柱销式和普通式。

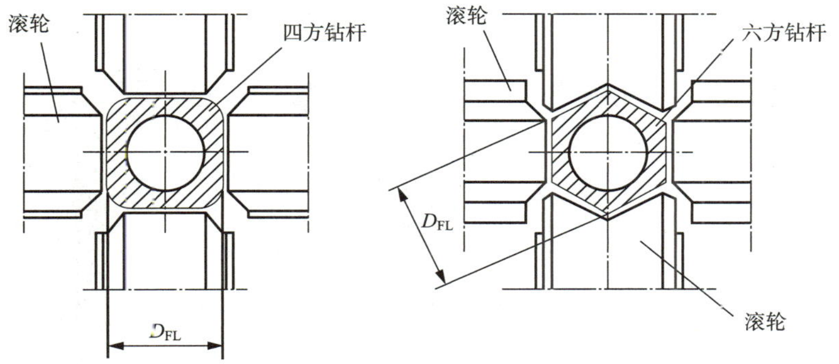

图 3-8-13　四方和六方方补心俯视图

（一）滚子方补心

滚子方补心主要由上盖、下座、轴、滚轮、紧固螺栓等组成。滚子方补心结构如图 3-8-14 所示。

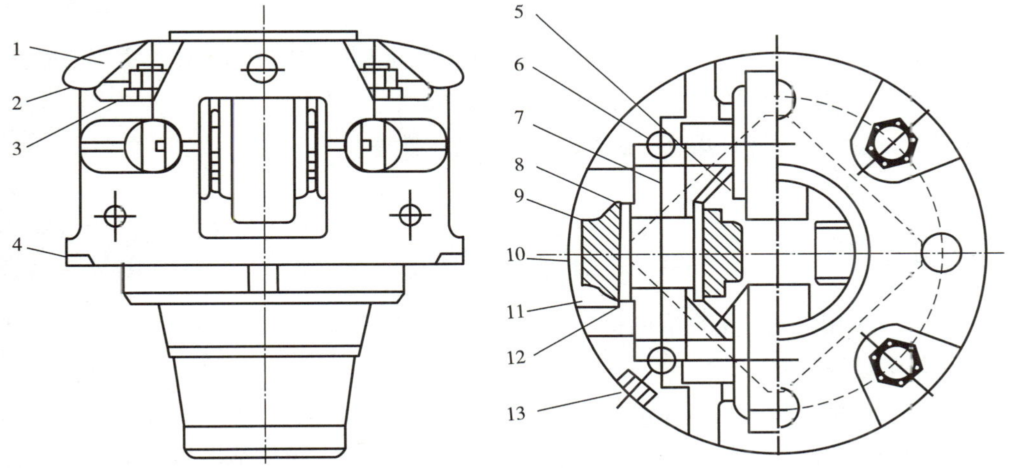

图 3-8-14　滚子方补心结构示意图

1—上盖；2—螺帽；3—垫圈；4—下座；5—连接销；6—螺栓；7—轴；8—密封体；9—滚针轴承；10—滚轮；11—外"O"形圈；12—内"O"形圈；13—螺栓

方补心内装有四只滚轮，滚轮内装有滚针轴承，滚轮由轴紧固在上盖和下座之间，滚轮两端有密封体，防止钻井液渗入。为了防止密封体转动，密封体上装有一个制动连接销。滚轮轴由四条 M38 螺栓固定，其顶部用四条内六角螺栓将其与螺帽固定在一起，以防松动。

滚子方补心的特殊组成使其具有以下特点：

①可以边转动边上提或下放钻具。

②由于是整体式，不会飞出伤人。

③方补心可以顺畅地进入转盘。

④方钻杆与滚轮之间是滚动摩擦，钻压准确，对二者磨损均较小，提高使用寿命。

（二）小补心

小补心又名垫叉。其结构简单，小补心结构如图 3–8–15 所示。

小补心的作用：

①在用 88.9m、73mm 等小钻具钻井时，防止吊卡落井。

②起下钻时放入方瓦内可减小井口暴露面积，降低井下落物的风险。

③使用双吊卡起下钻时，使用小补心可以增加吊卡与转盘面接触面积，改善吊卡工作环境，延长使用寿命。

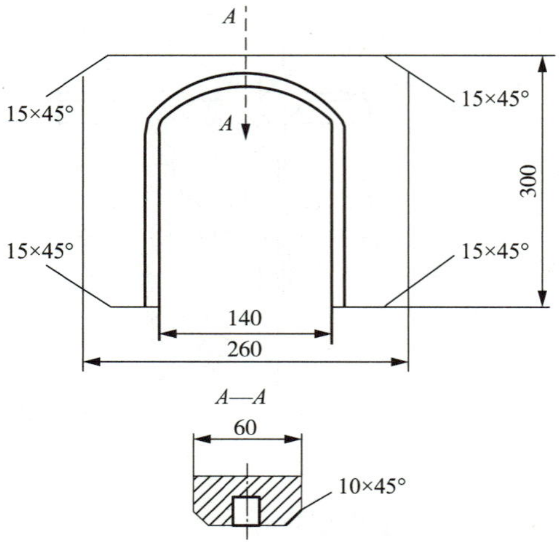

图 3–8–15　小补心结构

七　液压猫头

液压猫头与吊钳配套使用，用于配合对钻具、套管等进行上卸扣作业。主要由操纵控制箱、液压猫头主体、液压管线、猫头绳等附件组成。

液压猫头主要分为液缸式液压猫头和旋转式液压猫头。

八　提升短节

提升短节是用来提升无台肩钻铤等管柱的一种工具，起下钻铤时接在钻铤的螺纹上，以便能用吊卡进行起下钻。

提升短节按结构分为整体式和分体式两种。按台肩面分为斜台肩式和直台肩式。现场要求必须使用带内螺纹的斜台肩式提升短节。斜台肩提升短节整体结构如图 3–8–16 所示，直台肩提升短节整体结构如图 3–8–17 所示。

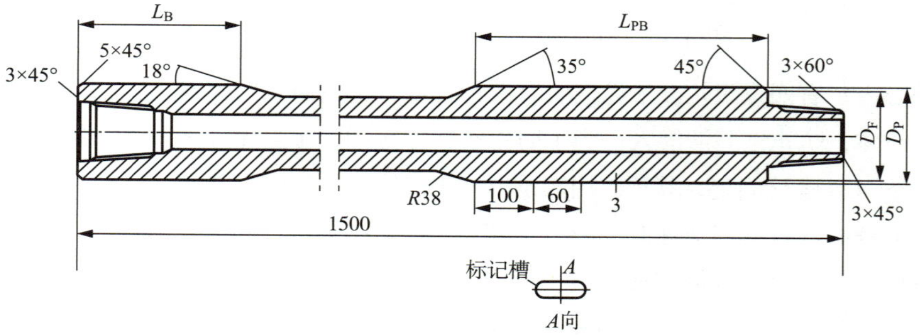

图 3–8–16　斜台肩提升短节整体结构

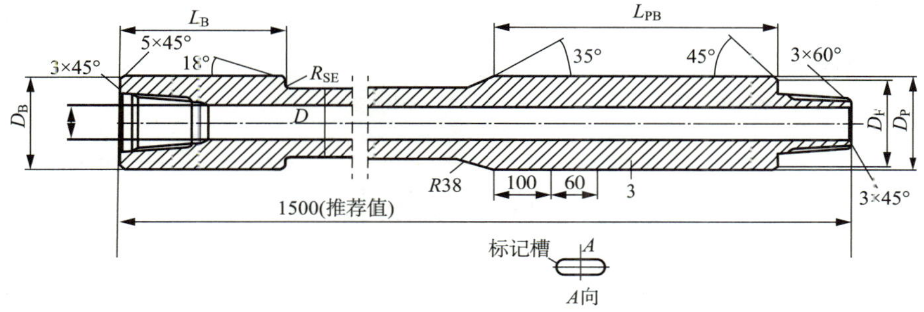

图 3-8-17　直台肩提升短节整体结构

九　防溅阀

钻井液防溅阀是在接单根卸开方钻杆之后防止钻井液从水眼内流到钻台上的一种工具。钻井液防溅阀由本体、阀座压帽、阀座、阀芯、支撑环、弹簧、弹簧座组成。防溅阀的组成如图 3-8-18 所示。

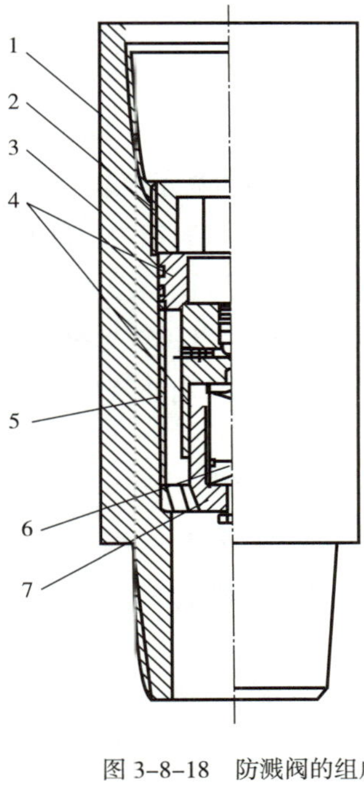

图 3-8-18　防溅阀的组成

1—本体；2—阀座压帽；3—阀座；4—阀芯；5—支撑环；6—弹簧；7—弹簧座

开泵后，当泵压超过开启压力，阀体开启，弹簧压缩受力，随着压力的增大，阀芯向下移动，当阀芯行程达到一定的位置时，在弹簧的作用下，阀芯向下移动的速度有效减慢，最终平衡在某个位置。如果泵压继续增大，当阀芯接触到弹簧座内底面时，阀芯停止移动，其位置将不会再随着泵压的增大而改变。

停泵后，阀体受弹簧的作用力推动而关闭。当泵压下降到开启压力以下时，阀芯与阀座接触，防溅接头恢复关闭状态。

第九节　仪器仪表

在钻井生产过程中，为了及时准确地了解生产过程情况，需要使用各种仪器仪表，不断地对生产过程的各个参数进行监测，并把测量结果及时指示或记录下来，实现对生产过程的控制。

一　钻井参数仪

钻井参数仪是检测与显示钻井参数如悬重、钻压、泵压、转盘扭矩和转速、钻井泵排量及冲速等的仪器仪表。根据其工作原理可分为机械式和电子式参数仪。

（一）机械式钻井参数仪

它主要由悬重表、泵压表、转盘扭矩表、转盘转速表、吊钳扭矩表和钻井液进口流量表等六种仪表组成。每种仪表都设有传感器和显示仪表。其中悬重表还设有自动记录仪，其他五种仪表只显示测量数值。它们装在一个仪表箱内，供操作时使用。

仪表箱上部是悬重表，其传感器装在死绳固定器上，传递液力信号；悬重表下面是三个液力显示盘，即泵压显示表、吊钳扭矩显示表和转盘扭矩显示表，它们都采用液力传递信号，其传感器分别装在相应部位。传递液力采用油箱和手压泵供油。

（二）电子式钻井参数仪

电子式钻井参数仪能实时数码显示钻井及修井过程中悬重、钻压、泵压、转盘扭矩、泵冲和转盘转速等参数变化，并可通过计算机监测和打印，为科学钻井、修井提供可靠依据。

电子式钻井参数仪能实时监测钻井及修井过程中井深、钻头位置、大钩高度、大钩提放速度、大钩负荷、钻压、钻时、钻速、转盘转速 / 扭矩、顶驱转速 / 扭矩、铁钻工扭矩、吊钳扭矩、立管压力、套管压力、压井管汇压力、泵速、累计泵冲、泥浆泵入口流量、泥浆罐体积 / 增减量、灌浆罐体积 / 增减量、出口排量等钻井工程参数变化。现场安装的主要结构示意如图 3-9-1 所示。

电子钻井参数测试仪主要由传感器总成、钻台仪表和监控系统三部分组成。

①传感器总成：该仪表所使用的传感器（泵压、悬重、扭矩、泵冲、转速）全部为电信号传感器，并通过通信电缆将各传感器采集到的信号传送到钻台显示仪表。

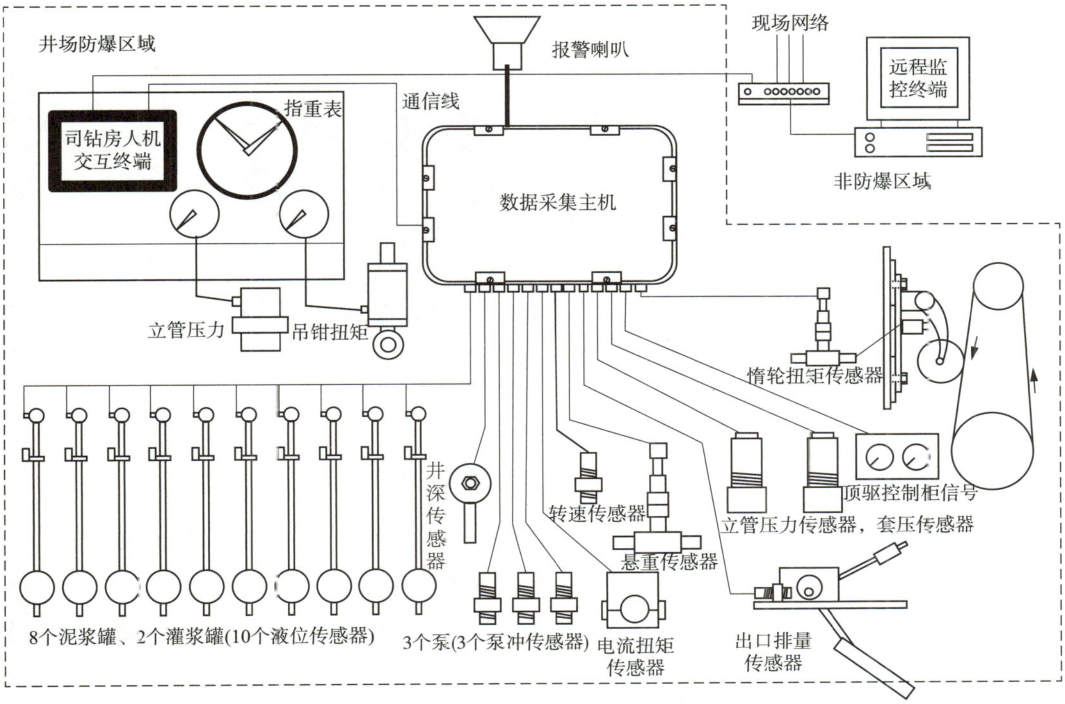

图 3–9–1　电子式钻井参数仪

②显示仪表：钻台显示仪表对传感器采集的信号进行数模转换、综合分析处理、实时显示各参数数据并发送给监控系统。

③监控系统：监控系统实时接收钻台仪表发送的各参数数据，并实时监控各参数的数据曲线，实时显示和打印数据曲线。

二 压力表

压力表是指以弹性元件为敏感元件，测量并指示高于环境压力的仪表，在钻井现场应用得极为普遍。由导压系统（包括接头、弹簧管、限流螺钉等）、齿轮传动机构、示数装置（指针与度盘）和外壳（包括表壳、表盖、表玻璃等）等组成。

耐震压力表是钻井现场使用得最普遍的压力表类型。表壳内有灌充液的机械指针式压力表，或者于表壳内有灌充液并带阻尼器的机械指针（或回转标度盘）式压力表。

三 指重表

指重表是石油钻井普遍使用的一种重要钻井仪表，主要用于测量钻具悬重和钻压大小及其变化。根据悬重和钻压的大小及其变化，了解钻头、钻柱的工作情况、指导钻进、打捞作业和井下复杂情况的处理。目前普遍使用 JZ 系列液压式指重表。

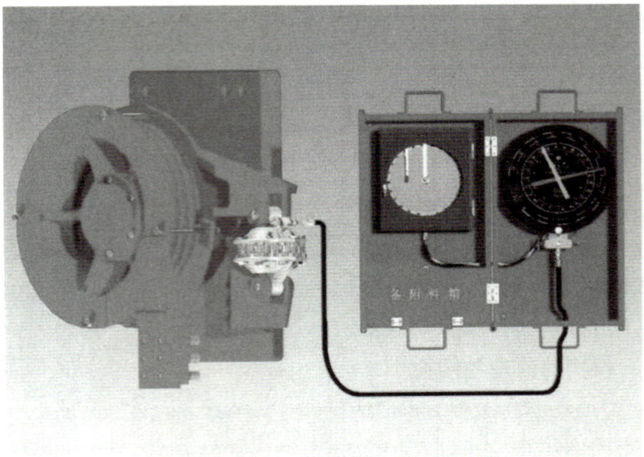

图 3-9-2　指重表结构示意图

JZ 系列指重表包括 JZG 型死绳固定器、JZZ 型重力指示仪和 JZJ 型记录仪三部分。

死绳固定器将钻机死绳拉力通过传感器转换成液体压力信号，传递给重力指示仪，迫使弹簧自由端产生位移，经过放大机构带动指针，直接在表盘上指示出悬重及钻压值。另一路压力信号通过金属软管传递到记录弹簧管，其位移经连动机构用记录笔在专用记录纸上作出钻压与悬重变化曲线。

校正指重表操作步骤：

①上提方钻杆出转盘，扣吊卡，钻具坐于转盘上，放松大钩，卸掉全部载荷；

②卸松排气丝堵，泄掉管线内的压力；

③卸下悬重表罩和表盘，用拔针器将两个指针调至零位；

④装好悬重表盘和表罩；

⑤接手压泵管线，上紧排气丝堵，用手压泵向传感器泵入变压器油，使表针上升到表面指重针指示负荷的 1/3 ~ 2/3；

⑥检查悬重表、传感器和液压管线；

⑦卸松排气丝堵，排空气，使悬重表指针缓慢摆回空悬重位置；

⑧及时上紧丝堵，卸下手压泵管线；

⑨上提方钻杆，观察悬重表是否与井内钻具重力相符；

⑩检查传感器压盘间隙是否介于 8 ~ 12 mm；

⑪ 清点工具。

第十节　钻井管柱自动化设备

钻井管柱自动化设备是在不改变目前钻机总体结构和钻井作业流程的基础上，以机械代替人工，动力集中供给、所有设备进行集成控制，协调工作，达到“机械换人”的目的。可实现排管架与钻台面之间管柱输送自动化、井口作业自动化、起下钻立根排放自动化。

一 排管架与钻台面之间管柱的自动输送设备

（一）动力猫道

动力猫道一般为绞车提升式，它是利用起升绞车带动输送架，通过无线遥控实现钻杆、钻铤、套管等管柱在地面排管架与钻台面之间输送。

动力猫道主要由底座、支撑机构、输送机构、坡道以及液压站组成。底座是动力猫道的基础结构件，运行时支撑着除了液压站外的其余设备及输送的管柱；支撑机构负责支撑输送机构完成起升和下降动作；输送机构负责地面与钻台之间的管柱输送，其上安装的小车可推拉管柱前后运动；前后共两个翻板机构由六个液缸驱动，其动作一致性由调速阀调节，实现将输送机构中心 V 道处管柱推出输送机构的功能；坡道负责连接底座和钻台，支撑输送机构完成地面与钻台之间的管柱输送；液压站内安装有液压泵等动力系统及电控系统，为动力猫道提供动力和控制。动力猫道结构如图 3–10–1 所示。

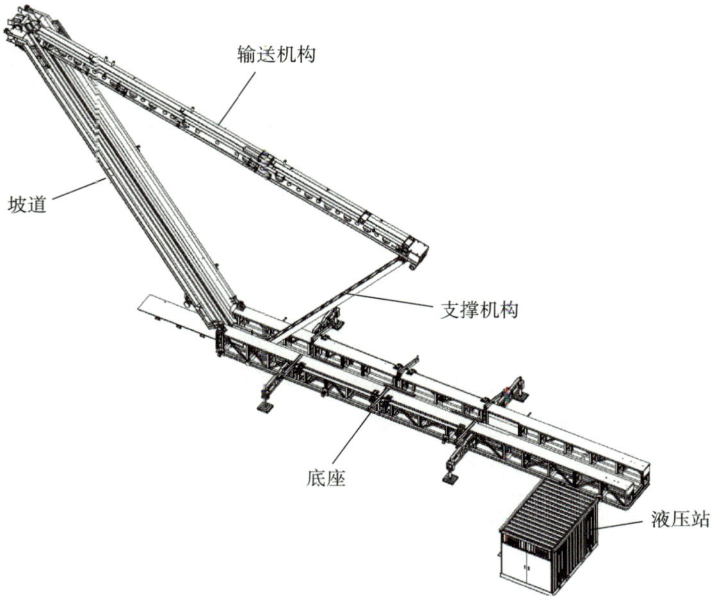

图 3–10–1　动力猫道结构示意图

1. 启动前检查

①工作前必须对各有关设施，如控制柜、操作台、油管、阀门、油缸、电机、泵站、联接轴、水阀等部位进行全面检查，保证截止阀全部处于导通状态，且无异常和漏油现象。

②工作前确定起升绞车和推送小车的编码器、限位开关安装牢固，动作可靠。

③工作前确定控制箱和遥控器上急停开关动作可靠，检查急停开关按钮是否复位。

④检查起升绞车钢丝绳、托盘绞车钢丝绳应固定牢靠，钢丝绳完好无断股，润滑良好；检查液压管线和电线是否固定。

⑤检查各部件连接部位连接是否牢靠，销轴是否穿别针，螺母是否锁紧。

2. 运行

①开机。

a. 开启总电源，松开面板急停按钮。

b. 启动液压系统油泵电机。

②选择司钻房、本地或遥控器控制模式。

③选择手动或自动模式。

④动作执行。通过操作相应控制按钮实现管柱由排管架移入 V 形槽或由 V 形槽推出至排管架、输送架起降和小车推送管柱等动作，检查每个动作是否到位、顺畅无卡阻、有无干涉。

⑤关机。

a. 关停油泵电机。

b. 关闭遥控器。

c. 关闭总电源开关。

3. 注意事项

①在停机之前保证每个油缸处于收回或非动作位置，保证整个系统处于安全状态。

②控制模式和操作模式的切换，都应在无操作的情况下进行。

③油箱上面的通气孔和加油口处应设置空气过滤器。

④输送架起升和下放过程中，应确保输送架两侧安全挡销伸出。

⑤管柱下行流程，管柱沿输送架 V 形槽下滑，应控制管柱下放速度，避免剧烈冲击。

⑥输送架起升前，应确保托盘向前滑行直至顶着管柱；输送架下放前，应确保托盘顶着管柱，避免下放过程中管柱下滑对托盘造成剧烈冲击。

⑦管柱翻出输送架前，确保移送臂尾部托盘位置合适，不妨碍管柱翻出；管柱翻出输送架前，根据翻出方向，拆除底座该侧挡销。

⑧动力猫道电焊作业时，应将 PLC 的所有连接线断开，以免损坏 PLC 模块内的线路。

⑨程序设置了一些动作的安全互锁，只有满足安全的条件下，后续动作才能执行。

⑩工作中应随时注意油液状态，正常工作时，油箱中油液温升应符合规定。温度过低时，应进行预热，或在运转前进行间歇运转，使油温逐步升高后，再进入正常工作状态。

⑪ 系统压力出厂时已经调定，不宜随意调节。

（二）缓冲机械手

缓冲机械手可缓冲管柱上下钻台过程中产生的冲击力，实现管柱在坡道口与井口或小鼠洞间的双向输送。主要由主基座总成、翻转臂机构总成、变距抓手总成、电液控制阀岛总成等几大部分组成。缓冲机械手结构如图 3–10–2 所示。

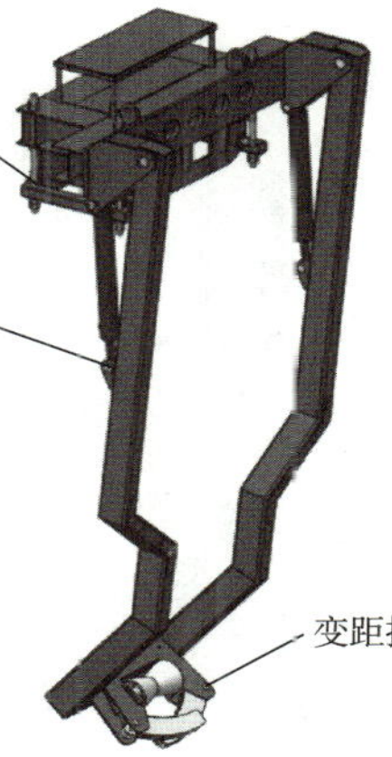

图 3–10–2　缓冲机械手结构示意图

1. 启动前检查

①检查确认电源电压正常。

②检查确认电控线路和液压快插连接正常、可靠。

2. 运行

①扶持钻具流程。

a. 上提钻具，使钻具上部离开动力猫道或坡道。

b. 操作机械手前伸，在管柱下端脱离动力猫道或坡道之前缓慢接收钻具，关闭抓手。

c. 继续上提钻具使管柱脱离动力猫道或坡道；操作机械手缓慢将钻具下端扶至井口。

d. 钻具进入井口后，使机械手回到初始位置。

e. 将钻具下端由井口推至动力猫道或坡道过程与上述流程相反。

②控制面板操作。

a. 升起急停按钮。

b. 操作控制杆使缓冲机械手做出伸出动作和缩回动作。

3. 注意事项

①除上钻杆、甩钻杆、上套管和说明书的规定外，缓冲机械手不可做其他用途。

②设备动作时注意机械手和钻具下端不要碰到其他物体。

二　井口作业自动化设备

（一）铁钻工

铁钻工主要由导轨总成、控制箱总成、导向器总成、底座总成、伸缩臂总成、旋扣器总成、液压大钳总成、对中机构和远程控制台组成。工作中先通过旋扣钳高速旋转带动钻杆快速旋上接头螺纹，冲扣钳再根据设定的上扣扭矩对接头螺纹进行低速大扭矩冲扣，主要用于钻井管具的上、卸扣，可以在不更换钳头的情况下，对 $2^7/_8''$ 到 $8^1/_2''$ 范围内的管具进行上扣和卸扣作业。铁钻工结构如图 3–10–3 所示。

1. 启动前检查

①检查并确认所有的液压管线和控制电缆连接正确。

②确保液压动力单元运行和系统压力正常。

③检查确认液压系统各处接头以及管线无渗漏。

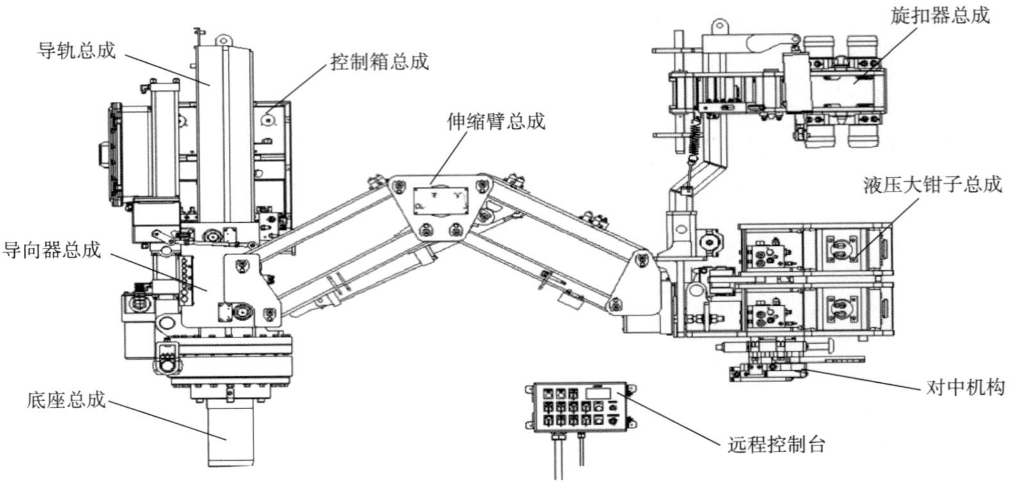

图 3-10-3　铁钻工结构

2. 运行

①铁钻工可选择遥控器、司钻房远程控制和本地控制。

②铁钻工上卸扣前在“井口”或“鼠洞”进行工位转换选择。

③上扣作业。

a. 将钳口移到钻具位置。

b. 控制钳体升降，调整钳口的垂直高度，将管柱接头连接平面置于主钳、背钳之间。

c. 在上扣作业模式下，操作背钳控制开关，系统自动夹紧对中钳和背钳。

d. 操作旋扣钳操作柄，旋扣钳前移并抱住上管具，自动旋转上扣和预紧。

e. 旋扣钳松开上钻具并向后移动，操作主钳开关，系统按照设定扭矩紧扣。

f. 紧扣动作结束后，将主钳操作柄置于复位位置，直至钳子松开钻具接头。

g. 单独操作钳子完全复位对齐，准备下次作业。

h. 如果主钳旋转至紧扣限位位置，仍未达到预设扭矩，重复上述步骤，再次紧扣。

i. 铁钻工退回待命位置。

④卸扣作业。

a. 将钳口移到钻具位置上。

b. 控制钳体升降，调整钳口的垂直高度，将管柱接头连接平面置于主钳、背钳之间。

c. 在卸扣作业模式下，操作背钳动作开关，系统将自动夹紧对中钳和背钳。

d. 操作主钳动作开关，主钳夹紧并向松扣方向旋转（重复卸扣直至松扣）。

e. 当主钳松扣后，操作主钳动作开关，主钳打开。

f. 操作旋扣钳操作柄，旋扣钳前移、夹紧并旋转卸扣。

g. 如果旋扣钳未能旋出上接头，重复上述步骤，直至接头旋出。

h. 确认管柱连接扣已卸开时，操作旋扣钳操作柄，旋扣钳张开并停止旋转。

i. 背钳与对中钳同时张开，铁钻工退回待命位置。

3. 注意事项

①根据所用管柱的规格选择合适的钳口压力值。

②在对液压系统进行调节时，要注意液压系统是否泄漏高压流体。

③在使用手动控制的情况下，不要将导轨总成旋转和伸出到工作区域外的位置。

④使用中应避免夹持钻具接头上的硬化带，以免损坏钳牙。

⑤必要时按下急停按钮，停止系统阀控输出（停止设备动作），断开设备电源。

⑥紧急关闭后，按照说明书设置控制系统。

（二）动力卡瓦

动力卡瓦根据驱动型式的不同，可分为气动卡瓦和液动卡瓦，可代替卡瓦悬持井中钻具，远程控制卡瓦自动升降开合并实时返回状态信号。由于动力卡瓦型号较多，其结构略有不同，但基本上都包含卡瓦体、卡瓦座、支撑盘和动力缸等部件，以 Y–375 Ⅲ液压卡瓦和 WQ 外置式气动卡瓦为例，动力卡瓦结构如图 3–10–4 所示。

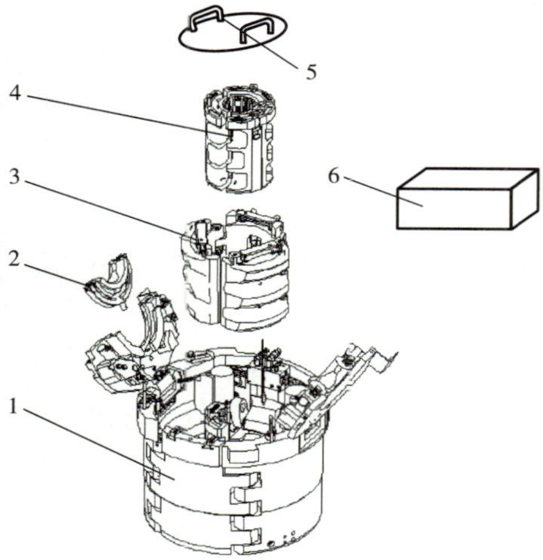

(a)Y–375 Ⅲ液压卡瓦

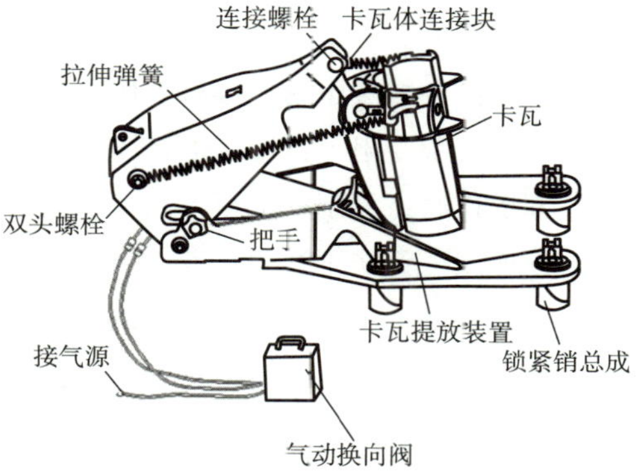

(b)WQ外置式气动卡瓦

图 3–10–4　动力卡瓦结构

1—主机总成；2—上部导向环总成；3—卡瓦体总成；4—牙板载体总成；5—辅助工具总成；6—控制系统总成

1. 启动前检查

①使用前对整机上所装卡瓦体和牙板规格进行检查，要与所卡持管柱规格一致。

②检查牙板或卡瓦体磨损情况，及时更换新牙板或卡瓦体。

③气动卡瓦检查确认气管线无破损，气缸控制阀及管路接头等无松动、漏气。

④液动卡瓦检查确认液压管路无渗油、破损。

⑤检查确认卡瓦向下卡持管柱时的油压正常。

⑥检查确认平衡梁位置行程开关活动自如。

2. 运行

（1）起钻作业

①提升管柱前，首先操纵控制阀至卡瓦体打开状态，再上提管柱，卡瓦上升让出通道，松开管柱。

②当上提管柱至卸扣接箍位置时，即保证下一根接箍位置在放入吊卡后距离气动卡瓦上盖上平面有 10～15cm 距离时，停稳。

③司钻操纵控制阀至反向，卡瓦体下行卡住管柱。

④进行卸扣作业。

（2）下钻作业

①当提升管柱和卡持管柱上扣结束后，首先操纵控制阀至卡瓦体打开状态，再上提管柱，卡瓦上升让出通道，松开管柱。

②下放管柱至吊卡距离上盖上平面 10～15cm 距离时，停稳。

③司钻操纵控制阀至反向，卡瓦体下行卡住管柱。

④此时即可卸去吊卡，进行下一作业。

3. 注意事项

①起吊套管时，通常需要安装下导向板。

②卡瓦上面不得放置其他物品，保持内部清洁，无管柱夹持时用盖板遮住内孔。

③当设备与液压站连接后工作时，不得将双手伸进设备。

④若气源受阻，直接在卡瓦体上安装手把，快速改装为手动卡瓦，进行正常的作业。

⑤操作时，控制杆拨至上或者下位置处时，应保持卡紧不松动。

⑥使用套管扶正器时（液动卡瓦），先拆下上导向板；拆下后，使用完后重新装上。

⑦需要倒划眼时，松开锁紧销（外置式气动卡瓦），拆掉卡瓦提放器，正常倒划眼。

⑧在卡持管柱前，应检查确认卡瓦体装配的牙板规格与所使用的管柱外径尺寸相同。

⑨管柱必须停稳后方可进行卡持管柱操作，不得在运动过程中卡持。

⑩当气动卡瓦卡住管柱时，要松开管柱，必须先打开控制阀开关，提升管柱，卡瓦体松开后，进行起或下作业。不得在卡瓦体关闭状态下上提管柱。

⑪ 气动卡瓦卡持住管柱后，使用液气大钳时需确认背钳完全夹紧后方能进行上卸扣操作，严禁下部管柱发生转动。

⑫ 若井口较偏斜，在下钻时，当管柱接箍靠近卡瓦时，应减慢管柱下放速度。当井口偏斜幅度较大时，应调整转盘使其和井口对中。

（三）液压吊卡

液压吊卡主要由主体、左活门、右活门、内衬、锁闩、活门销、锁闩销、锁闩保险机构、内衬保险插销总成及液压系统等部件组成，同时配备旋转装置。可代替吊卡提升钻具，并远程控制实现吊卡活门的打开、闭合，吊卡主体的翻转并实时返回状态信号。液压吊卡结构如图 3-10-5 所示。

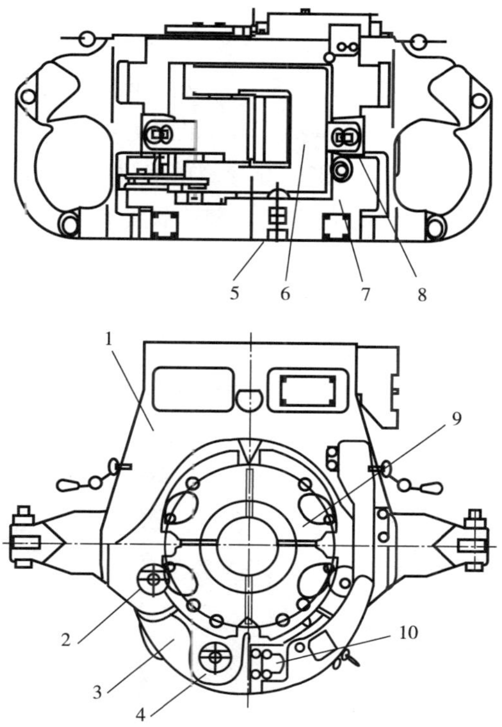

图 3-10-5 液压吊卡结构

1—主体；2—活门销；3—左活门；4—锁门销；5—锁门保险机构；
6—锁闩；7—右活门；8—内衬保险插销总成；9—内衬；10—液压总成

1. 启动前检查

液压吊卡检查液压管路连接和系统压力。

2. 运行

（1）提升钻具

①接上电源，打开液压源和电源。

②操作至吊卡打开。

③管柱进入吊卡后，操作至吊卡关闭。

④当吊卡完全闭合后，吊卡翻转机构自动复位，吊卡处于浮动状态，上提或下放管柱。

（2）甩钻具

①通过猫道甩钻具时，钻具在猫道放置到位后，翻转吊卡到适当角度，操作吊卡打开（或者吊卡自动打开）。

②在甩钻具完成后吊卡还处于翻转状态，关闭吊卡，复位吊卡翻转机构，使吊卡处于浮动状态，打开吊卡准备扣合下一根管柱。

3. 注意事项

下立柱作业时，立柱的倾斜角度可能会导致管柱进入吊卡内孔后无法触及触头，造成液压吊卡无法关闭的情况，所以在使用吊卡时，应尽量保证管柱相对垂直。

（四）动力鼠洞

动力鼠洞采用双单根鼠洞管式结构，布置在原来的鼠洞位置，通过液压或气压动力驱动，无须气动绞车完成接立根、甩钻具作业。动力鼠洞主要由鼠洞管、定心变距卡瓦体总成、液压系统等部件组成。当钻杆、钻铤、套管等单根放入小鼠洞管内到达预定位置后，操纵换向阀，液缸推动推力盘使定心变距卡瓦体翻转卡紧单根，定心变距卡瓦体采用的是偏心凸轮式结构，单根及上部施加的重力越大，定心变距卡瓦体卡紧力就越大，因而，定心变距卡瓦体在液缸推力、单根及上部方钻杆重力的综合作用下，能克服上卸扣时的正反扭矩，起到背钳作用。当钻具上扣完成后，操纵开关，液压缸复位，定心变距卡瓦体在扭簧力的作用下自动复位，即可提出钻具。动力鼠洞结构如图 3–10–6 所示。

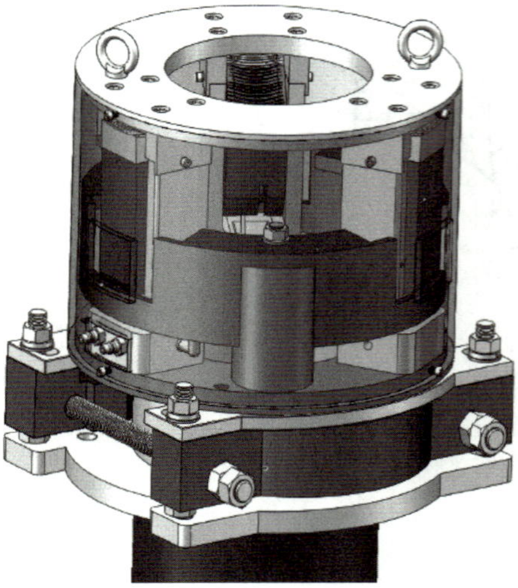

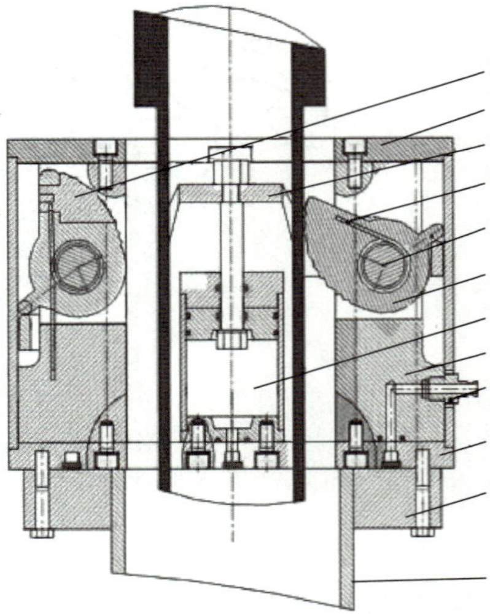

图 3–10–6　动力鼠洞结构

1. 启动前检查

检查确认定心变距卡瓦体翻转正常。

2. 运行

①管柱放入动力鼠洞，当到达卡持位置后，操纵开关，管柱被卡紧。

②进行对扣和上扣。

③操纵开关，定心变距卡瓦体复位，将管柱提离鼠洞。

3. 注意事项

①卡持 5½in 套管时，应保证套管居中下放，以便扶正器顺利通过。

②当设备中无管柱夹持时，用盖板遮住设备内孔。

③当设备与液压站连接后工作时，不得将双手伸进设备。

（五）钻井液防溅盒

钻井液防溅盒主要由防喷盒总成和旋转臂总成组成。主要用于外排钻井液回收与循环利用，实现钻台清洁、无污染；可手动操作或一键自动至井口位置。防喷盒总成主要由前后盒体结构和夹紧气缸组成；旋转臂总成主要由固定连接结构、旋转臂和摆动油缸组成。前盒体结构、后盒体结构和夹紧气缸通过销轴连接在一起形成防喷盒总成。在盒体结构设有快换耳板，用于连接旋转臂总成。防喷盒总成通过快换耳板和销轴固定在旋转臂上，在待命状态时，防喷盒完全打开，操作“防喷”指令，防喷盒通过旋转臂动作旋转到工位，此时夹紧气缸伸出，防喷盒闭合并夹紧钻具，达到防喷作用。钻杆提起后，再次点击“防喷”指令，此时防喷盒打开，旋转臂带动防喷盒摆回到待机位置。钻井液防溅盒结构如图 3-10-7 所示。

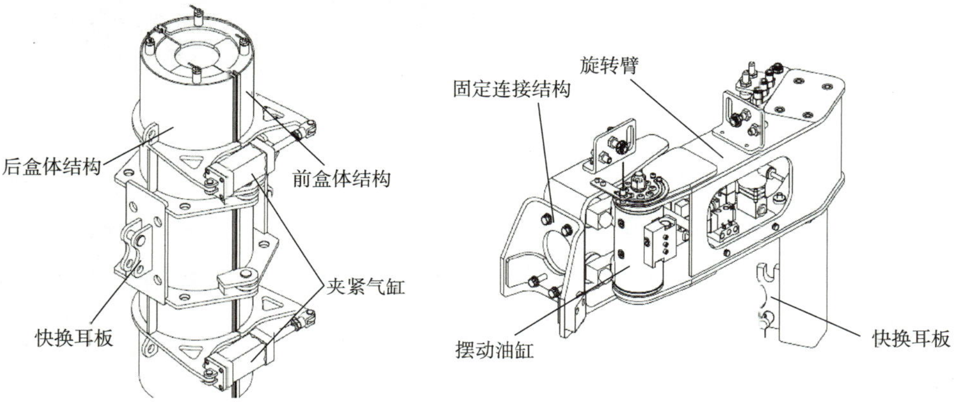

图 3-10-7　钻井液防溅盒结构

三　起下钻立根自动排放设备

（一）二层台排管装置

二层台排管机是自动化管子处理系统中的重要设备之一，安装在井架上，代替井架工进行钻具上端从液压吊卡到指梁间的往返输送，实现二层台高空自动排管作业。

二层台自动排管装置主要由二层台本体、机械手总成及舌台部分组成，舌台框架是整个排管机械手与二层台本体连接的部分。排管机械手的动作均由伺服电机控制：通过伺服电机驱动减速机、带动齿轮在齿条上前后移动，齿轮与行走小车连接，使行走小车产生前后移动动作；伺服电机为机械手提供左右旋转动力；通过伺服电机、减速机、回转支承的扭矩传递，带动整个机械手的前后伸缩，利用伺服电机位置信号反馈，能够实时显示机械手的伸缩距离；伸缩电缸的伸缩带动手抓的开合，利用伺服电机位置信号反馈，能够设定电缸的伸缩距离来调整手抓开合的尺寸；两个手指气缸的伸缩来带动手指的开关，手指上部带有一个开关指示板，可以通过摄像头观察手指开合的状态。二层台排管装置如图 3-10-8 所示。

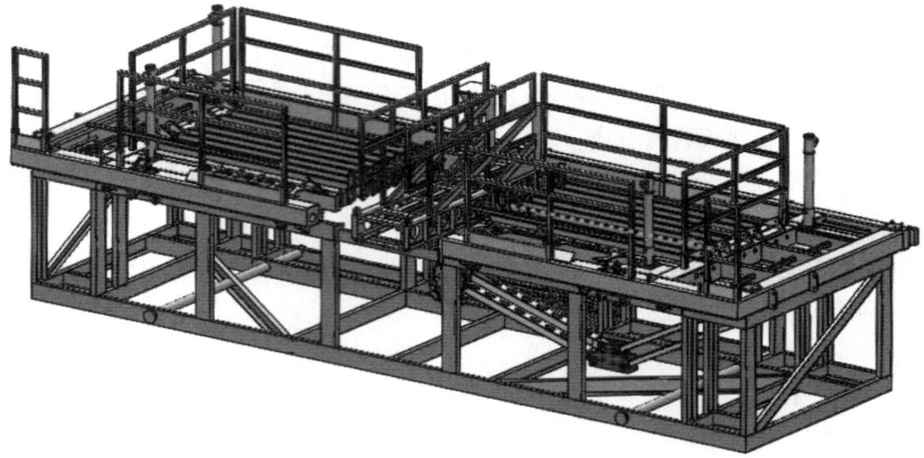

图 3-10-8　二层台排管装置

1. 启动前检查

①全面检查并确认设备、液压系统和控制系统所有组件齐全，处于可用状态。

②确认机械手位置区域无障碍；电气线路外观正常，无漏电、接触不良等情况。

2. 运行

（1）开机

①打开总电源，开启气源 / 液压源。

②启动控制系统并登录人机界面，确认界面中指梁内管柱情况与实际相符。

③机械手回零。

（2）操作对象类型选择：钻杆 / 钻铤

（3）作业模式选择：排管（起钻）/ 送杆（下钻）

（4）排管操作（起钻）

①模式选择为：自动、排管。

②指定指梁：从人机界面上选择需要排放钻杆的指梁。

③启动排管：机械手自动移动到井口待机位置。

④井口抓杆：钻台面排放好钻杆到对应指梁位置后，操作手柄进行抓杆，机械手感应到钻杆后停止动作，抓手自动关闭。

⑤打开吊卡：抓手关闭后，吊卡自动打开，观察监控及吊卡动画确认吊卡真实打开。

⑥指梁定位：机械手自动收臂移动到指定指梁。

⑦指梁排管：观察监控确认机械手对准的指梁锁自动打开后，机械手自动将钻杆排放到指梁内。

⑧完成排管：机械手将钻杆排放到位后，抓手自动打开，机械手自动收缩并移动到井口待机位。

（5）送杆操作（下钻）

①模式切换为：自动、送杆。

②指定指梁：从人机界面上选择对应钻杆的指梁。

③启动送杆：机械手开始自动移动到对应指梁。

④指梁抓杆：机械手自动伸臂抓杆，当机械手感应到钻杆后抓手自动关闭，指梁锁自动打开。

⑤井口定位：观察确认指梁锁打开后，机械手抓住钻杆自动移动到井口待机位置。

⑥井口送杆：观察监控并与司钻沟通将吊卡移动到钻杆结箍以下（钻杆不顶游车大钩），机械手自动旋转到井口位置。

⑦关闭吊卡：确认吊卡活门打开后，操作手柄将钻杆送入吊卡内，然后关闭吊卡。

⑧完成送杆：机械手自动打开抓手，机械臂缩回并移动至预设的指梁。

3. 注意事项

①钻铤摆放应符合各厂家二层台排管装置钻铤摆放规定，不得随意摆放钻铤。

②只有在抓手对准井口 ±30° 范围内或对准指梁附近处才允许手臂伸展。

③只有在抓手对准指梁附近处才允许该指梁的安全锁开合。

④只有手臂收缩到极限时机械手方可沿猴道移动。

⑤控制系统不回零状态下慎用手动操作。

⑥操作钻铤时，机械手滑车不得沿猴道滑动，只能在钻铤存放区域内活动。

⑦钻台面使用气动绞车时，左、右挡绳机构必须关闭，防止绞车钢丝绳进入二层台内部；同时必须收回机械手。

⑧钻铤锁的打开 / 关闭方式不同。在排管模式下，从外往内依次打开目标存放位外侧的所有钻铤锁；在送杆模式下，则从内往外依次打开目标存放位外侧的所有钻铤锁。

⑨必要时按下紧停开关，停机检修，危险解除时，再重新启动设备。

⑩在井口干涉区域内，游车和机械手动作互锁。

⑪ 操作关闭液压吊卡后，必须确认液压吊卡关门到位。

⑫ 不得用顶驱油缸驱动液压吊卡来接机械手送来的钻杆，或用顶驱油缸驱动液压吊卡撞击机械手。

⑬ 在设备每次上电后和工作前必须进行回零操作，确认回零指示灯指示操作完成。

⑭ 每次关闭设备电源开关之前必须先确保系统正常关机之后才能关闭电源。

⑮ 确保在自动模式开始前完成钻杆数量修正。

⑯ 显示屏运行模式切换必须在回零完成后才能切换成功，自动操作过程中如果发现异常可切换到手动模式。

⑰ 自动排管模式下，机械手已抓住钻杆，若吊卡门不能打开，手动操作微调机械臂的收缩和伸展，尝试吊卡门能否打开。

（二）钻台机械手

钻台机械手主要用于帮助完成对钻杆、钻铤、方钻杆等钻具的导向和移动，能够降低工人劳动强度，工作灵活高效，安全可靠。整套系统包括底座、回转驱动支撑座、回转驱动装置、液压缸支座、伸缩臂总成、机械爪总成、手持遥控器、液压系统、电控系统等。钻台机械手结构如图 3-10-9 所示。

通过设置在基座上的液压源系统与配电系统，回转驱动装置可以进行多角度的自由旋转，利用液压源系统可以使伸缩臂总成实现伸缩功能，同时可以实现机械爪总成的抓握。

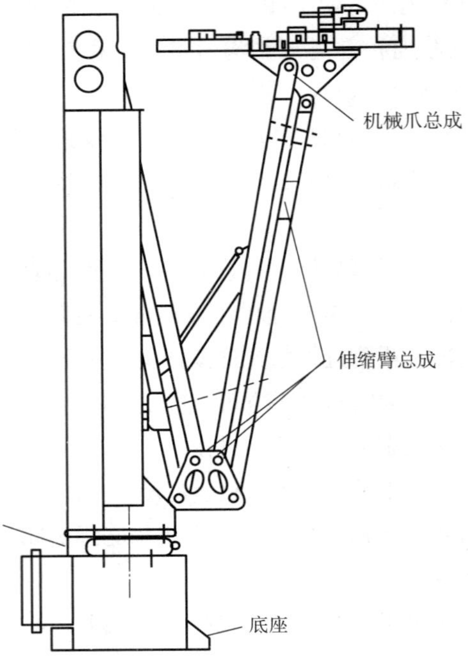

图 3-10-9　钻台机械手结构

1. 启动前检查

①接通电源，检查确认液压系统压力符合使用要求，机械手线路和管路连接正常。

②检查机械臂，确保达到以下要求：

a. 液压箱内液压油油质和油量应符合规定，液压泵工作平稳无异常。

b. 液压管线通畅，布局合理、无渗漏，两端固定符合要求，压力表在有效期内，表盘清晰、完好。

c. 机械手臂底盘固定螺丝齐全、紧固；旋转转盘及转盘座固定螺栓齐全、紧固；各活动关节处螺栓齐全、紧固。

d. 使用的机械手夹具规格应与钻具尺寸相符。

2. 运行

（1）控制面板操作

①打开急停按钮

②操作控制杆完成钻台机械手的伸出、缩回、左转、右转动作。

③操作控制杆和按键完成夹紧动作。

④操作控制杆和按键完成松开动作。

⑤把手臂移动到井口（松开夹爪），然后按照相应按键完成记忆井口操作。

⑥按下井口对应按钮，钻台机械手自动到达井口。

⑦按下小鼠洞对应按钮，钻台机械手自动到达小鼠洞。

（2）上钻杆

①将钻杆提至坡道上。

②机械手前进至钻杆处，握住钻杆。

③上提钻杆。

④机械手后退并旋转至合适位置。

⑤机械手前进至小鼠洞。

⑥下放钻杆进小鼠洞，松开机械手臂并后退至待命位置。

（3）甩钻杆

①钻杆卸扣后，操作机械手臂至钻杆处并握住钻杆，上提钻杆，脱扣。

②机械手后退并旋转至合适位置。

③机械手臂前进至大门坡道上方，松开机械手。

④下放钻杆，机械手后退至待命位置。

（4）接钻杆对扣

①方钻杆卸扣后，操作机械手至方钻杆处并握住方补心下侧。

②上提方钻杆，脱扣，机械手后退至待接钻杆上方。

③下放方钻杆，入扣，必要时前后左右调整机械手臂对正。

④机械手臂松开并后退到待命位置。

（5）排立柱

①立柱卸扣后，机械手臂前进至立柱并握住。

②上提钻柱，脱扣，机械手臂后退并旋转到合适位置。

③机械手臂前进就位，下放立柱至立根盒。

④松开机械手臂并后退到待命位置。

（6）下立柱

①立柱上端扣好吊卡后，机械手臂前进至待下立柱并握住。

②上提立柱，机械手臂后退并旋转到合适位置。

③机械手臂前进至井口，下放立柱入扣，左右旋转机械手臂对正。

④松开机械手臂并后退到待命位置。

（7）方钻杆进、出大鼠洞

方钻杆进、出大鼠洞操作方法与起、下立柱操作方法相同。

3. 注意事项

①除上钻杆、甩钻杆、接钻杆、排立柱、接立柱、方钻杆进出大鼠洞外，不得做其他用途。

②夹持钻具移动时应使用低速；不得随意调高溢流阀的压力。

四 动力集中供应及设备集成控制设备

（一）液压动力集成系统

液压动力集成系统替换原钻机配套的机具液压站，集中为钻机原设备及新增钻台机械手、缓冲机械手、铁钻工、动力卡瓦等自动化设备提供液压动力。由防爆电控箱、电机泵组、溢流换向阀组、底座等组成，附件主要包含电加热器、散热器、温度传感器、滤油器等。

1. 启动前检查

①检查各管线连接应正确，固定牢固，无漏油和渗油，各压力表完好。

②开启吸油口阀，柱塞泵泄油口阀门，关闭储能器组回油阀门。

2. 运行

①开启液压站总电源。

②启动液压站。

a. 空载（卸荷）启动，短暂运行正常后，再逐步加载至正常，不宜频繁开 / 关电机。

b. 低温启动时，先启动电加热，将油温加热至 10℃左右，将溢流阀调整至 1/2 额定压力，再启动电机，使溢流阀全部溢流，待油温升高至 20℃左右，再投入正常运行。

③先关闭液压站电机电源，再关闭液压站总电源，待液压站电机停稳后方可离开。

3. 注意事项（含 HSE 要求）

①观察电机运转方向应正确，电机有异常响动时，应立即关闭电源。

②电机正常运转后观察液压站额定工作压力应稳定。

③正常使用时经常检查油温不得超过 60℃，电机温度应正常，无异常响声。

④配备多台电机时，应倒换使用，避免长时间使用一台电机。

（二）钻机集成控制系统

如图 3-10-10 所示，钻机集成控制系统通过操作手柄 + 触摸屏组合方式，实现钻机原系统与管柱自动化系统集成控制。

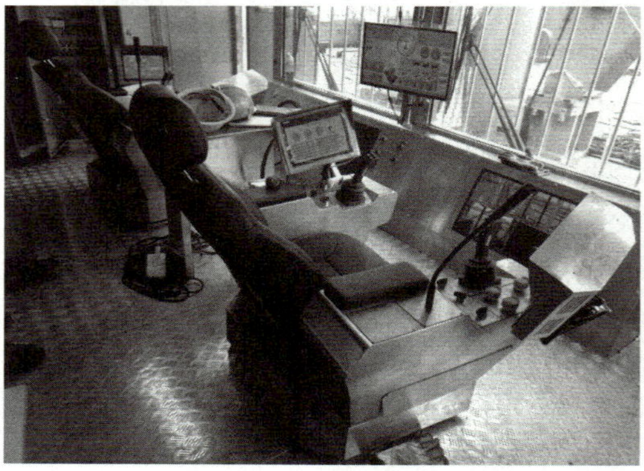

图 3-10-10　钻机集成控制系统

思考题

1. 钻机主要有哪些功用？
2. 钻机主要包括哪些系统？
3. 刹车系统的主要功用有哪些？
4. 简述绞车的日常维护保养内容？
5. 钻井泵空气包的作用有哪些？
6. 吊卡按结构分为几种？按用途分为几种？
7. 钻井参数仪是检测什么的仪器仪表？

扫一扫
获取更多资源

第四章

钻头与钻柱

PART 4

钻头及钻柱是石油钻井施工的重要工具。钻头主要用于破碎井底岩石形成井眼，钻柱主要用于传递动力带动钻头转动破碎岩石、输送钻井液等。

第一节 钻头

钻头按结构和工作原理的不同分为刮刀钻头、牙轮钻头、PDC 钻头等；按钻井目的的不同分为全面钻进钻头、取心钻头和特殊工艺用钻头等。

一 牙轮钻头

牙轮钻头工作时切削齿交替接触井底，破岩扭矩小；切削齿与井底接触面积小，比压高，易于吃入地层。旋转时，牙轮钻头以冲击、压碎和剪切破碎岩石，适用多种性质的岩石，得到了广泛的应用。

牙轮钻头按牙齿的固定方式分为镶齿钻头和铣齿钻头，按轴承类型分为滚动轴承钻头和滑动轴承钻头，按密封类型分为橡胶密封钻头和金属密封钻头，按牙轮数量分为单牙轮钻头、双牙轮钻头和三牙轮钻头等。三牙轮钻头结构如图 4-1-1 所示。

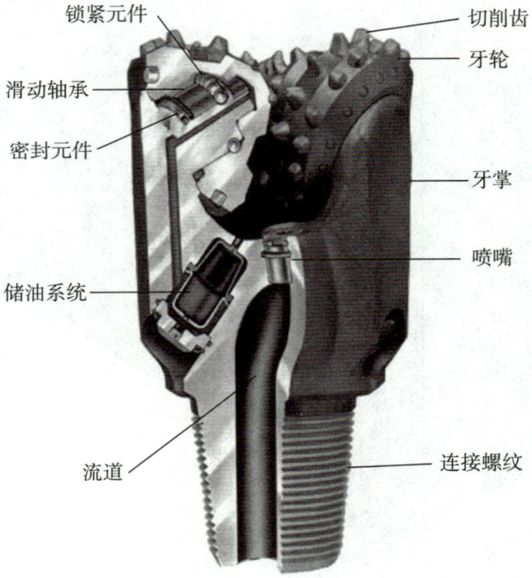

图 4-1-1 三牙轮钻头结构

目前，三牙轮钻头是旋转钻井作业中常用的钻头之一，可分为以下主要部分：

①连接螺纹：钻头上部车有螺纹，与钻柱连接。

②牙掌（也称牙爪、巴掌）：上接壳体，下带牙轮轴（轴颈）。

③牙轮与切削齿（牙齿）。

④轴承系统（轴承、密封元件、锁紧元件）。

⑤储油密封补偿系统。

⑥水力结构：喷嘴数量、尺寸形状、空间结构参数。

二 PDC 钻头

PDC 钻头是聚晶金刚石复合片钻头的简称，是石油钻井常用的一种钻井工具，由金刚钻演变来的。与牙轮钻头相比，具有在井下工作时间长、钻头进尺多、起下钻次数少、井下安全性高等优点，因此 PDC 钻头应用得越来越广泛。

PDC 钻头主要由钻头体、切削齿、喷嘴、保径齿和接头等组成。PDC 钻头结构如图 4–1–2 所示。

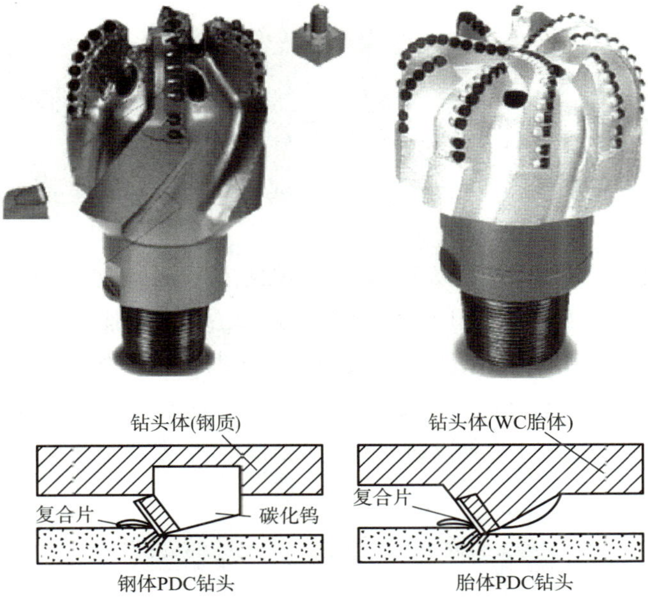

图 4–1–2　PDC 钻头结构

PDC 钻头按钻头体材料分为胎体式 PDC 钻头和钢体式 PDC 钻头。胎体式金刚石复合片（PDC）钻头是将金刚石复合片通过钎焊方式焊接在用碳化钨粉末烧结而成的钻头胎体上的一种切削型钻头，用天然金刚石保径。钢体式 PDC 钻头，是用镍、铬、钼合金机械加工成形。经过热处理后在钻头体上钻孔，将人造聚晶金刚石复合片压入钻头体内，用柱状碳化钨保径。

三 复合钻头

复合型钻头是一种把牙轮钻头和固定切削齿钻头特征相结合，能同时发挥两种不同类型钻头功效优势的新型钻头，如图 4–1–3 所示。对于有难度的大尺寸井眼定向钻井施工，具有与牙轮钻头类似的工具面控制能力及 PDC 钻头的高机械钻速特性，同时还可改善大尺寸井眼的振动情况，性能可靠稳定。

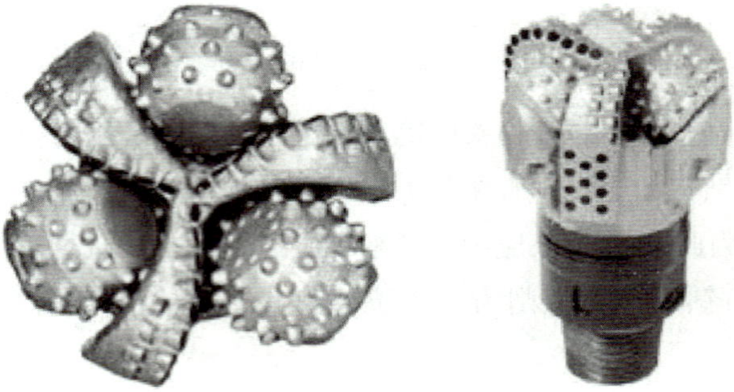

图 4-1-3　复合钻头

四　取心钻头

取心钻头是用于环状破碎井底岩石，形成岩心柱的一种钻头。常用取心钻头示意图如图 4-1-3 所示。

根据破岩方式，取心钻头可分为切削型、微切削型和研磨型三类取心钻头。切削型取心钻头以切削方式破碎地层，适用于软至中硬地层取心，钻进速度快。微切削型取心钻头以切削、研磨的方式破碎地层，适用于中硬、硬地层取心，多为各种聚晶金刚石烧结成胎体结构的金刚石钻头。研磨型取心钻头主要以研磨方式破碎地层，有表镶或孕镶天然金刚石与聚晶金刚石两种，适用于各种高研磨性的硬地层取心。

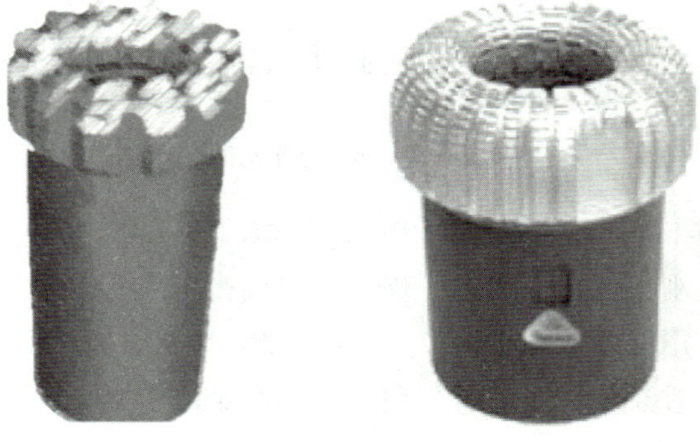

图 4-1-4　取心钻头

第二节　钻柱

钻柱是钻头以上、水龙头以下，各种钻具、接头、工具连接起来的入井管串，包括方钻杆、钻杆、加重钻杆、钻铤、转换接头、稳定器等井下工具。钻柱是钻井的重要工具，在转盘钻井时，靠它来传递破碎岩石所需要的能量，给井底施加钻压，以及循环钻井液等；在井下动力钻井时，井下动力钻具是用钻柱送到井底并靠它来承受反扭矩，同时钻头和动力钻具所需的液体能量也是通过钻柱输送到井底。钻柱结构如图 4-2-1 所示。

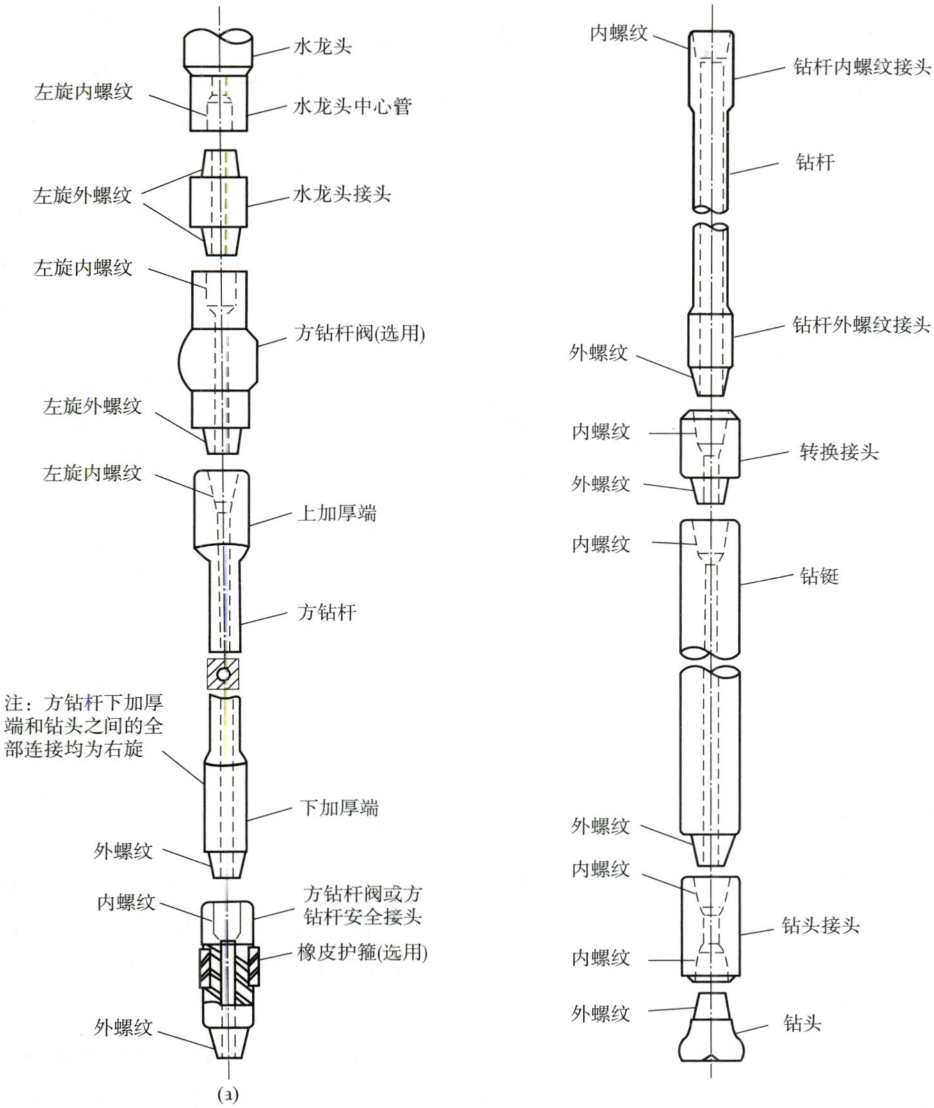

图 4-2-1 钻柱结构

一 方钻杆

在转盘钻井中，方钻杆位于钻柱的最上端，常见的有四方形和六方形两种。主要作用是传递扭矩并承受钻柱悬重；在动力钻井中，方钻杆承受钻柱悬重和反扭矩。标准方钻杆全长 12m 左右。为了适应钻柱配合的需要，方钻杆也有多种尺寸和接头类型。方钻杆的壁厚一般比钻杆大 3 倍左右，并用高强度合金钢制造，具有较大的抗拉屈服强度及抗扭屈服强度。方钻杆上接头为左旋螺纹（反扣），以防止方钻杆转动时卸扣。方钻杆下接头为右旋转螺纹（正扣）。方钻杆结构如图 4-2-2 所示。

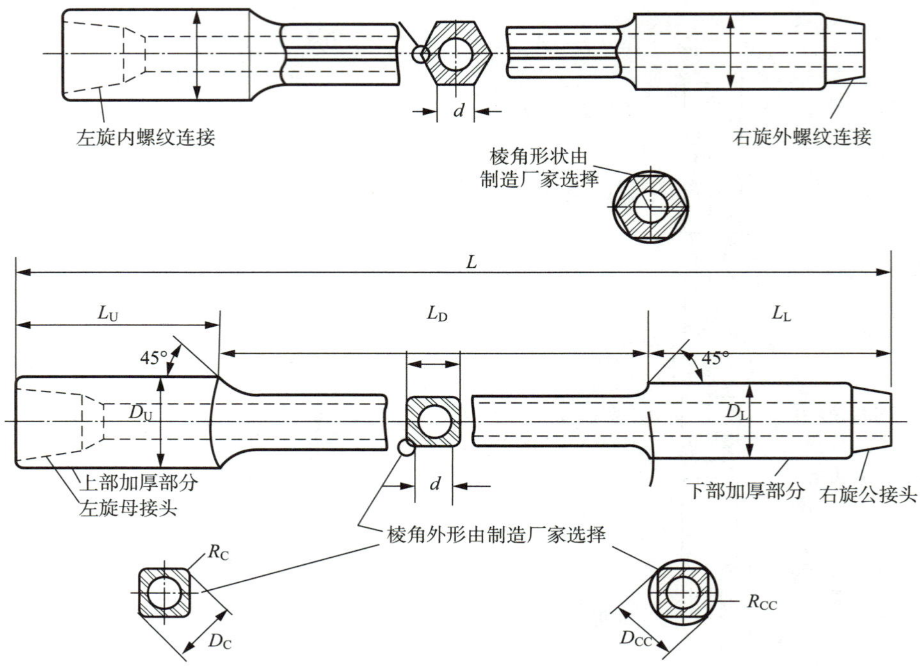

图 4-2-2　方钻杆结构

二　钻杆

钻杆为两端带接头的无缝钢管，长度一般为 9.45m 左右，壁厚一般在 10mm 左右。钻杆是组成钻柱的基本部件，其主要作用是承受拉伸载荷、传递扭矩和输送钻井液，并靠钻杆的逐渐加长使井眼不断加深。钻杆通常有 API 标准钻杆和非标钻杆两种类型。

1. 钻杆结构

钻杆由管体和接头两部分组成，采用摩擦对焊的方法连接在一起。钻杆接头分为带有外螺纹的接头和带有内螺纹的接头两种，分别对焊在钻杆管体的两端。钻杆柱是通过接头螺纹连接的，接头表面在上卸扣时会受到大钳咬合力的作用，所以钻杆接头壁厚较大，接头外径大于管体外径。为了增强管体与接头的连接强度，管体两端应加厚。加厚形式有内加厚、外加厚、内外加厚三种，钻杆加厚形式如图 4-2-3 所示。

（1）API 标准钻杆

接头均为旋转台肩式接头，台肩（或双台肩）是其密封区，螺纹只起连接作用。按连接螺纹的不同，钻杆接头可分为内平型（IF）、贯眼型（FH）、正规型（REG）和数字型（NC）四种。

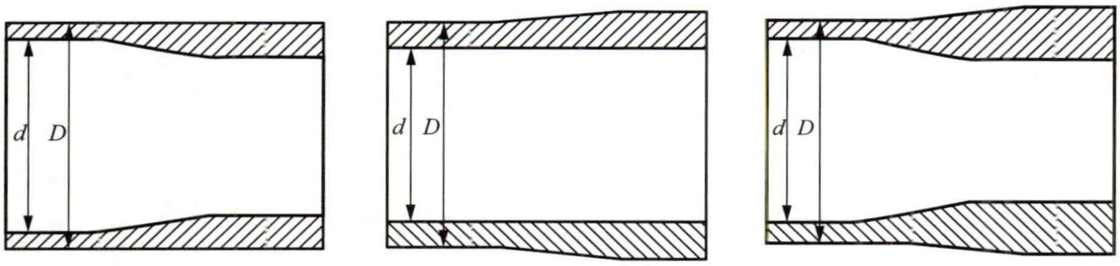

内加厚(IU)　　外加厚(EU)　　内外加厚(IEU)

图 4-2-3　钻杆加厚形式示意图

①内平接头。用于外加厚和内外加厚钻杆。这种钻杆加厚处的内径、接头内径、管体内径基本一致，故钻井液流动阻力小，有利于提高水功率。但接头外径大容易磨损，强度较低。

②贯眼型接头。适用于内加厚或内外加厚钻杆。其特点是钻杆有两个内径，接头内径等于管体加厚处内径，但小于管体内径。钻井液流动阻力大于内平式接头，但其外径小于正规式。

③正规接头。适用于内加厚的钻杆，接头内径小于钻杆加厚部分内径，加厚部分内径又小于管体内径。钻井液流动阻力最大，但外径小，强度较大。

④数字型接头。数字型系列接头是美国国家标准粗牙螺纹系列。NC 螺纹也是 V 型螺纹，有些 NC 型接头与旧 API 标准接头有相同的节圆直径、锥度、螺距和螺纹长度，可以互换使用。可互换接头类型的主要有 NC26–$2^3/_8$″ IF，NC31–$2^7/_8$″ IF，NC38–$3^1/_2$″ IF，NC40–4″FH，NC46–4″IF，NC50–$4^1/_2$″IF。

在钻柱中，除了钻杆接头外，配合接头、保护接头、方钻杆、钻铤及其他井下工具也都靠螺纹连接。上述各种接头及工具的螺纹类型都与钻杆接头的标准相一致。

（2）非标钻杆

非标钻杆优化了过渡带的结构，提高了钻杆防刺漏性能，同时加大了接头水眼尺寸，使水马力能得到充分利用，提高机械钻速。以 5" 钻杆为例，非标钻杆和 API 钻杆对比见表 4-2-1。

表 4-2-1　非标钻杆与 API 钻杆的基本参数对照

公称尺寸	5”	5”非标	不同点
钢级	S135	S135	
扣型	NC50	NC52T	●
本体外径 /mm	127	127	
本体内径 /mm	108.62	106.2	●
接头外径 /mm	168.3	172	●
母接头内径 /mm	88.9	100	●
公接头内径 /mm	69.8	88.9	●

续表

公称尺寸	5”	5”非标	不同点
母接头长度 /mm	280–305	254	●
公接头长度 /mm	228.6	203.2	●
壁厚 /mm	9.19	9.65	●
紧扣扭矩 /（kN·m）	51.6	50.3	●
闭排 /l/m	13.35	12.67	
开排 /l/m	4.19	3.80	●
质量 /（kg/m）	32.87	36.51	●
管体截面积 /mm^2	3403	3557.6	●
加厚段外径 /mm	131.8	136	●
加厚段内径 /mm	93.7	100	●
外加厚段长 /mm	220	280	●
加厚型式	IEU	EU	●
内容积 /（L/m）	9.16	8.89	●
抗扭强度（管体 / 接头）/（kN·m）	100.29/86	104.2/83.9	●
抗拉强度（管体 / 接头）/kN	3170/6904	3311/6431	●
抗内压强度 /MPa	117.9	124	●
抗挤强度 /MPa	108.16	119	●
牙型	V–0.038R	V–0.038R	
扣数	4 扣 /in	4 扣 /in	
锥度	1 ：6		
内涂层	DPC		

2. 钻杆接头类型的表示

① API 标准钻杆通常用三位数字表示接头类型。第一位数字表示钻杆本体外径，如 2、3、4、5、6、表示 $2^7/_8$″、$3^1/_2$″、$4^1/_2$″、5″、$5^1/_2$″、$5^9/_{16}$″、$6^5/_8$″的钻杆；第二位数字表示接头类型，1、2、3 分别表示内平式、贯眼式、正规式；第三位数字表示内外螺纹，1、0 分别表示外螺纹、内螺纹。例如 420 接头代表 $4^1/_2$″ 钻杆贯眼式内螺纹接头。

②非标钻杆。非标钻杆通常是厂家根据扣型特点、尺寸确定的，如 HLST39、NC52T、GPDS38 等。

3. 钻杆接头紧扣扭矩

钻杆使用过程中，螺纹必须施加一定的扭矩进行紧扣，称为紧扣扭矩。施加的紧扣扭矩不足可能导致螺纹密封失效从而被高压流体冲蚀破坏，或在钻进时继续紧扣，发生接头胀裂、脱扣等事故；施加的紧扣扭矩过大，则会损坏螺纹，甚至导致螺纹断裂。因此，上扣扭矩是否合理直接影响螺纹连接的可靠性和安全性。最小的上扣扭矩应不小于紧扣扭矩推荐值的 90%，但最大不应超过紧扣扭矩推荐值。钻杆接头扭矩参考值见附件 3，钻杆技术参数见附件 4。

三 加重钻杆

加重钻杆是一种和钻杆类似的中等重量钻具，其管壁比钻杆厚，比钻铤薄。管体两端和中部有超长的外加厚接头或外加厚段，兼有钻铤和钻杆的功能。加重钻杆还有一些特殊类型，如无磁承压钻杆、高强度系列和抗硫系列加重钻杆。加重钻杆结构示意图如图 4-2-4 所示，机械性能见表 4-2-2。

钻具组合中，加重钻杆一般加在钻杆与钻铤之间，防止钻杆的疲劳破坏。用它替代部分钻铤，在深井钻进中可以减少扭矩和提升负荷，增加钻深能力。在定向井中使用，可以在较低扭矩的情况下钻进，减少了钻柱的磨损和破裂。

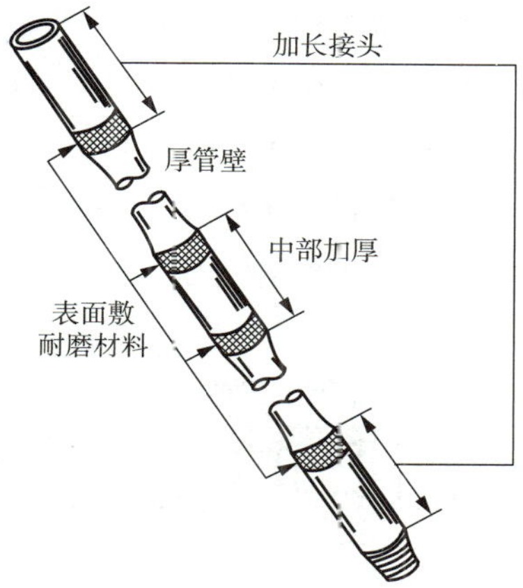

图 4-2-4 加重钻杆结构示意图

表 4-2-2 加重钻杆机械性能

抗拉强度 /MPa	屈服强度 /MPa	伸长率 /%	硬度 /HB
≥ 964	≥ 758	≥ 13	285 ~ 341

四 钻铤

钻铤位于钻柱的最下部，是下部钻柱组合的重要组成部分。与钻杆相比，钻铤的主要特点是壁厚大（一般为 38~ 53mm，相当于钻杆壁厚的 4 ~ 6 倍），具有较大的重量和刚度，可承受较大的轴向压力而不发生弯曲，在钻井过程中的主要作用是给钻头施加钻压，保证压缩条件下的必要强度，减轻钻头振动、摆动和跳动等，使钻头工作平稳，控制井身轨迹等。钻铤尺寸及相关参数见附件 5。

钻铤可分为圆柱式普通钻铤（A 型）、螺旋式钻铤（B 型）、无磁钻铤（C 型）等。钻铤的连接螺纹是在钻铤两端管体上直接加工。

1. 圆柱式普通钻铤（A 型）

圆柱式普通钻铤由合金钢制成、管体横截面内外皆为圆形，中心有水眼，壁厚较大，水眼较小，单位长度的质量比同尺寸的钻杆大 4 ~ 5 倍。普通圆钻铤结构示意图如图 4-2-5 所示。

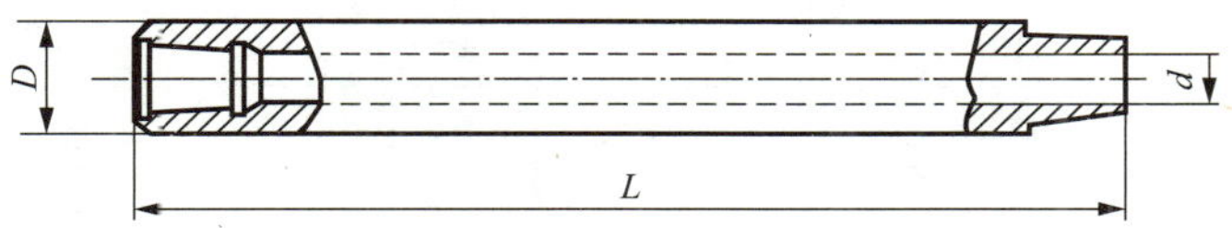

图 4-2-5 普通圆钻铤结构示意图

2. 螺旋式钻铤（B 型）

螺旋式钻铤（B 型）由合金钢制成、管体外表面具有螺旋槽。其与井壁的接触面积可减少 40%~50%，而其重力只减少 7%~10%。接触面积小，可减少发生粘附卡钻的可能性。螺旋钻铤结构示意图如图 4–2–6 所示。

3. 无磁钻铤（C 型）

无磁钻铤（C 型）用磁导率很低的合金钢制成，具有普通钻铤功能的同时还能够为定向井仪器（测斜仪器）提供一个不受磁场干扰的环境。

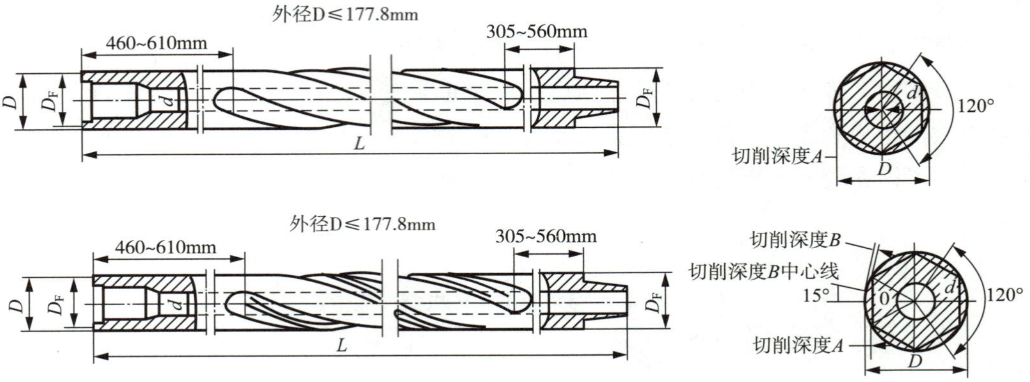

图 4–2–6　螺旋式钻铤结构示意图

五　转换接头

转换接头是钻柱中的连接构件，两端具有不同螺纹，用于钻柱截面从一种螺纹接头转换到另一种螺纹接头的短构件。转换接头可根据外形与使用分为三种型式：

A 型（同径式）：一只转换接头只有一个外径尺寸（*D*），代号为 JTA；

B 型（异径式）：一只转换接头有两个外径尺寸（*D*，*D*1），代号为 JTB；

C 型（左旋式）：转换接头的连接螺纹为左旋形式，代号为 JTC。

转换接头的结构型式见图 4–2–7，常用接头扣型尺寸见表 4–2–3。

表 4–2–3　常用接头扣型尺寸

接头扣型	外螺纹大端直径 /mm	外螺纹小端直径 /mm	内螺纹镗孔直径 /mm
2A11 × 2A10	73.1	60.4	74.6
211 × 210	86.1	71.3	87.7
311 × 310	102	85.1	103.6
4A11 × 4A10	122.8	103.7	124.6
411 × 410	133.4	114.3	134.9
321 × 320	101.4	77.6	102.8

续表

接头扣型	外螺纹大端直径 /mm	外螺纹小端直径 /mm	内螺纹镗孔直径 /mm
421 × 420	121.7	96.3	123.3
521 × 520	148	126.8	150
621 × 620	171.5	150.4	173.8
2A31 × 2A30	66.7	47.6	68.3
231 × 230	76.2	54	77.8
331 × 330	88.9	65.1	90.5
431 × 430	117.5	90.5	119.1
631 × 630	152.2	131	154
731 × 730	177.8	144.5	180.2
831 × 830	202	167.8	204.4

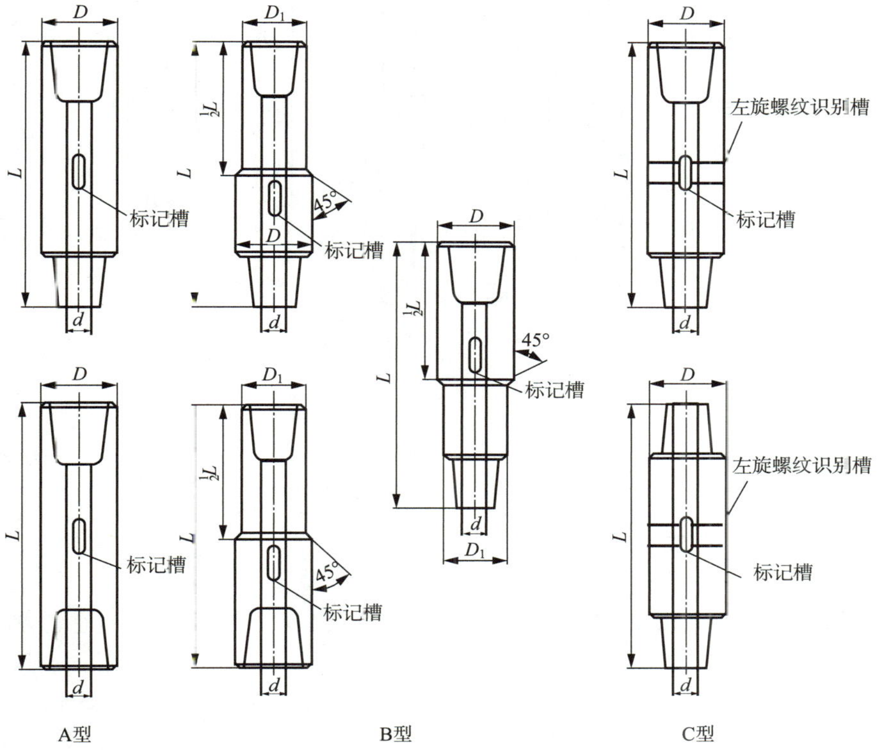

图 4-2-7　转换接头结构型式

六　稳定器

稳定器又称扶正器，是稳定井下钻具、控制井眼轨迹的工具，它是下部钻具组合的重要组件。常用结构形式可分为整体式、不转动橡胶套筒式和滚轮式等。稳定器的基本类型如图 4-2-8 所示。

稳定器的作用：

①钻直井时，在下部钻铤柱的适当位置安装一定数量的稳定器，组成防斜和降斜钻具组合，可起到防止井斜和纠正井斜的作用。

②钻定向井时，利用稳定器，可改变下部钻具组合的受力状态，达到控制井眼轨迹的目的。

③使用稳定器，能有效限制钻头的横向摆动，提高钻头工作的稳定性，从而延长钻头的使用寿命。

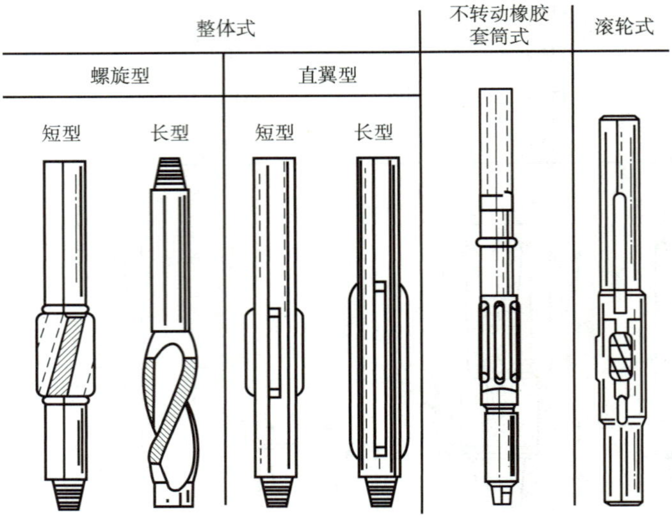

图 4-2-8　稳定器的基本类型

第三节　井下工具

用于井下施工作业的入井工具统称为井下工具，主要有井下打捞工具、井下动力钻具等。

一　井下打捞工具

在钻井施工中，出现井下落物，致使不能进行正常的钻井作业，需要对井下落物进行打捞。用于打捞井下落物的工具主要有公锥、母锥、随钻打捞杯、反循环打捞篮等。

（一）公锥

公锥是用在井下落鱼内孔部位造扣，进行打捞作业的一种常用打捞工具。是由高强度合金钢制成，并经过热处理。它对于带接箍的管类落物，打捞成功率很高。公锥分为右旋螺纹和左旋螺纹，为了便于造扣，开有排屑槽。公锥与正、反扣钻杆及其他工具配合，可用于不同的打捞工艺。打捞螺纹分锯齿形螺纹和三角形螺纹两种。公锥结构如图 4–3–1 所示。

（二）母锥

母锥是一种专门从钻铤、钻杆、油管等管状落物外壁进行造扣打捞的工具，由高强度合金钢制成，并经过热处理。主要用于圆柱形落物（现场俗称落鱼）的打捞。母锥结构如图 4–3–2 所示。

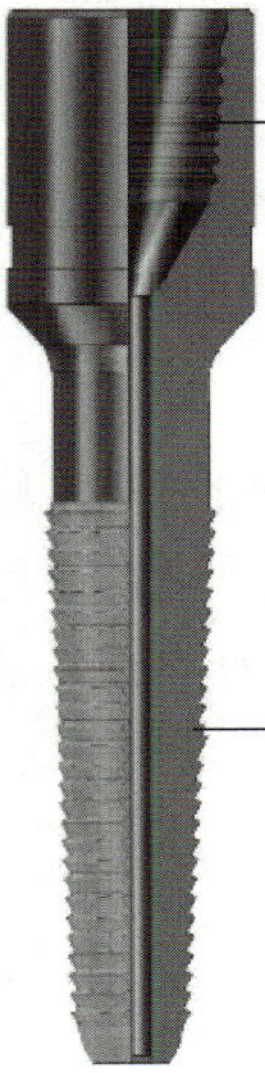

图 4–3–1　公锥结构

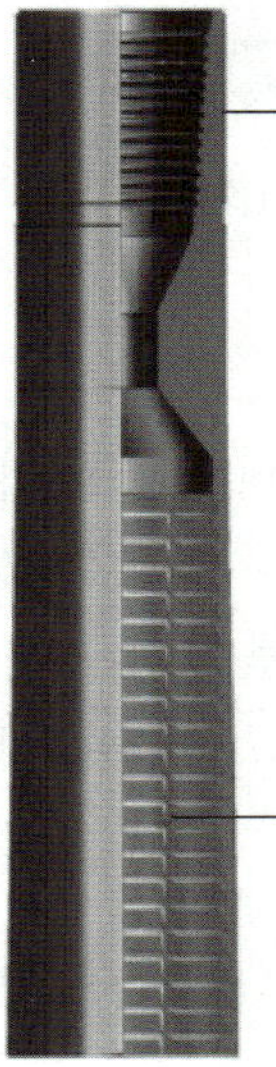

图 4–3–2　母锥结构

（三）随钻打捞杯

打捞杯，是用来捞取钻井过程中正常的钻井液循环无法带出井眼的较重钻屑或金属碎屑的一种实用有效的随钻工具。由心轴、扶正块、杯体等组成。打捞杯结构如图 4–3–3 所示。

（四）强磁打捞器

强磁打捞器是石油、地质钻探工作中打捞井下小件落物的工具。它具有结构简单、操作方便、性能可靠、体积小、重量轻等优点，利用本身所带永久磁铁将牙轮、巴掌、大钳牙以及工具等小件落物磁化吸起，从而有效地打捞小件落物，净化井底。主要由上接头、下接头、永久磁铁、钢圈、铜圈和平底引鞋等组成。强磁打捞器结构如图 4–3–4 所示。主要由上接头、本体、强磁铁等组成。

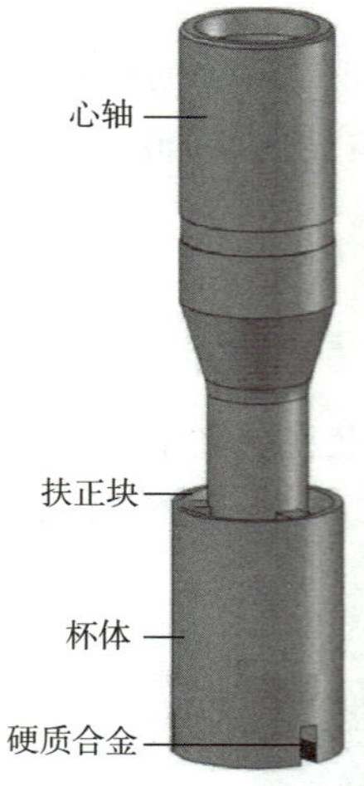

图 4–3–3　打捞杯结构

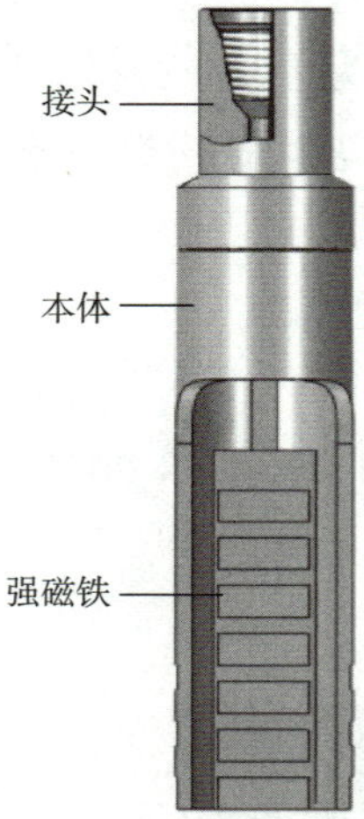

图 4–3–4　强磁打捞器结构

（五）反循环打捞篮

反循环打捞篮主要是利用工具的特殊结构，通过局部反循环作用捞取井下小落物的一种打捞工具，如钻头牙轮、牙片，碎铁及手工具等。它在打捞作业时，可在井底形成局部反循环，此时井下落物将被冲到打捞篮内。主要由上接头、筒体部件、铣鞋组成，内部由阀体、钢球、阀座及打捞爪盘部件组成。反循环打捞篮如图 4–3–5 所示。

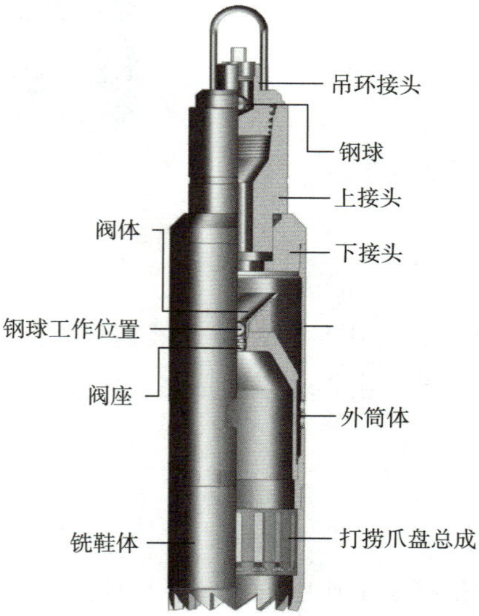

图 4–3–5　反循环打捞篮结构

（六）内钩捞绳器与外捞矛

内钩捞绳器是在井眼畅通的情况下，从井筒内打捞电缆、钢丝等绳状落物工具。内钩捞绳器也叫内捞矛，把厚壁钢管割开，内壁焊上挂钩制成。内钩捞绳器如图 4–3–6 所示。

外捞矛是在井筒内打捞测井电缆、钢丝等绳状落物的工具。外捞矛工具的加工必须保证强度要求，严禁用有缝钢管加工，一般情况下采用 5″ 钻杆或 3.5″ 钻杆加工。外捞矛由接头、挡绳帽、本体和捞钩组成。外捞矛结构如图 4–3–7 所示。

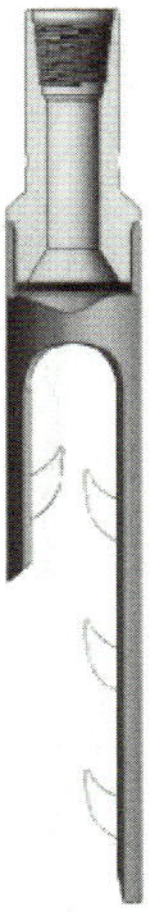

图 4–3–6　内钩捞绳器结构

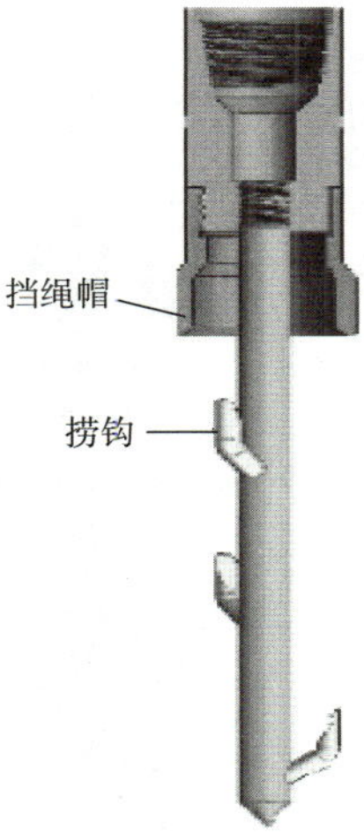

图 4–3–7　外捞矛结构

（七）打捞矛

可退式卡瓦打捞矛是从落鱼内孔进行打捞的一种工具，主要用于打捞钻杆、油管、套管等。可退式打捞矛由心轴、卡瓦、释放环、引锥等组成，每个型号的捞矛可配多个不同尺寸的卡瓦，供作业时选用。可退式卡瓦打捞矛如图 4–3–8 所示。

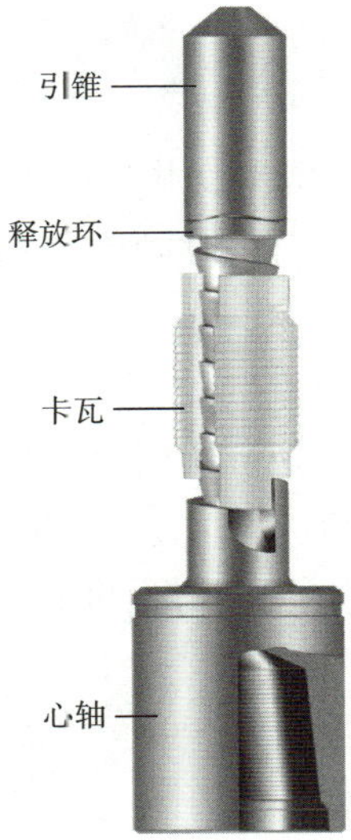

图 4–3–8　可退式卡瓦打捞矛结构

（八）卡瓦打捞筒

卡瓦打捞筒是从落鱼外部抓捞落鱼的一种打捞工具。它可以打捞钻铤、钻杆、油管、接头、接箍和其他管柱。它具有密封结构，抓住落鱼后能进行循环。若抓住的落鱼被卡，也容易退出。还带有铣鞋，可以修理鱼顶裂口、飞边，便于落鱼顺利进入捞筒。可连接加大引鞋、壁钩、加长节等。由上接头、筒体、引鞋组成。内部装有抓捞卡瓦、盘根和铣鞋或控制环（卡）。

卡瓦打捞筒结构如图 4-3-9 所示。

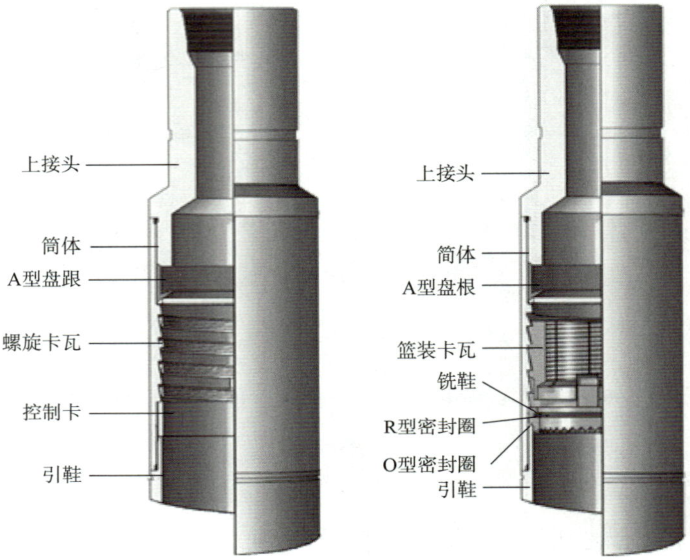

图 4-3-9　卡瓦打捞筒结构

二　井下动力钻具

井下动力钻具是定向井、丛式井、大斜度井、水平井的常用钻井工具。主要有螺杆钻具、涡轮钻具和电动钻具三种。下面以螺杆钻具为例进行介绍。

（一）工作原理

螺杆钻具是一种以钻井液为动力，把液体压力能转为机械能的容积式井下动力钻具。当钻井泵泵出的泥浆流经旁通阀进入马达，在马达的进、出口形成一定的压力差，推动转子绕定子的轴线旋转，并将转速和扭矩通过万向轴和传动轴传递给钻头，从而实现钻井作业。

（二）结构及作用

螺杆钻具主要由旁通阀总成 、马达总成 、万向轴总成、传动轴总成 、导向总成组成。

螺杆钻具结构如图 4-3-10 所示。

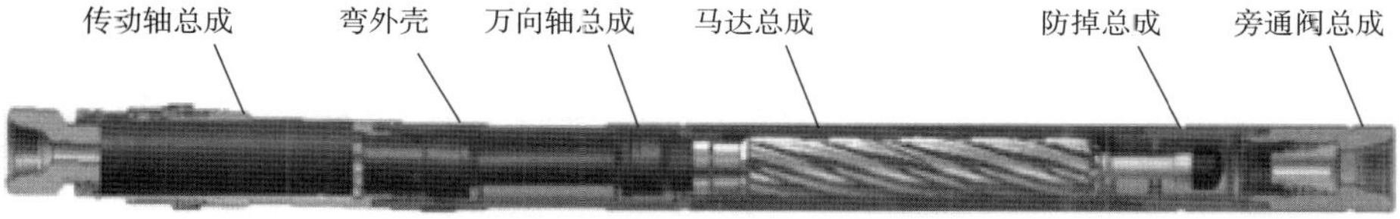

图 4-3-10　螺杆钻具结构

旁通阀总成。由阀体、阀芯、阀套、弹簧、筛板、密封件、孔用挡圈组成。其功用是下钻时，井眼中的钻井液由旁通阀引入钻杆柱内，减小下钻过程的阻力，平衡钻杆内外液柱压力。起钻时，钻井液由钻具内经旁通阀侧孔流入环空。工作时，高压钻井液流经旁通阀，推动阀芯，压缩弹簧，关闭旁通阀侧孔，所有钻井液流经马达，把压力能转换为机械能。旁通阀总成结构如图 4-3-11 所示。

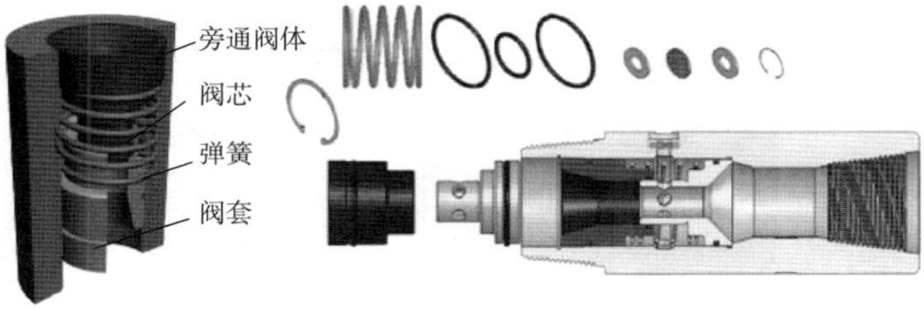

图 4-3-11　旁通阀总成结构

马达总成。马达由转子和定子两部分组成。其作用是在钻井液压力能的作用下，转子在定子中作连续转动。马达总成如图 4-3-12 所示。

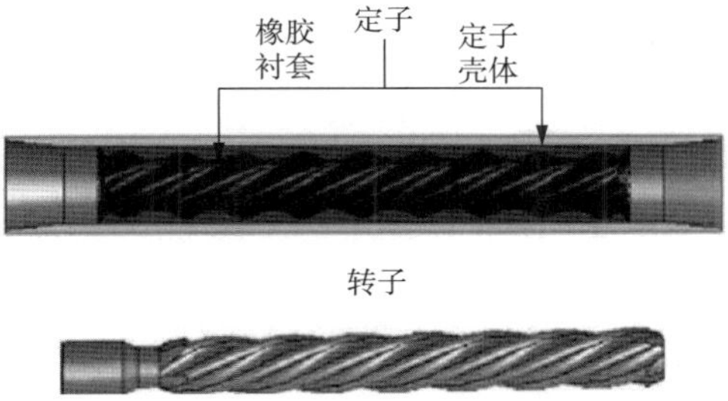

图 4-3-12　马达总成

万向轴总成。主要由万向轴和壳体组成。其作用是将马达的偏心运动变换为传动轴的旋转，同时传递扭矩给传动轴，以达到钻井的目的。万向轴总成如图 4-3-13 所示。

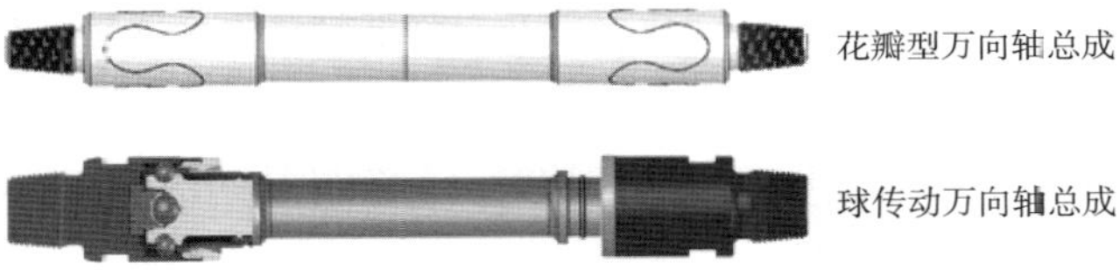

图 4-3-13　万向轴总成

第四章　钻头与钻柱

传动轴总成。主要由壳体、传动轴、上止推轴承、下止推轴承、径向扶正轴承、限流器及其他辅助零件等组成。其作用是将马达的旋转扭矩传递给钻头，同时承受钻压所产生的轴向和径向负荷。传动轴总成如图 4–3–14 所示。

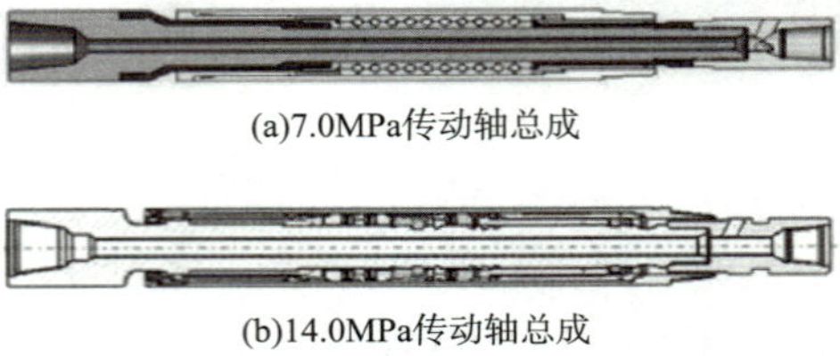

(a)7.0MPa传动轴总成

(b)14.0MPa传动轴总成

图 4–3–14　传动轴总成

导向总成。由短节、弯接头、壳体组成。其作用是使螺杆钻具形成单弯导向钻具，提高造斜率。导向总成如图 4–3–15 所示。

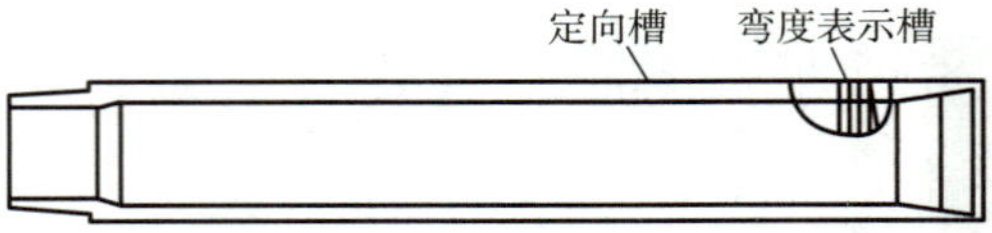

图 4–3–15　导向总成

（三）螺杆钻具的使用方法

1. 地面检查试验

①将螺杆钻具提起坐入转盘，卡好卡瓦，装上安全卡瓦卸去提升短节。

②接上方钻杆，卸去安全卡瓦，提出卡瓦，下放钻具使旁通阀阀口处于转盘下易于观察的位置。

③开泵：逐渐提高排量直到旁通阀关闭，证明弯通阀工作正常，马达启动为止，记下排量值。不停泵上提钻具至能看见转动的驱动接头为止。在此过程中可能有部分钻井液经轴承组流出，观察钻具运转情况。停泵前应再下放钻具，让旁通阀阀口位于转盘以下，检查停泵时是否钻井液经旁通阀阀口顺利流出。

④地面检查试验结束后，用吊钳卡住驱动接头，与钻头盒配合，把钻头和钻具接上，紧扣至规定扭矩。此时应注意传动轴驱动接头相对于上面壳体是逆时针转动，防止内部螺纹松扣。

⑤使用弯接头时，定向装置带的“转盘套”和定位键必须和工具面对正，如果要用回压凡尔，可直接安装在旁通阀上方。如果在驱动接头和钻头之间还要加转换接头，建议不应超过 250mm，以免产生过多的方位变化，以及会降低轴承寿命或损坏传动轴。

2. 下钻

①下钻时，严格控制下放速度，以防过快时马达倒转使内部连接螺纹脱扣，同时防止在通过砂桥、套管鞋等处损坏钻具。

②当下入深井段或流砂层井段，应定期循环，防止砂堵。

③钻具接近井底时要放慢速度，避免顿钻。

3. 钻进

①钻进前应充分循环清洗井底。循环时先小排量开泵，视情况再逐渐加大排量。

②开始钻进时应缓慢加钻压，时刻观察泵压变化。

③钻进时要均匀送钻，保证井眼曲线光滑和定向精度准确。

4. 起钻

①起钻前应充分循环，保证井眼畅通。

②起钻应注意起钻速度，以防卡钻。

思考题

1. 与牙轮钻头相比，PDC 钻头有哪些优点？
2. 反循环打捞篮是打捞什么的工具？
3. 为什么钻柱下部使用钻铤而不使用钻杆？
4. 钻柱的哪些部位受力最严重？都受到什么载荷的作用？
5. 钻头和钻井管柱的主要作用分别有什么？
6. 常用井下打捞工具有哪些？

扫一扫
获取更多资源

第五章

井控技术和设备

PART 5

石油钻井井控是石油与天然气勘探开发过程中极为重要的环节，也是石油与天然气安全生产的前提和保障。现阶段，随着油气勘探开发技术水平的突飞猛进，勘探领域不断延伸，钻井施工难度越来越大，对井控技术和钻井相关人员的要求也越来越高。

第一节　井控工艺技术

井控技术就是在油气井作业过程中，为了保护油气层，对井内流体的压力平衡进行合理控制，防止井喷事故发生的一系列工程技术。

一　基本概念

井控。井控是实施油气井压力控制的简称。

井侵。当地层孔隙压力大于井底压力时，地层孔隙中的流体（油、气、水）侵入井内的现象，通常称为井侵。

溢流。井侵发生后，井口返出的钻井液量大于泵入液量或停泵后井口钻井液自动外溢的现象称为溢流。

井涌。溢流进一步发展，钻井液涌出井口的现象称为井涌。

井喷。地层流体（油、气、水）无控制地流入井内并喷出地面的现象称为井喷。根据井喷流体喷出位置的不同，井喷分为地面井喷和地下井喷。地面井喷是指井喷流体经井筒喷出地面的现象。地下井喷是指井喷流体经井筒流入其他低压地层的现象。

井喷失控。井喷发生后，无法用常规方法控制井口而出现敞喷的现象称为井喷失控。

井控分级。根据井控内容和控制地层压力程度的不同，井控作业通常分为三级，即一级井控、二级井控和三级井控。一级井控是指正常钻进和钻进高压油气层时，利用井内钻井液柱压力控制地层压力的方法，即无溢流产生的井控技术。一级井控工作是钻井过程中井控工作的基础。二级井控是指溢流或井喷发生后，通过实施关井与压井，重新建立井内压力平衡的工艺技术。三级井控是指井喷失控后，重新恢复对井口控制的井控技术。

二　井喷的危害

在石油天然气勘探开发过程中，地层流体（油、气、水）一旦失去控制进入井内，就会导致井喷或井喷失控，使井下情况复杂化，无法进行正常作业。天然气井，尤其是含硫化氢的天然气井井喷过程中，如果处理方法和措施不当，极易引起井喷失控着火、井场爆炸、井场下陷等灾难性事故。井喷事故不仅直接影响着钻井施工期间作业人员、钻井设备和油气资源的安全，而且还会导致巨大的经济损失，造成严重的环境污染和不良社会影响。井喷失控的危害可概括为以下几个方面：

①打乱全面的正常工作秩序，影响全局生产。

②使钻井事故复杂化。

③井喷失控极易引起火灾和地层塌陷，影响周围千家万户的生命安全，造成环境污染，影响农田水利、渔场、牧场、林场建设。

④伤害油气层、破坏地下油气资源。

⑤造成机毁人亡和油气井报废，带来巨大的经济损失。

⑥涉及面广，在国际、国内造成不良的社会影响。

三 井下各种压力

压力是井控最重要的基本概念之一。油气井压力控制主要任务表现在两个方面：一是通过控制钻井液密度使钻井在合适的井底压力与地层压力差下进行；二是在地层流体侵入井眼后，通过调整钻井液密度及控制井口压力，将侵入井眼与钻具环空内的地层流体排除，并建立新的井底压力与地层压力平衡。

（一）压力及其表示方式

压力的定义：在石油工业中常用压力代替压强，即物体单位面积上受到的垂直力，单位是帕斯卡，符号是 Pa。大气压的换算关系是：

工程大气压 $=1kgf/cm^2=98.0665kPa \approx 100kPa=0.1MPa$

英制中，压力的单位是每平方英寸上多少磅，即 psi。换算关系是：

$1psi=6.895kPa$

根据需要，压力有时用千帕（kPa）或兆帕（MPa）表示：

$1kPa=1 \times 10^3Pa$

$1MPa=1 \times 10^6Pa$

（二）静液压力

静液压力是由静止液柱的重量产生的压力，其大小只取决于液体密度和液柱垂直高度。

（三）波动压力

由于井内钻具或流体上下运动而引起井底压力增加或减少的压力值称为波动压力，是抽汲压力和激动压力的统称。

1. 抽汲压力

抽汲压力是指上提管柱时，由于钻井液的运动引起的井内压力瞬时降低值。在起管柱时，因管柱上升而空出来的井眼空间以及钻井液因黏滞性附于管柱上随管柱上行而空出来的空间，使其上面的钻井液向下流动充填，而使井底压力降低的值。

2. 激动压力

激动压力是指由于下钻或钻井泵启动速率过快，引起的井内压力瞬时增加值。下管柱时，因管柱下行挤出该处的钻井液，使其向上流动或开泵时钻井液流动受到的阻力，其结果是增大井底压力。

3. 影响波动压力的因素

①管柱的起下速度。起钻时，钻具底部产生负压，使井底压力减小；下钻时，井底压力增加，速度越大，增加值越大。起下管柱速度是影响波动压力的主要因素。

②钻井液性能（黏度、静切力、密度等）。钻井液的黏度越高、密度越大、静切力越大，钻井液从静止状态到流动状态所克服的流动阻力就越大。因此，井内钻柱上下运动时就会造成过大的波动压力。

③井眼和管柱之间的环形空隙。间隙越小，流动阻力越大，波动压力越大。

④惯性力。在起下钻具或接单根等作业中，钻柱的运动有加速和减速的过程，由此而产生惯性力，使井内压力产生波动。惯性力越大，波动压力就越大。

4. 减少波动压力的措施

①严格控制起下钻速度，防止速度过快，尤其是钻头在井底附近时，更应该高度重视。

②严禁猛提猛刹，防止产生过大的惯性力引起的波动压力。

③起钻前充分循环钻井液，使其性能均匀，进出口密度差不超过 0.02g/cm^3。同时调整好钻井液性能，防止黏度、切力过高产生较大的波动压力。

④应保持井眼畅通，防止缩径、泥包等引起严重抽汲。

（四）井底压力

井底压力是指地面和井内各种压力作用在井底的总和。这个压力随着不同的钻井作业工况而变化。钻井液静液柱压力、环空流动阻力、激动压力、抽汲压力、地面回压以及侵入井内的地层流体静液柱压力等都可能影响着井底压力。

（五）地层压力

地层压力是指作用在地下岩石孔隙内流体上的压力，也称孔隙压力。正常情况下，地下某一深度的地层压力等于地层流体作用于该处的静液压力，这个压力就是由某深度以上地层流体静液压力形成的。盐水是常见的地层流体，密度大约为 1.07g/cm^3。进行地层压力的预测、监测，能在钻井过程中及早认识异常高压地层，以确保钻井施工的安全。预测地层压力有两种方法：一是参考地震资料；二是参考邻井资料。监测异常地层压力常用的检测方法主要有指数法、页岩密度法、声波时差法、RFT 电缆测试法与井下压力仪器检测法等。

（六）地层破裂压力

在井筒中，当井底压力达到某一值时会使地层破裂，这个压力称为地层破裂压力。现场一般在钻至套管鞋以下第一个砂层需要进行地层破裂压力试验。试验方法一般如下：

①井眼准备：钻开套管鞋以下第一个砂层后，循环调整钻井液性能（尤其是试验密度），使钻井液密度均匀稳定。一般钻 3～5m，最多不超过 10m 的新井眼。

②将钻头提至套管鞋内，关封井器（一般关半封闸板防喷器）。

③缓慢启动泵，以小排量 0.8～1.32L/s 向井内泵入钻井液，如排量过大，地层可能突然断裂，钻井液很快漏失，难以确定漏失压力。

④准确记录不同时间的泵入量和立管压力。当井内压力不再升高并有下降时，停泵，记录数据后，从节流阀泄压。

⑤在直角坐标系中作出立管压力与泵入量的试验曲线；如果泵速不变，也可作出立管压力和泵入时间的关系曲线。

⑥如图 5-1-1 所示，从图上确定各个压力值。漏失压力 P_L，即开始偏离直线的点所对应的压力值，此点之后的压力仍然上升；破裂压力 P_r，即压力最大值之点，此点之后压力下降；传播压力 P_{ro}，即压力趋于平缓之点。我们以漏失压力来计算地层的破裂压力。

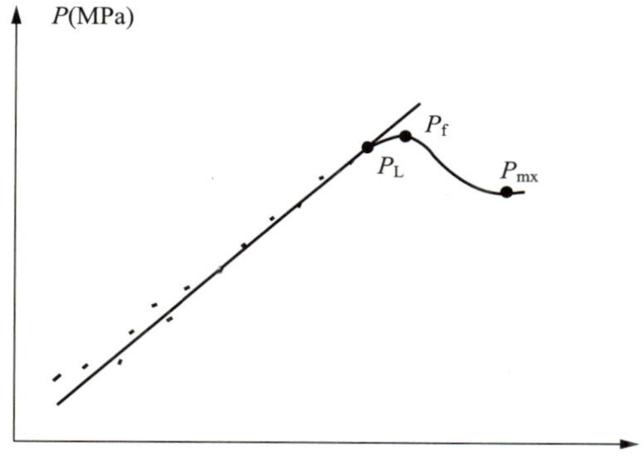

图 5-1-1　地层破裂压力试验曲线图

⑦地层破裂压力当量密度（ρ_f）的计算

$$\rho_f=\rho_a+P_L/0.0098H_f$$

式中　ρ_f——破裂压力当量密度，g/cm^3；

ρ_a——试验所用的钻井液密度，g/cm^3；

P_L——地层漏失时的井口压力，MPa；

H_f——套管鞋处垂深，m。

⑧确定最大允许钻井液密度 ρ_{max}。考虑安全附加压力，实际允许的最大钻井液密度应小于地层破裂压力当量钻井液密度。通常表层套管取安全附加压力 S_f=0.06g/cm^3，技术套管 S_f=0.12g/cm^3，则：

表层套管以下：$\rho_{max}=\rho_f-0.06$，g/cm^3

技术套管以下：$\rho_{max}=\rho_f-0.12$，g/cm^3

（七）异常高压和异常低压

地层压力大于正常压力时，称为异常高压。反之，地层压力小于正常压力时，称为异常低压。这种情况通常发生于衰竭的产层和大孔隙的地层。砂岩层的正常和异常压力如图5–1–2所示。

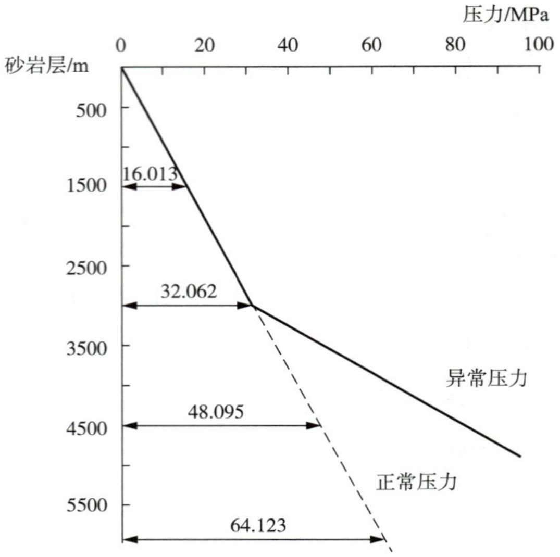

图 5–1–2　砂岩层的正常和异常压力

（八）井底压差

井底压差是井底压力与地层压力之间的差值。如果井底压力大于地层压力，其差值为正；如果井底压力小于地层压力，其差值为负。

（九）泵压、立压与套压

泵压。泵压是指钻井泵出口端的钻井液压力，即克服地面管汇、井内循环系统摩擦损失和钻头水力作功所需要的压力。正常情况下，摩擦损失发生在地面管汇、钻具、钻头和环形空间。如果环形空间与管柱之间压力不平衡，也将影响泵压。

立管压力（立压）。循环立压是指开泵循环时立管处的压力，其大小主要受泵排量、钻具及钻头水眼截面积、钻井液性能等因素影响；关井立压是指关井后井内压力平衡时立管压力值。

关井套压。关井套压是指关井后井内压力平衡时套管压力值。

圈闭压力。圈闭压力是指从关井立管压力表及关井套管压力表记录到的超过实际压力的关井压力值。

四 溢流检测

在钻井作业过程中，地层流体可能会以各种方式侵入井内，形成井侵，污染钻井液，导致钻井液密度下降，而使井底压力降低。降低的井底压力一旦使井内压力小于地层压力，就会发生溢流。及时发现溢流并采取正确的关井操作程序迅速地控制住井口，是防止井喷事故发生的关键。

（一）溢流的原因

发生溢流的根本原因就是井底压力小于地层压力，而导致井底压力小于地层压力的因素主要有以下几个方面：地层压力异常；钻井液密度过低；钻井液漏失；起钻未灌满钻井液；过大的抽汲压力；其他原因如中途测试控制不好、未能处理好气侵钻井液、射孔后出现负压、固井水泥失重等。

（二）溢流的显示与检测

钻井中发生溢流时将会出现一些异常显示，利用这些显示信号可以对溢流进行判断和检测。

溢流的可能显示信号与检测。在溢流发生时会出现钻时加快或放空，悬重增加，立压变化，泵速加快，扭矩变大，出口流量变大，出口温度升高，出口电导率增大，出口密度降低，循环池体积增加等异常现象。若为天然气溢流，还会出现全烃值增加；若为 H_2S、CO_2 气体溢流，还会出现 H_2S、CO_2 气体浓度增加，pH 值降低；若为盐水溢流，还会出现［Cl^-］含量增加等异常现象。

溢流的可靠显示与检测。钻井液池液面上升；钻井液返出速度增加；起下钻灌浆量异常；停泵后井口外溢。

（三）坐岗要求

在钻井过程中应落实坐岗观察制度确保及时发现异常情况。开发井从钻开油气层前100m，探井从安装防喷器到完井，均应安排专人24h坐岗观察溢流显示和循环池液面变化，并定时将观察情况记录于“井控坐岗记录表”中。坐岗人员的工作要求：

①钻进中注意观察钻时、放空、井漏、气测异常和钻井液出口流量、气泡、气味、油花等情况，及时测量钻井液密度、黏度、氯根含量、循环池液面等的变化，并做好记录；

②起下钻中注意观察、记录、核对起出（下入）钻具体积和灌入（排出）钻井液体积。坐岗人员发现溢流、井漏及油气显示等异常情况，应立即报告司钻。

（四）低泵速循环压力

每只钻头入井钻进前及每天钻进前，都要以正常排量的1/3～1/2测低泵速循环压力，并作好泵冲数、排量、泵压记录，当钻井液性能或钻具组合发生较大变化及进尺超过150m

之后应及时补测。

（五）溢流的预防

1. 起下钻时溢流的预防

在钻井所有的工况中，起钻时的井底压力最低，在起钻过程中发生溢流的可能性最大，所以在起下钻过程中的溢流预防与检测工作尤其重要。

（1）起钻前的准备工作

在开始起钻前，钻井液应处于良好的状态，至少循环一个循环周，达到没有井漏、没有油气水侵显示、进出口钻井液密度差不超过 $0.02g/cm^3$、油气上窜速度满足下步施工作业的安全要求。

卸方钻杆或顶驱前，应将灌液罐充满合适密度的钻井液并倒好流程，处于待命状态。

起钻前应检查好备用的内防喷工具，包括钻具安全阀（旋塞阀）、钻具止回阀以及所有必需的钻杆、配合接头及专用工具，放在钻台上相应的地方，钻具安全阀及抢接装置应处于全开状态。

起钻前可以将一段重钻井液顶替到钻柱中，做到干起以防止钻井液返喷。准备好起下钻施工单或坐岗记录表，以便随时校核灌浆量。

（2）起钻时溢流的预防

①连续灌液。使用灌液罐时，可以通过灌液泵循环并监视罐内钻井液量实现连续灌浆，填写起下钻坐岗记录。如果无法实现连续灌浆，可以采用间歇灌液的方法，最多每起 3 柱钻杆就要灌满一次井眼并校核一次灌入量。

②正确计量灌液量。如果灌入量小于起出钻具体积应停止起钻，进行溢流检测，发现溢流立刻关井；如果没有溢流，应下钻到底并循环一周后重新起钻。溢流检测方法是在停泵状态下观察井口是否存在自动外溢以确定是否有溢流发生。溢流检测的时间一般为 5 ~ 10min。如果发现异常情况，应随时进行检测。

③控制起钻速度。尽量控制起钻抽汲压力在允许范围之内。钻头在油气层中和油气层顶部以上 300m 井段内起钻速度不得超过 0.5m/s。如果由于其他原因停止起钻，应安装钻具安全阀（旋塞阀）并关闭，起钻完后应通过灌液罐进行循环以确保井眼充满。

（3）下钻时溢流的预防

①使用灌液罐。同起钻时利用灌液罐监视井下状况一样，下钻时用灌液罐监测返出的钻井液量是否与下入钻具排代体积相符。一旦发现返出量异常，应立即采取有效措施。分段下钻并开泵循环。为了降低过高激动压力，应根据井眼状况、钻井液性能情况、下入钻柱长度决定中途开泵次数。一般裸眼井段分次开泵顶通再下，应避开井壁不稳定井段。对于已下入技术套管的井，在钻柱进入裸眼段之前开泵循环。开泵前应充分灌满钻具内，并排出空气防止把大量气体压入井内。

②钻杆内灌满钻井液。如果安装钻杆回压阀，每下 10 ~ 15 柱钻杆应灌满钻杆内一次。钻具在裸眼内时，为避免发生卡钻，灌液时应保持活动钻具。灌液时应利用灌液罐以保证

准确的灌液量。

2. 钻进时溢流的预防

钻进时应严格设计施工，做好随钻地层压力监测并相应调整钻井液密度，及时处理井漏等复杂问题，发现溢流显示及时进行溢流检测。

3. 钻开油气层时溢流的预防

（1）钻开油气层前的准备

钻开油气层前，应进行地层承压能力试验。一般在进入油气层前 50 ~ 100m，按照设计最高钻井液密度值，对裸眼地层进行承压能力试验。地层承压能力试验的方法与破裂压力试验相似，但不要求将地层压漏。只要井底压力当量密度等于设计打开油气层最高钻井液密度值且压力稳定即可。落实邻近注水（气）井和抽油井的停注、泄压以及停抽工作。打开油气层前应指定专人按要求检查邻近注水（气）井停注、泄压情况。另外由于邻近抽油井有可能会导致严重井漏，所以邻近抽油井也应在打开油气层前及时关闭。

①井控演习。作业班组每月不少于一次不同工况的防喷演习。钻进作业和空井状态应在 3min 内控制住井口，起下钻作业状态应在 5min 之内控制住井口，并将演习情况记录于"防喷演习记录表"中。对演习中出现的问题及时讲评和纠正。此外，在各次开钻前、特殊作业（取心、测试、空井作业等）前，都应进行防喷演习，并达到合格要求。

②防火、防硫化氢演习。钻井队应组织全队职工进行防火演习，含硫地区钻井还应进行防硫化氢演习，并检查落实各方面安全预防工作，直至合格为止。

③干部值班。强化钻井队干部 24h 轮流值班带班制度，负责检查、监督各岗位严格执行井控岗位责任制，发现问题立即督促整改。

④检查所有井控装置、电路和气路的安装是否符合规定，功能是否正常，发现问题及时整改。

⑤按设计要求储备足够的加重钻井液和加重材料、堵漏剂、除硫剂等，并对储备加重钻井液定期循环处理。

（2）钻开油气层

①应严格按工程设计选择钻井液类型和密度值，钻井中要进行以监测地层压力为主的随钻监测，绘出全井地层压力梯度曲线。

②发生卡钻需泡油、混油或因其他原因需适当调整钻井液密度时，井筒液柱压力不应小于裸眼段中的最高地层压力。

③发现气侵应及时除气，气侵钻井液未经除气不得重新注入井内。如果要对气侵钻井液加重，应在对气侵钻井液除气后停止钻进的情况下进行，严禁边钻进边加重。

④钻进中发生井漏应将钻具提离井底，方钻杆提出转盘，以便关井观察，观察时采取定时、定量反灌钻井液措施保持井内液柱压力与地层压力平衡，防止发生溢流，其后采取相应措施处理井漏。

（3）起下钻作业

起钻前充分循环与调整井内钻井液，使其性能均匀，保持钻井液有良好的造壁性和流变性，进出口密度差不超过 0.02g/cm^3。

下列情况需进行短程起下钻检查油气侵和溢流：

①钻开油气层后第一次起钻。

②溢流压井后起钻。

③钻开油气层井漏堵漏后起钻或尚未完全堵住起钻前。

④钻进中曾发生严重油气侵但未溢流情况下起钻。

⑤钻头在井底连续长时间工作后中途需修整井壁时。

⑥需长时间停止循环进行其他作业（电测、下套管、中途测试等）时起钻。

短程起下钻的两种基本做法：

①一般情况下在正式起钻之前先试起 10 ~ 15 柱钻具，再下入井底开泵循环一周，在确认无溢流后方可正式起钻。否则，应循环压稳后方可正式起钻。

②特殊情况时（需长时间停止循环或井下复杂），将钻具起至套管鞋内或安全井段，停泵检查一个起下钻周期或需停泵工作时间，再下至井底循环一周观察。

起钻中严格按规定及时向井内灌满钻井液，并做好记录、校核，及时发现异常情况；钻头在油气层中和油气层顶部以上 300m 内起钻速度不得超过 0.5m/s。在疏松地层，特别是造浆性强的地层，遇阻划眼时应保持足够的排量，防止钻头泥包。起完钻应及时下钻，严禁在空井情况下进行设备检修。

④其他作业时的井控工作

电测前井内情况应正常、稳定；若电测时间长，应考虑中途通井循环再电测。下套管前，应换装与套管尺寸相同的防喷器闸板芯子并按标准试压；固井全过程（起钻、下套管、固井）保证井内压力平衡，尤其防止注水泥期间的井漏和候凝期间因水泥失重造成井内压力平衡的破坏，甚至发生井喷。

中途测试和先期完成井，在进行作业以前观察一个作业期时间；起下钻杆或油管应在井口装置符合安装、试压要求的前提下进行。

在油气层钻井的整个过程中，应加强溢流预兆及显示的观察，做到及时发现溢流。“坐岗”观察人员应按设计要求开始“坐岗”，上岗前应经钻井队技术人员技术培训。

五 关井

发现溢流立即关井，疑似溢流关井观察。发现溢流后迅速正确关井，是防止发生井喷的必要措施。迅速实现对井口的控制，有利于阻止地层流体继续进入井内，使井内有更多的钻井液来保持环空液柱压力，有利于防止关井套压值过高和准确计算地层压力与压井液密度。关井后应及时求得关井立压、关井套压和溢流量，并根据关井立压和套压的不同情况，分别采取相应处理措施。

现场要以班组为单位，落实井控责任制。班组应保证每月不少于一次不同工况的防喷演习。钻进作业和空井状态应在 3min 内控制住井口，起下钻作业状态应在 5min 之内控制住井口。

（一）关井方法及信号手势

1. 关井原则

①关井要及时、果断。发生溢流后，准确无误地迅速关井是防止井喷的唯一正确措施。发现溢流后关井越早、越快，溢流量就越小，从而可以最大限度地减少静液压力的损失；静液压力越高，井口压力越低，井控作业的风险就越低。所以，应该在发现溢流的第一时间进行关井。

②关井套压不能超过最大允许关井套压。关井中为确保地面设备、套管的安全和地层不被压裂，合理控制关井套压，最大允许关井套压应不超过井口装置额定工作压力、套管抗内压强度的 80% 和薄弱地层破裂压力的最小值。

2. 关井方法

发生溢流后有两种关井方法：一是硬关井；二是软关井。

①硬关井。硬关井是指关防喷器时，节流管汇处于关闭状态的关井方法。其优点是动作少，关井速度快，但硬关井时由于液流通道突然关闭，井内流体会在惯性作用下冲击井口产生“水击效应”。特别是井内流体流速较快时若突然关井，井口装置、套管和地层所承受的压力将明显增加，甚至有可能超过最大允许压力，导致事故进一步复杂化。

②软关井。软关井是指先开通节流管汇再关防喷器，最后关节流管汇的关井方法。虽然软关井的操作动作多、速度慢，会有更多的地层流体进入井内，但在实施过程中可以最大限度地减少流体对井口产生的“水击效应”，还可在关井过程中实现试关井。

（二）井控岗位职责及关井信号、手势

1. 井控岗位职责

司钻：发出警报，发出关井指令，负责刹把及司钻控制台的操作，关井完成后负责将溢流关井情况报告值班干部。

副司钻：根据指令操作防喷器远程控制台，同时传递防喷器开、关的信息。

井架工：根据指令开关手动节流阀，负责液动手动节流阀后平板阀开关。负责观察、汇报、记录套压。

内钳工：负责井口操作，负责节流控制箱操作，在钻台上向井架工传递平板阀开、关信息，并观察、汇报、记录立管压力（套管压力）。

外钳工：负责井口操作，在钻台值班并负责传递防喷器开、关信息。

场地工：负责防喷器开关观察、液（手）动平板阀开关观察。配合井架工操作，向内钳工传递相关信息，向钻井液工核实并向司钻汇报溢流量。

2. 关井信号、手势

钻井队常用关井信号见表 5–1–1 钻井队常用关井信号。各单位井控手势略有差异，推荐防喷演习手势信号如图 5–1–3 所示。

表 5-1-1　钻井队常用关井信号

操作内容	信号内容
溢流报警信号	鸣笛 15~30s
关井信号	每次 2s 左右、间隔 1s 左右的两声短促鸣笛声
开井信号	每次 2s 左右、间隔 1s 左右的三声短促鸣笛声

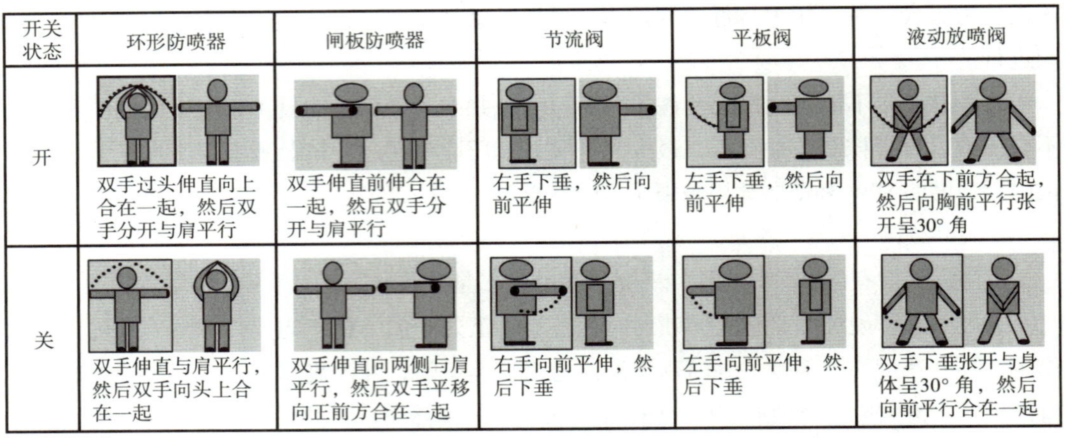

图 5-1-3　防喷演习手势信号

（三）关井程序

1. 转盘钻井关井程序

（1）钻进工况

发：发出信号。发现溢流后，迅速通知司钻，立即发出长鸣笛信号。

停：停转盘，停止钻进。

抢：抢提钻具。上提钻具并停泵，使方钻杆下第一根钻杆的内螺纹接头底面提至合适的关井位置。

开：发两声短促鸣笛关井信号，开启液（手）动平板阀。迅速打开 4# 平板阀（冬季开 3# 阀），并确认 J1 处于全开状态。

关：关防喷器。先关环形防喷器，后关半封闸板防喷器。

关：关节流阀。关 J1 节流阀试关井，关节流阀时要观察井口套压，再关节流后平板阀关井。

看：观察并记录套管压力、立管压力、循环池钻井液的增减量。迅速向值班干部（工程师）汇报。

（2）起、下钻工况

发：发出信号。发现溢流后，迅速通知司钻，立即发出长鸣笛讯号。

停：停止起、下钻作业，将井内钻具坐于转盘。

抢：抢接钻具止回阀或旋塞阀。连接处于打开状态的钻具止回阀或旋塞阀并紧扣后，应明确上提钻具 0.1 ~ 0.2m。

开：发两声短促鸣笛关井信号，开启液（手）动平板阀。迅速打开 4# 平板阀（冬季开 3# 阀），并确认 J1 处于全开状态。

关：关防喷器。先关环形防喷器，后关半封闸板防喷器。

关：关节流阀。关 J1 节流阀试关井，关节流阀时要观察井口套压，再关节流后平板阀关井。

看：观察并记录套管压力、立管压力，循环池钻井液的增减量。迅速向值班干部（工程师）汇报。

（3）起、下钻铤工况

发：发出信号。发现溢流后，迅速通知司钻，立即发出长鸣笛讯号。

停：停止起、下钻铤作业，将井内钻具卡紧后坐于转盘。

抢：抢接带有打开状态钻具止回阀或旋塞阀的钻杆，连接钻杆并紧扣后，下钻具使钻具吊卡离转盘面 0.1 ~ 0.2m。

开：发两声短促鸣笛关井信号，开启液（手）动平板阀。迅速打开 4# 平板阀（冬季开 3# 阀），并确认 J1 处于全开状态。

关：关防喷器。先关环形防喷器，后关半封闸板防喷器。

关：关节流阀。关 J1 节流阀试关井，关节流阀时要观察井口套压，再关节流后平板阀关井。

看：观察并记录套管压力、立管压力、循环池钻井液的增减量。迅速向值班干部（工程师）汇报。

（4）空井工况

发：发出信号。发现溢流后，迅速通知司钻，立即发出长鸣笛讯号。

停：停止其他作业。

抢：根据溢流情况决定是否抢下钻具。

开：发两声短促鸣笛关井信号，开启液（手）动平板阀。迅速打开 4# 平板阀（冬季开 3# 阀），并确认 J1 处于全开状态。

关：关防喷器。若无下钻具则关闭全封闸板防喷器。

关：关节流阀。关 J1 节流阀试关井，关节流阀时要观察井口套压，再关节流后平板阀关井。

看：观察并记录套管压力、立管压力、循环池钻井液的增减量。迅速向值班干部（工程师）汇报。

注：发生溢流初期，若井内情况允许，可在发出信号后抢下几柱钻杆，然后实施关井。若溢流严重，强行下钻风险大，则省掉该步骤直接进行下一步操作。

2. 顶部驱动关井程序

（1）钻进工况

发：发出信号。发现溢流后，迅速通知司钻，立即发出长鸣笛讯号。

停：停顶驱，停止钻进。

抢：抢提钻具。上提钻具并停泵，使转盘下第一根钻杆的内螺纹接头底面提离转盘0.4～0.5m。

开：发两声短促鸣笛关井信号，开启液（手）动平板阀。迅速打开4# 平板阀（冬季开3# 阀），并确认J1处于全开状态。

关：关防喷器。先关环形防喷器，后关半封闸板防喷器。

关：关节流阀。关J1节流阀试关井，关节流阀时要观察井口套压，再关节流后平板阀关井。

看：观察并记录套管压力、立管压力、循环池钻井液的增减量。迅速向值班干部（工程师）汇报。

（2）起、下钻工况

发：发出信号。发现溢流后，迅速通知司钻，立即发出长鸣笛讯号。

停：停止起、下钻作业，将井内钻具坐于转盘。

抢：抢接钻具止回阀或旋塞阀。连接处于打开状态的钻具止回阀或旋塞阀并紧扣后，上提钻具0.1～0.2m。

开：发两声短促鸣笛关井信号，开启液（手）动平板阀。迅速打开4# 平板阀（冬季开3# 阀），并确认J1处于全开状态。

关：关防喷器。先关环形防喷器，后关半封闸板防喷器。

关：关节流阀。关J1节流阀试关井，关节流阀时要观察井口套压，再关节流后平板阀关井。

看：观察并记录套管压力、立管压力，循环池钻井液的增减量。迅速向值班干部（工程师）汇报。

（3）起、下钻铤工况

发：发出信号。发现溢流后，迅速通知司钻，立即发出长鸣笛讯号。

停：停止起、下钻铤作业，将井内钻具卡紧后坐于转盘。

抢：抢接带有打开状态钻具止回阀或旋塞阀的钻杆或立柱，连接钻杆并紧扣后，下钻具使钻具吊卡离转盘面0.1～0.2m。

开：发两声短促鸣笛关井信号，开启液（手）动平板阀。迅速打开4# 平板阀（冬季开3# 阀），并确认J1处于全开状态。

关：关防喷器。先关环形防喷器，后关半封闸板防喷器。

关：关节流阀。关J1节流阀试关井，关节流阀时要观察井口套压，再关节流后平板阀关井。

看：观察并记录套管压力、立管压力、循环池钻井液的增减量。迅速向值班干部（工程师）汇报。

（4）空井工况

发：发出信号。发现溢流后，迅速通知司钻，立即发出长鸣笛讯号。

停：停止其他作业。

抢：根据溢流情况决定是否抢下钻具。

开：发两声短促鸣笛关井信号，开启液（手）动平板阀。迅速打开 4# 平板阀（冬季开 3# 阀），并确认 J1 处于全开状态。

关：关防喷器。若未下钻具则关闭全封闸板防喷器。

关：关节流阀。关 J1 节流阀试关井，关节流阀时要观察井口套压，再关节流后平板阀关井。

看：观察并记录套管压力、立管压力、循环池钻井液的增减量。迅速向值班干部（工程师）汇报。

3. 硬关井

以上四种工况关井程序均采用软关井，下面将以起、下钻杆工况为例介绍硬关井程序。

发：发出信号。发现溢流后，迅速通知司钻，立即发出长鸣笛讯号。

停：停止起、下钻作业，将井内钻具坐于转盘。

抢：抢接钻具止回阀或旋塞阀。连接处于打开状态的钻具止回阀或旋塞阀并紧扣后，上提钻具至关井位置，发两声短促鸣笛关井信号。

关：关防喷器。先关环形防喷器，后关半封闸板防喷器。

关：关 J1 节流阀，关节流阀后平板阀。

开：开启液（手）动平板阀。

看：观察并记录套管压力、立管压力，循环池钻井液的增减量。迅速向值班干部（工程师）汇报。

第二节　井控设备

井控设备是确保油气井安全的重要保障，对保护人员、设备及环境的安全起到重要作用，促进油气田的勘探开发获得更好效益。

一　组成与功用

井控设备是指在钻井过程中监测、控制和处理井涌及井喷的装置，包括井口装置、控制系统、井控管汇以及其他辅助设备。钻井井控设备配套如图 5-2-1 所示。

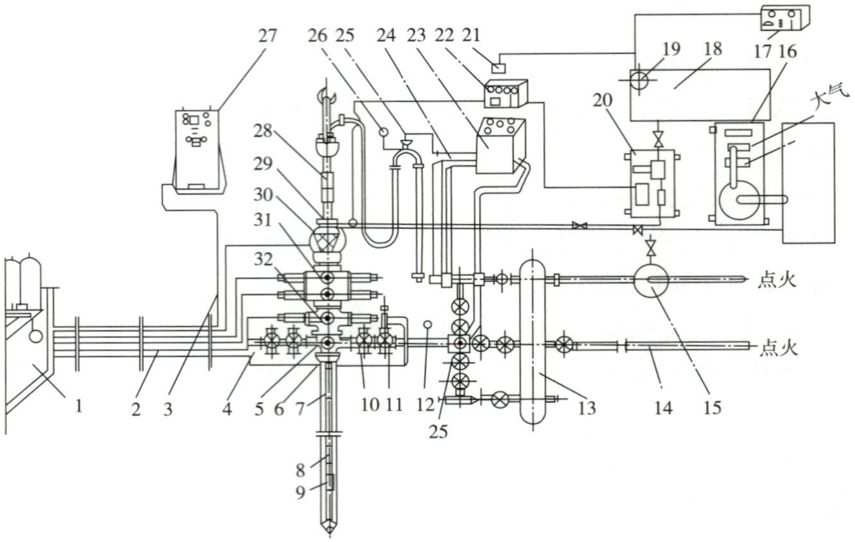

图 5-2-1　钻井井控设备配套示意图

1—防喷器远程控制台；2—防喷器液压管线；3—防喷器气管束；4—压井管汇；5—四通；6—套管头；7—方钻杆下旋塞；8—旁通阀；9—钻具止回阀；10—手动闸阀；11—动闸阀；12—套管压力表；13—节流管汇；14—放喷管汇；15—泥浆气体分离器；16—真空除气器；17—泥浆池液面监测仪；18—泥浆罐；19—泥浆池液面监测装置传感器；20—自动泥浆装置；21—泥浆池液面报警器；22—自灌装置报警箱；23—节管汇控制箱；24—节流管汇控制管；25—压力传感；26—立管压力表；27—防喷器司钻控制台；28—方钻杆上旋塞；29—溢流管；30—万能防喷器；31—双闸板防器；32—单闸板防喷器

（一）组成

钻井井控设备应由以下设备、仪表与工具等 7 部分组成。

①钻井井口装置。主要包括防喷器组、套管头、钻井四通、转换法兰等。

②防喷器控制系统。主要包括远程控制台、司钻控制台、辅助遥控台等。

③井控管汇。主要包括节流管汇、压井管汇、防喷管线、放喷管线、注水及灭火管线、反循环管线等。

④钻具内防喷器工具。主要包括钻具止回阀、旋塞阀、钻具安全阀和旁通阀等。

⑤井控仪器、仪表。主要包括循环罐液面检测报警仪、返出流量监测报警仪、有毒有害及易爆气体检测报警仪、密度监测报警仪、返出温度检测报警仪、井筒液面监测报警仪、泵冲等参数检测报警仪等。

⑥钻井液加重、除气、灌注设备。主要包括钻井液加重设备、液—气分离器、真空除气器、起钻自动灌液装置等。

⑦其他井控装置。主要包括强行起下钻装置、旋转防喷器、点火装置、灭火设备、拆装井口设备及工具等。

（二）功用

井控设备应能对地层压力、溢流情况、施工参数等进行监测和报警。当发生溢流与井喷时，能迅速控制井口，为重建井底与地层之间的压力平衡创造条件。井控设备应具有以下功用：

①监测、报警。对油气井进行检测和报警，以便尽早发现井喷预兆，尽快采取控制措施。

②防止井喷。保持井筒内钻井液静液柱压力始终略大于地层压力，防止溢流及井喷条件的形成。

③迅速控制井喷。溢流或井喷发生后，迅速关井控制住井口，并实施循环，排除溢流和压井作业，对油气井重新建立平衡压力控制。

④处理复杂情况。在油气井失控的情况下，进行灭火抢险等处理作业。

⑤特殊工艺的需要。井控设备能够在欠平衡钻井和特殊压井等工艺条件下起到保障的作用。

（三）防喷器特点及参数

1. 特点

①关井动作迅速。通径小于 476mm 的环型防喷器，关闭时间不应超过 30s；通径大于或等于 476mm 的环型防喷器，关闭时间不应超过 45s；使用后的胶芯能在 30min 内恢复原状。闸板防喷器关闭时间不应超过 10s，闸板打开后能完全退到壳体内。

②操作方便。防喷器及液压放喷阀的开、关操作全部采用气控液或电控液的遥控方式控制。

③安全可靠。防喷器的壳体耐压能力高，各处密封抗磨性耐用，工作时安全可靠。防喷器除了可以用遥控和远程控制外，还配备了手动锁紧装置，保证在密封的情况下锁紧关闭的闸板不会自行打开。

④现场维修方便。拆装更换闸板或胶芯方便、省时、省力。若发现密封件严重磨损，在现场条件下就可以及时更换。

2. 防喷器的额定工作压力和公称通径

①防喷器额定工作压力是指防喷器在正常工作条件下长期安全运行的最大压力。其单位用兆帕（MPa）表示。常用的防喷器有 6 个压力级别，即：14MPa、21MPa、35MPa、70MPa、105MPa、140MPa。

②公称通径液压防喷器的公称通径又称液压防喷器的通径，是指防喷器能通过的最大管柱的外径。防喷器组合的通径必须一致，其大小取决于井身结构设计中的套管尺寸，即必须略大于联结套管的直径。防喷器共有 10 种公称通径，即：180mm、230mm、280mm、346mm、426mm、476mm、528mm、540mm、680mm、762mm。根据国内油气井的井身结构，常用的防喷器尺寸有：230mm、280mm、346mm、540mm。

防喷器的公称通径、压力级别与套管直径的配套组合应符合表 5-2-1 的规定。

表 5-2-1　防喷器的最大工作压力和公称通径

防喷器公称通径 /mm	防喷器最大工作压力 /MPa					
	14	21	35	70	105	140
	套管公称直径 /mm					
180	114.3 ～ 177.8					
230	193.7 ～ 219.1					

续表

防喷器公称通径 /mm	防喷器最大工作压力 /MPa					
	14	21	35	70	105	140
	套管公称直径 /mm					
280	219.1 ~ 244.5					
346	298.4 ~ 339.7					
426	406.4					
476	473.1					
528	508					
540	508 ~ 529					
680	610 ~ 660					
762	711 ~ 762					

二 环形防喷器

环形防喷器是井控装置的重要组成部分，主要用于在钻井、修井、试油等作业中控制井口压力，有效地防止井喷事故，实现安全施工作业。

（一）组成

环形防喷器主要由顶盖、壳体、胶芯、活塞等组成。现场常用环型防喷器的类型按其密封胶芯的形状可分为锥形环形防喷器、球形环形防喷器和组合胶芯型环形防喷器。环形防喷器结构如图 5–2–2 所示。

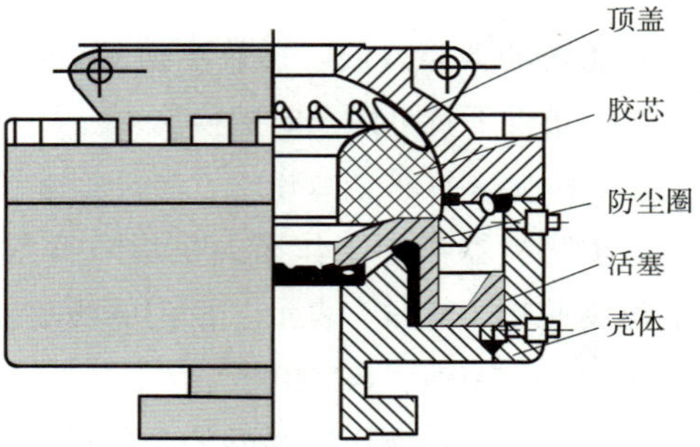

图 5–2–2　环形防喷器结构

（二）功用

①当井内无管柱时能全封闭井口，即封零。

②当井内有管柱时可封闭管柱与井眼所形成的环形空间。在钻进、取心、下套管、测井、完井等作业过程中发生溢流或井喷时，能有效封闭方钻杆、钻杆、钻杆接头、钻铤、取心工具、套管、电缆、油管等工具与井筒所形成的环形空间。

③不压井（强行）起下钻作业在使用控制装置关闭环形防喷器的情况下，能通过 18° 台肩的对焊钻杆接头，进行强行起下钻作业，但起下速度要慢（不大于 0.2m/s），过接头时要更慢，强行起下钻具时的关井压力应适当降低（小于 7MPa），直至胶芯与钻杆之间有轻微钻井液渗漏。能否进行强行起下钻具作业还必须考虑井下情况和安全施工的条件。

三 闸板防喷器

闸板防喷器是井控装置的主要组成部分，主要用于钻井、修井、试油试气等作业中，通过控制井口压力来实现对井内压力、地层压力的控制，有效地防止井喷事故的发生。闸板防喷器包括手动和液压闸板防喷器两类，每一类都包括全封和半封闸板防喷器。液压闸板防喷器又包括剪切闸板和变径闸板防喷器。目前钻井常用的是液压闸板防喷器。

（一）组成

闸板防喷器主要由本体、侧门、液缸、活塞、闸板轴、锁紧轴、连接法兰、液缸头、闸板等部件组成。目前闸板防喷器，生产厂家比较多，它们的结构大体相同但是各有各的特点。闸板防喷器结构如图 5-2-3 所示。

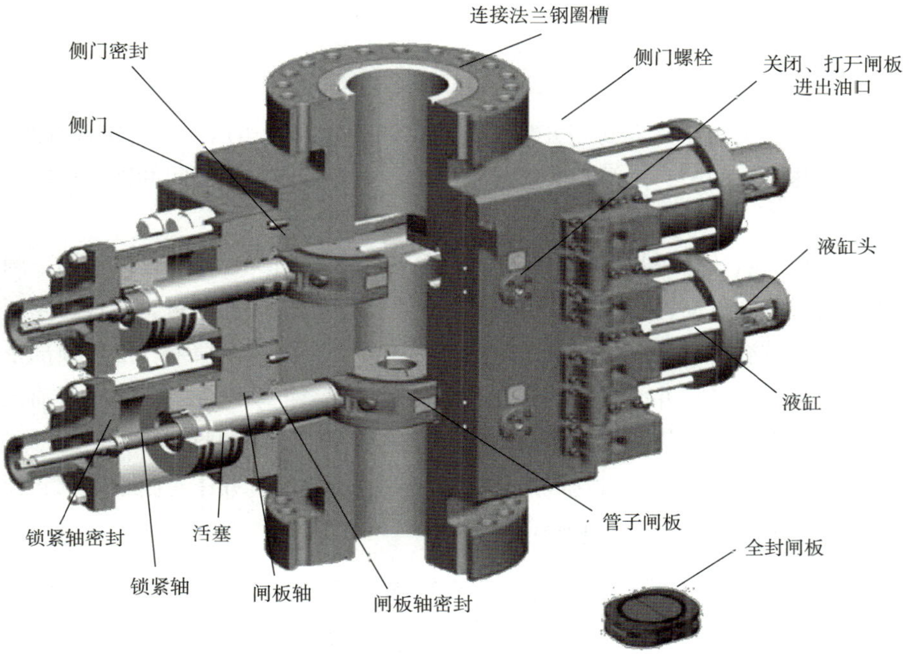

图 5-2-3 闸板防喷器结构

①本体（壳体）、侧门。本体（壳体）、侧门等主要承压件采用高强度、高韧性合金钢，严格控制材料的有害化学成分和非金属夹杂物，进行炉外精炼锻造成型，并经适当热处理，保证防喷器使用安全可靠。壳体闸板腔采用长圆形，减少应力集中。

②侧门和闸板。闸板开关均采用液压驱动。若为液压开关侧门，则侧门关闭与闸板打开且是同一油路，同一操作；侧门打开和关闭闸板是同一油路、同一操作。液压油路均采用埋藏式结构，避免在安装、运输及使用过程中碰坏油道。

③手动锁紧装置。为保证封井更安全可靠，防止控制装置失灵，备有手动锁紧装置。若要长期封井，应用手动控制机构锁紧闸板。

④闸板密封。闸板密封采用浮动式闸板密封，可减小闸板开关阻力，减少胶芯磨损，延长闸板使用寿命，并可防止闸板与壳体锈死在一起，易于拆卸。

⑤闸板总成。闸板总成由闸板体、压板、橡胶胶芯等组成。闸板有单面闸板与双面闸板以及组合闸板、变径闸板、剪切闸板等。

（二）功用

①当井内有管柱时，相应尺寸的半封闸板能封闭套管与管柱间的环形空间。

②当井内无管柱时，全封闸板能全封闭井口。

③变径闸板可封闭一定范围的不同规格管柱与套管之间的环空。

④剪切闸板，可切断钻具达到封井目的。

⑤在特殊情况下，可通过防喷器壳体侧出口可连接管线用以替代钻井四通进行钻井液循环、节流放喷、压井等特殊作业。

（三）特点

①四处密封。闸板防喷器封闭井口要同时有四处密封起作用，才能实现有效的密封，即：闸板顶部与壳体的密封；闸板前部与管子的密封；壳体与侧门间的密封；闸板轴与侧门间的密封。

②井压助封。闸板的密封过程分两步，一是当闸板关闭时，在液压油作用下闸板轴推动闸板使前密封胶芯挤向密封部位，封紧管柱或空井，形成前部密封，闸板与闸板座挤压顶密封胶芯使橡胶被挤向上突出使胶芯与壳体上密封凸台间过盈压缩，形成顶部密封，从而形成初始密封。二是在井内有压力时，井压从闸板背部推动闸板进一步挤压前部胶芯挤向密封部位，同时井压从闸板下部推动闸板上浮贴紧壳体上密封凸台面，从而形成可靠的密封，即称为井压助封作用，当闸板关井后，井口井压越高，井压对闸板前部和顶部的助封作用越强。井压助封如图 5-2-4 所示。

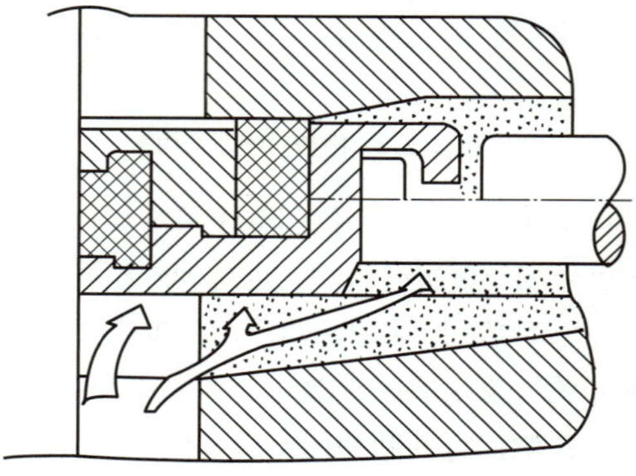

图 5-2-4　井压助封示意图

③自动清砂、对中。防喷器闸板腔底部有高支承筋及朝井眼倾斜的沉砂斜面，能在闸板开关时自动清除泥砂，防止堵塞，减小闸板运动摩擦阻力。闸板的前端具有突出的导向

块，可插入对面闸板的凹槽内，导向块斜面能迫使钻具在闸板关闭的过程中移向井眼中心，保证闸板与钻具间密封可靠，自动对中。闸板自动对中如图 5–2–5 所示。

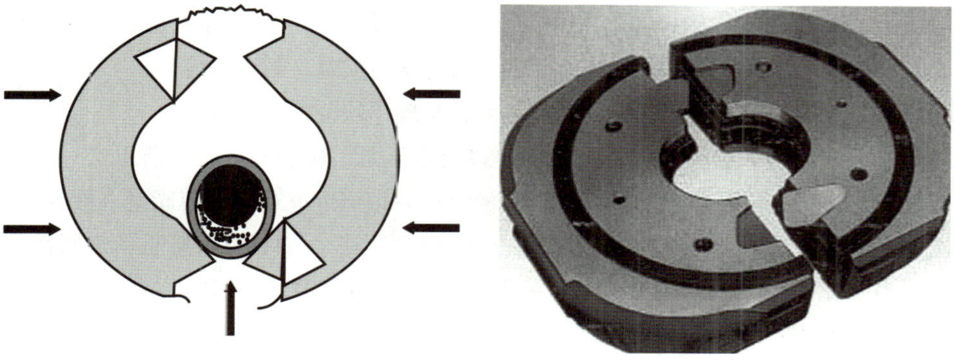

图 5–2–5　闸板自动对中示意图

四　井控管汇

在井控压井作业中，装有可调节流阀的专用管汇给井内施加一定的回压，并通过管汇控制井内各种流体的流动或改变流动路线，这套专用管汇称为井控管汇。这里主要介绍了节流压井管汇的功能特点、组合形式以及主要部件的结构特点等。

（一）节流压井管汇组成

井控管汇包括节流管汇、压井管汇、防喷管线、放喷管线。节流管汇由节流阀、平板阀、五通、汇流管、缓冲管和压力表等组成。液动节流管汇还配有节流控制箱、阀位变送器、气动或液动压力变送器等。压井管汇由单流阀、平板阀、三通和压力表等组成。井控管汇组成示意如图 5–2–6 所示。

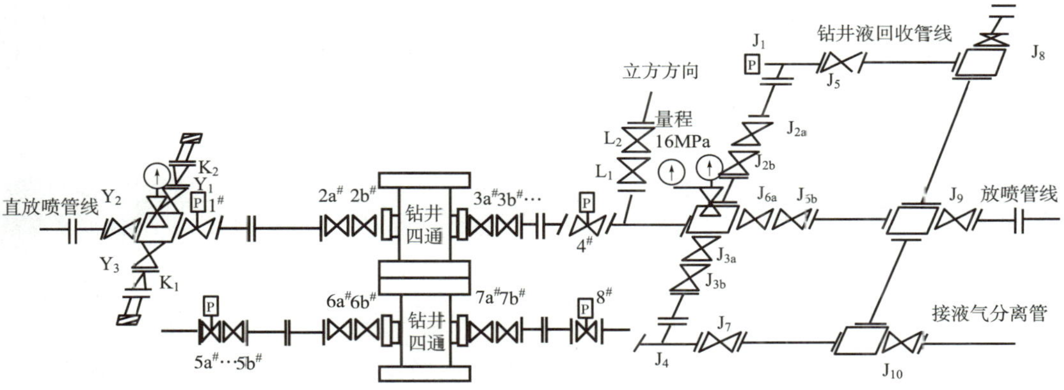

图 5–2–6　井控管汇组成示意图

（二）功用

1. 节流管汇功用

①通过节流阀的节流作用实施压井作业，替换出井里被污染的钻井液，同时控制井口套管压力与立管压力，恢复钻井液柱对井底压力的压力控制，制止溢流。

②通过节流阀的泄压作用，降低井口压力，实现“软关井”。

③通过放喷阀的大量泄流作用，降低井口套管压力，保护井口防喷器组。一旦需要节流管汇投入工作，只需开启液动平板阀，井液就由井口流经五通、节流阀进入液气分离器。分离出的气体由管线引出，远离井场 50m 以外，点燃烧掉，而钻井液则重新流回钻井液净化系统。当节流阀发生故障需检修时，可将其上游与下游的闸门关闭，将备用节流阀下游的闸门打开使备用节流阀投入工作。当需要放喷时，可迅速打开两个放喷阀，关闭液气分离器的输入闸门。

2. 压井管汇功用

①当用全封闸板全封井口时，通过压井管汇往井筒里强行顶入重钻井液，实施压井作业。

②当已经发生井喷时，通过压井管汇往井筒里强注清水，以防燃烧起火。

③当已井喷着火时，通过压井管汇往井筒里强注灭火剂，以助灭火。

（三）额定工作压力与公称通径

1. 额定工作压力

我国节流压井管汇的最大工作压力分为 6 级，既 14MPa、21MPa、35MPa、70MPa、105MPa、140MPa。

井场所装节流压井管汇，其压力等级必须与井口防喷器组一致。通常，管汇压力等级的选定以最后一次开钻时井口防喷器组的压力等级为准。

2. 公称通径

管汇的公称通径指管线内径。节流管汇一侧内防喷管线其公称通径一般不得小于 78mm。节流阀上下游的连接管线，放喷管线的公称通径不得小于 78mm。四通与压井管汇之间的连接管线，其公称通径一般不得小于 78mm。

五 套管头、四通与法兰

（一）套管头

套管头是安装在表层套管柱上端，用来悬挂除表层套管以外的套管和密封套管环形空间的井口装置部件。一般由本体、四通、套管悬挂器、密封组件和旁通管等组成。

1. 种类

套管头根据生产标准可分为标准套管头和简易套管头。按照结构，标准套管头又可分为以下几种类型：

①单级、双级和多级套管头。

②卡箍式、法兰式套管头。

③单体式、组合式套管头。

④卡瓦式、螺纹式和焊接式套管头。

⑤通孔式、缩孔式套管头。目前国内使用得较多的是多级、卡瓦式套管头。

2. 作用

①套管头安装在套管柱上端，悬挂除表层套管以外的各层套管重量。

②能使整个钻井井口装置实现压力匹配。

③套管与防喷器、采气井口连接的重要装置。

④能够提高钻井井口装置的稳定性。

⑤能在内外套管柱之间形成压力密封。

⑥为释放聚积在两层套管柱之间的压力提供出口。

⑦在紧急情况下，可向井内泵入流体。如压井时的钻井液、水或高效能灭火剂等。

⑧进行钻采工艺方面的特殊作业：

a. 若固井质量不好可从侧口处补灌水泥；

b. 酸化压裂时可从侧口处注压力平衡液。

（二）四通

按用途分为：防喷器四通、采油树四通和套管头四通；按结构分为：普通四通和特殊四通。

钻井四通主要起连接防喷器和套管底法兰或套管头以及侧口连接内防喷管线，进行放喷或压井作业的作用。钻井四通结构如图 5–2–7 所示。

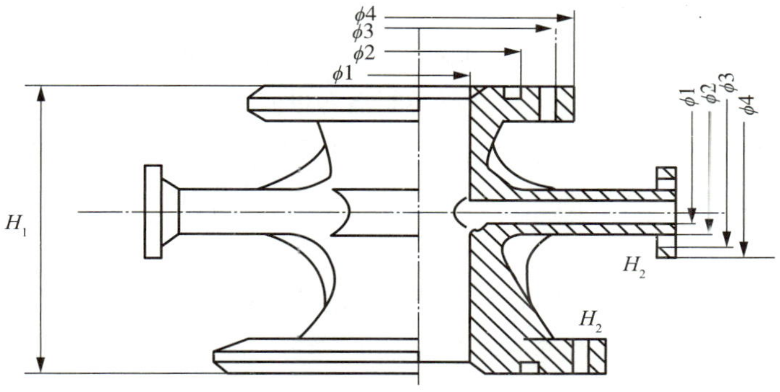

图 5–2–7　钻井四通结构

（三）法兰

井口法兰分为：转换法兰、占位法兰、盲法兰，结构形式一般为 6B 型 或 6BX 型。

六 防喷器控制系统

液压防喷器控制系统是控制井口防喷器组、液动放喷阀的主要设备，是钻井、井下修井机试油中防止井喷、排除溢流和压井作业中必不可少的装置，液压防喷器必须配备控制装置。

（一）组成

控制系统主要由储能器装置（又常称远程控制台或远程台）、遥控装置（又常称司钻控制台或司钻台）以及辅助遥控装置（常称辅助控制台）组成。

储能器装置是制备、储存与控制压力油的液压装置，由油泵、储能器、阀件、管线、油箱等元件组成。通过操作换向阀可以控制压力油输入防喷器油腔，直接实现井口防喷器开关动作。

遥控装置是储能器装置上换向阀动作的遥控系统，间接实现井口防喷器开关动作。遥控装置安装在钻台上司钻操作室附近。辅助遥控装置安置在值班房内，作为应急的遥控装置备用。

（二）功用

预先制备与储存足量的压力油并控制压力油的流动方向，使防喷器得以迅速开关动作。当液压油由于使用消耗，油量减少，油压降低到一定程度时，控制装置将自动补充储油量，使液压油始终保持在一定的高压范围内。

（三）控制装置的特点

1. 远程控制台

（1）组成

远程控制台由底座、油箱、泵组、储能器组、管汇、各种阀件、仪表及电控箱等组成。远程控制台的主要功能是由泵组产生高压控制液并储存在储能器组中，当需要开、关防喷器时，来自储能器的高压控制液通过管汇的三位四通转阀被分配到各个控制对象（防喷器）实施开关控制。

（2）特点

①配有两套独立的动力源。FKQ 系列配有电动油泵和气动油泵，即使在断电的情况下，亦可利用气动油泵打压可保证系统正常工作。

②储能器组有足够的高压液体储备，满足关闭全部防喷器组和打开液动阀的控制要求。任一储能器瓶失效时，储能器总液量的损失不大于 25%，符合 API 规范的要求。

③电动油泵和气动油泵均带有自动启动、停止的控制装置。在正常工作中即使自动控制装置失灵，溢流阀也可以迅速溢流，保证系统安全。

④每个防喷器的开、关动作均由相应的三位四通转换阀控制。FKQ 系列控制装置既可

直接手动换向，又可气动遥控换向。

⑤远程控制台的控制管汇上有备用压力源接口，可以在需要时引入压力源，如氮气备用系统等。

⑥ FKQ 系列控制装置的环形防喷器控制回路油压调节，可以在司钻控制台远程调压环形调压阀，通过气路控制远控台上气（手）动减压阀动作从而调节环形控制油压。

2. 司钻控制台

司钻控制台通常安装在钻台上，使司钻能够很方便地对远程控制台实现遥控。

司钻控制台的特点：

①工作介质为压缩空气，保证操作安全。

②各气转阀的阀芯均为 Y 形，并能自动复位，任何情况下都不影响在远程控制台上对防喷器组进行操作。

③具有操作记忆功能。每个三位四通气转阀分别与一个显示气缸相接，当操作转阀到“开”位或“关”位时，显示窗口便同时出现“开”字或“关”字。气转阀手柄复位后，显示标牌仍保持不变，使作业人员能了解前一次在司钻台上操作的状态。

④为确保对防喷器组的操作可靠无误，司钻控制台的转阀均采用二级操作的方式，即首先要搬动气源转阀接通气源，然后搬动控制气转阀才能使相应的控制对象动作。

3. 空气管缆

空气管缆用以连接远程控制台与司钻控制台之间的气路。空气管缆由护套及多根管线组成，两端装有连接法兰分别与远程控制台和司钻控制台相连，连接法兰之间用橡胶密封垫密封。

4. 液压管线

一般情况下，远程控制台与井口防喷器组之间的距离为 25m，需要用一组液压管线将它们连接起来，连接方式有硬管线连接和软管线连接。

硬管线包括管排架、闭合弯管、三弯管等。使用硬管线连接具有安全、可靠等优点，缺点是布置安装不方便。软管线连接具有简单、方便等优点，但在使用中应注意其安全性。根据现场情况，也可以软、硬管线混合使用，充分发挥其各自的优点。

管排架是为保护高压控制液管线而特别设计的。管排架中按控制对象数量装有高压油管，用以将远程控制台与防喷器组连接起来。管排架之间的油管用由壬相连，可锤击上紧，非常方便。在管排架两端备有挡板，以保护由壬搬运时不受损坏。

闭合弯管的展开长度分别为 2m、3m 和 4m 三种，每一节油管线之间由活动弯头相接，转动灵活，现场安装十分方便。

软管线的两端一般为自封式的快速接头，代替管排架、闭合弯管等硬管线，实现控制装置与防喷器的连接。

5. 报警装置远程控制台

报警装置远程控制台可以安装报警装置，对储能器压力、气源压力、油箱液位和电动泵的运转进行监视。当上述参数超出设定的报警极限时，可以在远程控制台和司钻控制台上给出声、光报警信号，提示作业人员采取措施。作业人员应当利用报警仪所提供的信息，以及其他仪表所提供的信息，综合分析设备的工作状态，确保地面防喷器控制装置可靠工作。

报警装置的功能如下：

①储能器压力低报警。

②气源压力低报警。

③油箱液位低报警。

④电动泵运转提示。

6. 氮气备用系统

氮气备用系统由若干与控制管汇连接的高压氮气瓶组成，可为控制管汇提供应急辅助能量。氮气备用系统通过隔离阀、单向阀及高压球阀与控制管汇连接。如果储能器和（或）泵装置不能为控制管汇提供足够的动力液，可以使用氮气备用系统为管汇提供高压气体，以便关闭防喷器。

氮气备用系统与管汇的连接方式能防止压力液进入氮气备用系统，操作时应当避免氮气进入储能器回路。氮气备用回路设计有排放控制阀，用以控制高压氮气的排出，以防止高压氮气排入液箱。备用氮气系统还可以为储能器充气。

7. 压力补偿装置

压力补偿装置是地面防喷系统控制装置的配套设备。

在关闭环形防喷器起下钻过程中，当钻杆接头通过防喷器时会在关闭油路中产生压力波动。在控制环形防喷器的管路上安装本装置，压力的波动会被立即调节从而减轻环形防喷器胶芯的磨损。同时，也会在过接头后使胶芯迅速复位，确保钻井安全。为保证使用效果，应将该装置安装在距环形防喷器较近的关闭油路。

8. 辅助控制台

为了便于对远程控制台进行控制，FKQ 系列控制装置还可以配备辅助控制台。辅助控制台采用气路控制，通过空气管缆与远程控制台连接，从而可以在司钻控制台或辅助控制台两处对远程控制台进行控制。储能器装置结构组成如图 5-2-8 所示。

七 钻具内防喷工具

钻具内防喷工具是装在钻具管串上的专用防喷工具，用来封闭钻具的中心通孔。在钻井中发生溢流或井喷时，钻具内防喷工具能防止钻井液沿钻柱水眼向上喷出，保证水龙带及其他装置不因高压而憋坏。现场常用的钻具内防喷工具有方钻杆旋塞阀、钻具止回阀、旁通阀等。

1. 旋塞阀

旋塞阀是安装在方钻杆或顶驱上的防喷控制阀，是防止钻柱内喷的有效工具之一。按使用方式不同可分为方钻杆旋塞阀和顶驱旋塞阀。方钻杆旋塞阀又可分为方钻杆上部旋塞

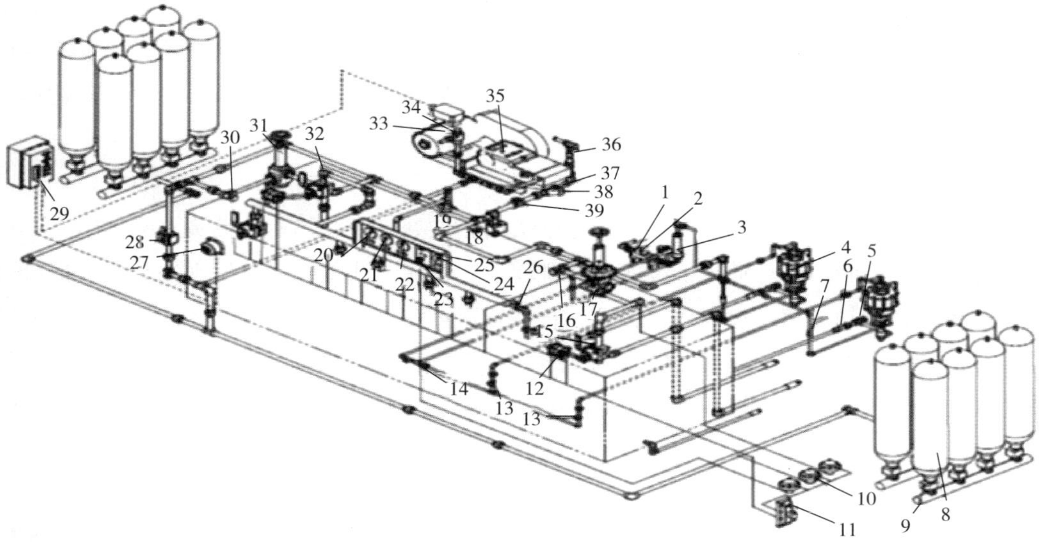

图 5-2-8　储能器装置结构组成

1—气源处理元件；2—压力表；3—液气开关；4—气泵；5，16，30—滤油器；6，9，28，36，39—球阀；7—单向阀；8—储能器；10—气动压力变送器；11—接线盘（方板）；12—双作用气缸；13，14—截止阀；15—三位四通转阀；17—气手动减压阀；18—高压球阀；19，34—溢流阀；20—储能器压力表；21—管汇压力表；22—环形防喷器供油压力表；23—气动调压阀；24—气源压力表；25—三位四通气转阀；26—泄压阀；27—压力控制器；29—电控箱；31—手动减压阀；32—旁通阀；33—电机；35—电泵；37—滤油器；38—单向阀

阀（或称上旋塞）和下部旋塞阀（或称下旋塞）。上旋塞接头螺纹为左旋，连接于水龙头下端和方钻杆之间；下旋塞接头螺纹为右旋，连接于方钻杆下端和方钻杆保护接头之间。顶驱旋塞阀一般也配置两个，一个是上部的遥控旋塞阀（常为液动），另一个是下部的手动旋塞阀。在防止水眼内喷时可用专用扳手或通过液动机构使阀芯顺旋 90° 即可关闭钻具水眼，来达到防喷的目的。

旋塞阀的使用要求：

①使用前先用专用扳手旋转操作键，确保转动灵活、到位。

②连接时不允许钳牙咬合在操作键部位。

③接到方钻杆上、下端部后，再次用扳手试操作键的灵活程度，并将旋塞阀扳至开位，方可下井。

④发生溢流或井喷时，若方钻杆在井内应就近关闭方钻杆上旋塞阀或下旋塞阀。

⑤定期开关方钻杆上、下旋塞，以免锈死无法正常开关。

⑥旋塞阀扳手应放在离井口较近的固定位置，并防止落井或丢失。

⑦旋塞阀选用时应保证其最大工作压力与井口防喷器组的压力等级一致。

⑧当旋塞阀关闭后，球阀上下压差过大难以打开时，应考虑在球阀上部加压，使其上下压力近于平衡，以便能顺利打开。

2. 钻具止回阀

钻具止回阀是钻井过程中的重要内防喷工具。按结构形式钻具止回阀可分为碟形、浮球形、箭形、投入式等。使用前应将其安装在钻具的预定部位，此阀只允许钻柱内的流体自上而下流动，而不允许其向上流动，从而达到防止钻具内喷的目的。使用方法也不尽相同，有的被连接在钻柱中，有的在需要时才连接在钻柱上，还有的在需要时才投入钻具水眼内（投入式），起封堵钻柱内压力的作用。

3. 钻具旁通阀

钻开油气层前将钻具旁通阀接在靠近钻头的钻柱处、压井作业中钻头水眼被堵时，利用旁通阀可建立新的循环通道继续实施压井作业。使用方法是：一旦发现钻头水眼被堵而无法解堵时，卸掉方钻杆投球后再接方钻杆使球落至钻具旁通阀阀座处（若钻头水眼未堵死，可用小排量泵送），开泵后只要泵压升高到一定压力值就剪断固定销，使阀座下行直至接泄孔全部打开，泵压随即下降，从而建立新的循环通道。

八 液气分离器

钻井中发生气侵后，需要对钻井液进行液、气分离，保持钻井液的有效密度，钻井液气体分离器（液气分离器）就是对含气钻井液脱气的专用设备，液气分离器可从节流管汇出口处接出，也可以连接于旋转防喷器出液口。一般情况下，经分离处理后的钻井液中若还有小气泡，通过振动筛后应再进入真空除气器进一步除气。液气分离器安装示意图如图 5–2–9 所示。

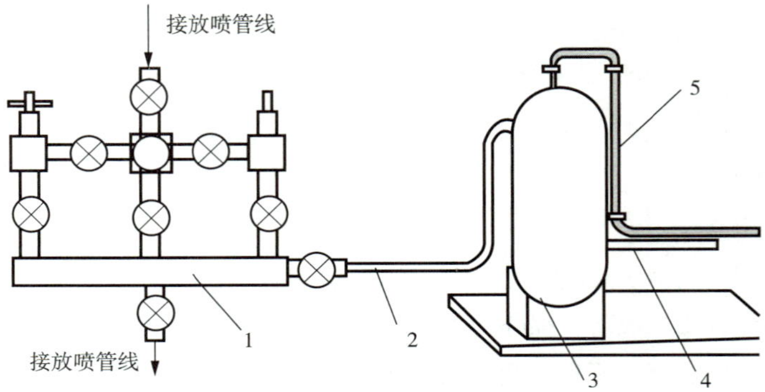

图 5–2–9　液气分离器安装示意图

1—节流管汇；2—钻井液气体分离器进液管；3—钻井液气体分离器；4—排液管；5—排气管

1. 功用

液气分离器是一级除气装置，是将井内返出的气侵钻井液中的游离气进行初级脱气处理的专用装备，与节流管汇配套使用。经分离后的钻井液还需经过振动筛分散、除气器真空除气等进一步分离，以达到恢复钻井液原始密度、重新平衡地层压力的目的。

2. 分类

液气分离器有闭底式和开底式两种。开底式分离器无罐底，下部半潜入钻井液（罐）中，罐内的液面依靠底部潜入深度来控制。由于分离器内的钻井液液柱高度受到高度的限制，现场应用的安全性、使用的方便程度都不如闭底式结构，应用得较少。而闭底式液气分离器根据控制方式的不同，又可分为浮球式和“U”形管式两种液气分离器。该分离器具有结构简单、使用可靠、现场维修方便等诸多优点，钻井现场常选用闭底式液气分离器。其具体型号（参数）的选择还应考虑钻井液的处理量和除气器的除气能力、井型、产气量等因素。其钻井液的处理量和除气能力应分别大于井口返液量和产气量。

3. 工作原理

从井内经节流管汇返出的含气钻井液，从切向进入分离器罐体，根据沉降、减压、膨胀原理，部分气体从钻井液中分离出来。经初次分离后的钻井液，按分离器内布置的分离板（斜板）流动，表面积增大，在分离板上分散成薄层，使气体暴露在钻井液的表面，气泡破裂，从而使气体和钻井液得到进一步分离。分离出的气体从分离器顶部经排气管引至井场以外点燃烧掉，分离出的钻井液经排液管进入振动筛，流入循环罐。

九 设备的日常检查与维护保养

（一）日常检查

①检查环形防喷器、储能器及管汇的压力情况，油箱的容量、液面、储能器的预充压力是否符合要求。

②检查防喷器组的情况，包括自封头、管线、环形防喷器、半封闸板防喷器、全封闸板防喷器的规格，开关位置，测试压力（高 / 低），关闭所需的油量，关闭所需的时间。

③检查防喷器配套装置，包括液控阀、放喷阀、节流管汇、压井管汇、旋塞阀、管柱内防喷器以及循环头等。

④检查储能器的压力和液量。通过储能器的容量应大于关闭防喷器组中全部防喷器所需液量的 1.5 倍。

⑤检查启动储能器的电泵或气泵确保工作正常。

（二）维护保养

为了保证装置的安全可靠性能，在正常使用的同时应加强维护保养，重点做好以下工作：

①每天打开分水滤气器下端的放水阀将污水放掉。每 2 周取下过滤杯与存水杯清洗一次。

②每天检查油雾器杯中的液面一次，及时补充与更换润滑油 / 脂。

③定期检查储能器预充氮气的压力，氮气压力不足 6.3MPa 时应及时补充。

④随时检查油箱液面，定期打开油箱底部的丝堵放水。

⑤定期检查电动油泵、气动油泵或手动油泵的密封盘根，遇有盘根损坏时应予更换。

⑥拆卸管线时应注意不要将快换活接头的“O”形密封圈丢失。拆卸后，将密封圈收集到一起妥善保管。

⑦经常擦拭远程控制台、司钻控制台表面，保持清洁，注意不要将各种标牌碰掉。

⑧防喷器控制装置润滑。每周用油枪向转阀空气缸的 2 个油嘴加注适量润滑脂一次。每周检查一次油雾器的润滑油，不足时应补充适量。每月检查一次电动油泵曲轴箱润滑油液位，不足时补充适量。每月拆下链条护罩一次，检查润滑油情况，不足时补充适量。

思考题

1. 井喷失控的危害有几个方面?
2. 影响波动压力的因素有哪些?
3. 溢流有哪些原因?
4. 井控关井的原则是什么?
5. 闸板防喷器的功用有哪些?
6. 压井有哪些方法?
7. 什么情况下采取硬关井?
8. 井控设备由哪几部分组成?

扫一扫
获取更多资源

第六章

钻井现场岗位巡检

PART 6

钻井现场施工班组各岗位在交班前，按照岗位巡回路线进行检查，将本岗位设备设施维护保养到位，按要求填好设备运行、安全设施和施工情况相关记录，将工具、仪表和资料等按规定位置摆放整齐，做好岗位责任区的环境卫生工作，为接班班组施工做好准备。接班各岗位人员按规定穿戴好劳保用品，提前到达井场，严格按照岗位巡回检查路线及项点进行检查，认真检查岗位的设备设施维护保养等工作，发现问题及时与当班人员沟通，巡回检查完毕，统一到指定地点参加班前会，开展安全分享 5min，班前会上班组各岗位人员要汇报巡回检查情况及需要解决的问题，按要求填写各岗位相关报表及记录。交班后班组全体人员按要求参加班后会，认真总结所负责的设备运转情况、安全措施落实和生产任务完成情况，对本岗位存在的问题提出整改建议。

第一节　司钻岗

一　巡检路线

值班房→硫化氢防护设施→机房、循环罐→死绳固定器→司钻操作台（司控室）→顶驱操作台→井下情况→立管压力表→指重表及参数仪→绞车→刹车系统→防碰天车→司钻控制台→节控箱→值班房。

二　巡检内容及要求

（一）值班房

工程班报表：查阅工程班报表，了解井深、钻时及地层情况。

班组 HSE 记录：班组 HSE 记录填写准确、清洁、及时，无漏填。

（二）硫化氢防护设施

主机：固定牢靠，线路连接完好，数值显示清晰。

声光报警仪：固定、线路连接良好，防爆密封，工作正常。

便携式检测仪：电量充足，检测在有效期内，外观完整、清洁，数值显示清晰。

正压式空气呼吸器：①面罩组件完整、清洁、密封，调节情况正常。②供气阀灵活、清洁、完整。③气瓶阀完整、密封、灵活，气源压力为 28 ~ 30MPa，高压泄漏检查、低压报警哨测试正常（低于 5MPa 时报警）。④减压阀灵活、清洁、完整。⑤高、中压软管正确连接，管线及各接口密封正常，清洁、完整。⑥背托架完整、清洁，背带完好、固定牢固、长度调节合适。

（三）机房、循环罐

设备：详细询问设备的运转情况。

钻井液性能：了解钻井液性能。

（四）死绳固定器

固定：压板螺杆齐全紧固，背帽齐全，死绳固定器与底座固定牢固，螺杆背帽齐全。

钢丝绳：排列整齐，绳槽排满，挡绳杆齐全。

绳卡：绳卡紧固可靠。

传感器及管线：传感器间隙为 8 ~ 14mm，管线连接牢固、无渗漏。

（五）司钻操作台（司控室）

电路、气路、液路：电路连接正确，供电正常；气路完好，气源压力为 0.65 ~ 0.8MPa；液路完好；仪表齐全、完好；管线及接头连接紧固，无刺漏。

操作手柄、按钮：操作手柄完好，位置正确、复位良好，控制按钮状态正常。

监视系统：完好。

通信系统：畅通。

（六）顶驱操作台

各控制开关、手轮：标识准确，开关灵敏可靠，动作指令与顶驱动作相符。手轮设置数值准确。发现问题停止使用，及时上报、检查、维修，避免顶驱错误动作导致设备损坏或人身伤害。

操作台显示器：显示器清洁、画面清晰，触屏工作正常，顶驱参数显示准确。显示器异常导致无法正常查看、使用和设置顶驱参数时，应及时上报、检查、维修。

操作台整洁：操作台及周边无杂物。严禁放置杂物，杂物多可能损坏操作台或影响操作台正常操作。

（七）井下情况

井况：了解井深和地层、钻具结构和悬重、泵压、钻压、扭矩、摩阻、螺杆及钻头使用、井下复杂情况。

方入及钻速：了解方入及钻速。

（八）立管压力表

表盘、密封：防震压力表量程符合要求，表盘清洁，指示灵敏、准确，密封完好。

合格证：在有效期内。

（九）指重表及参数仪

连接：传感器及信号线连接牢固、无渗漏。

读数：指重表、灵敏表与记录仪读数一致。

安装：参数仪安装可靠，读数显示准确。

（十）绞车

大绳：①活绳头防滑短节坚固牢靠，余量长度不小于 20cm；②无压扁、无严重磨损、断丝不超标；③排列整齐。

滚筒、高低速离合器：①固定螺栓齐全、紧固；②导气龙头及管线不漏气，高低速离合器开关灵活好用，互锁功能完好；③气囊、钢毂完好无油污；④摩擦片无偏磨、损坏及缺失，磨损不超标。

固定：①固定背帽螺丝齐全、牢固；②正反螺丝、绞车压杠、搭扣器齐全，紧固牢靠、无悬空。

润滑、冷却：润滑系统油量在油标尺高、低限刻度之间，油压正常，各连接无渗漏；冷却水泵或风机运转正常，冷却良好。

（十一）刹车系统

1. 主刹车

（1）带式刹车

①平衡梁调节平衡，左右间隙相等，刹车调节螺栓好用、不滑扣，背帽紧固，刹车调节扳手在位、齐全；②刹车曲轴套无松动，润滑良好、灵活，曲轴下无杂物和油污；③刹车片磨损均匀，剩余厚度不小于 7 ~ 8mm；④刹车气缸螺栓、销子齐全紧固，进放气良好，不漏气，刹车可靠。⑤刹把：活动自如，与钻台夹角合适；连杆连接可靠。

（2）盘式刹车

①液压站电动机、柱塞泵运转正常，无杂音，接地规范；②液压油量在上下刻度内，滤清器指示正常，阀门工况正确，系统额定工作压力符合要求；③液压管线完好无损，连接正确、紧密，无渗漏；④工作钳、安全钳安全可靠，工作钳间隙不大于 1.0mm，安全钳间隙不大于 0.5mm，刹车片厚度不小于 12mm；⑤刹车盘无油污、龟裂，磨损量在允许范围之内；

2. 辅助刹车

（1）电磁刹车

①固定螺栓牢靠，转子轴与滚筒轴同心；②运转正常，滑键摘挂灵活；③冷却、润滑

良好；④电动机及冷却风机运转正常，接地规范，轴承运转及温度正常，润滑好，无杂音。

（2）伊顿刹车

①固定螺栓牢靠，转子轴与滚筒轴同心；②运转正常，滑键摘挂灵活；③水冷系统正常，管线连接正确，无泄漏，水质符合要求，进出水温正常；④气压正常，无漏气。

（十一）防碰天车

重锤式：重锤式保险可靠，气开关灵活好用，开口销符合要求；防碰引绳拉紧、无打扭，不磨挂井架，刹车可靠。

过卷阀式：过卷阀位置合适，灵活好用，刹车可靠。

电子数码式：①电子防碰天车装置及传感器、电磁阀完好，显示正常；②报警提示及刹车设定正确，刹车可靠。

（十二）司钻控制台

仪表：齐全、完好，显示数值正确。

开关位置：开关手柄位置正确，剪切、全封手柄防误操作装置完好。

（十三）节控箱

仪表：齐全、完好，显示数值正确，符合工况。

阀位：位置正确，开度为1/4～3/8。

供油系统：油量符合要求，气泵工作正常，管线连接正确无渗漏。

第二节 副司钻岗

一 巡检路线

值班房→硫化氢防护设施→远控房→循环罐→储备罐→加重系统→钻井泵→工具箱→高低压管汇→除砂泵→测斜绞车→值班房。

二 巡检内容及要求

（一）值班房

工程班报表：查看工程班报表，了解施工情况。

设备运转、保养记录：查看设备运转、保养记录的填写是否及时、准确。

钻井液性能：了解井深、地层状况及其对钻井液性能的要求。

（二）硫化氢防护设施

便携式检测仪：电量充足，检测在有效期内，外观完整、清洁，数值显示清晰。

正压式空气呼吸器：①面罩组件完整、清洁、密封，调节情况正常。②供气阀灵活、清洁、完整。③气瓶阀完整、密封、灵活，气源压力为 28 ~ 30MPa，高压泄漏检查、低压报警哨测试正常（低于 5MPa 时报警）。④减压阀灵活、清洁、完整。⑤高、中压软管正确连接，管线及各接口密封正常，清洁、完整。⑥背托架完整、清洁，背带完好、固定牢固、长度调节合适。

（三）远控房

液控管线：压力变送器良好，液控管线标识清楚、连接完好，无渗漏。

油量、压力表：液压油量高于油位计下线，油质清洁，符合要求；压力表量程符合要求，合格证在有效期内，压力值准确（蓄能器压力：18.5 ~ 21MPa；环形防喷器工作压力：10.5MPa；管汇压力：10.5MPa；气源压力：0.65 ~ 0.8MPa）。

电源：电源开关处于接通状态，电控箱旋钮处在自动位。

电泵、气泵：运转正常。

手柄：各处手柄处于工作位置，标识清楚。

照明：房内照明良好，专线控制接线、控制开关符合要求。

（四）循环罐

液量：钻井液液量满足施工要求。

闸门：各闸门开关正确。

（五）储备罐

钻井液储备及性能：储备量及性能满足井控要求。

（六）加重系统

加重灰罐：加重灰罐放置平稳，储量符合要求。

气管线：气管线连接牢靠，不刺不漏。

加重材料：加重材料按规定储备充足。

加重漏斗：加重漏斗畅通、好用。

（七）钻井泵

连接螺栓：各连接螺栓齐全、紧固。

润滑：润滑良好，油量、油压、油质符合要求。

喷淋泵：喷淋泵运转正常，护罩牢靠，活塞冷却、润滑良好，箱内清洁无杂物，不刺漏。

运转：钻井泵动力端运转正常、无杂音、温度正常；缸套、活塞、阀座工作正常，不刺漏。

上水管线：上水管线固定牢靠，密封良好。

空气包：空气包充气压力符合要求，盖上无杂物。

泵压表：合格证在有效期之内，清洁、灵敏，指示正确。

保险阀、泄压管：保险阀销子定位正确，安全可靠，保养及时。泄压管固定牢靠，保险绳齐全。

传动装置及护罩：皮带轮紧固，传动皮带齐全完好、松紧合适；万向轴连接无松动，符合要求。护罩密封、固定牢靠。

供油泵：电机运转正常，供油泵上油良好，接地规范。

（八）工具箱

工具：凡尔取出器、管钳、撬杠、大锤、扳手等工具齐全、完好、清洁。

配件：钻井泵易损件备用适量。

（九）高低压管汇

固定：管汇固定牢靠，闸门开关正确，手轮齐全。

连接：连接部位完好、无刺漏，固定牢靠。

保险绳：高压软管保险绳拴紧系牢、完好。

（十）除砂泵

固定润滑：固定牢靠，润滑良好，不刺漏。

运转：运转正常，压力符合要求。

（十一）测斜绞车

钢丝排列：钢丝排列整齐、不打折。

计数：计数器准确。

控速：控速器灵敏，刹车可靠，滚筒保养良好。

电机：电机运转正常，接地规范。

第三节　井架工岗

一　巡检路线

值班房→硫化氢防护设施→防喷器→节流、压井管汇→液气分离器→坐岗房→井架及底座→立管台→二层台→天车台→提升系统→转盘→值班房。

二　巡检内容及要求

（一）值班房

工程班报表：查阅工程班报表，了解施工情况。

设备运转及保养记录：查看设备运转、保养记录填写是否及时、准确，有无错漏。

（二）硫化氢防护设施

便携式检测仪：电量充足，检测在有效期内，外观完整、清洁，数值显示清晰。

正压式空气呼吸器：①面罩组件完整、清洁、密封，调节情况正常。②供气阀灵活、清洁、完整。③气瓶阀完整、密封、灵活，气源压力为 28～30MPa，高压泄漏检查、低压报警哨测试正常（低于 5MPa 时报警）。④减压阀灵活、清洁、完整。⑤高、中压软管正确连接，管线及各接口密封正常，清洁、完整。⑥背托架完整、清洁，背带完好、固定牢固、长度调节合适。

探头：井口和圆井（硫化氢、可燃气体）探头：固定、清洁、完整、不堵塞，防爆密封，线路连接良好。

防爆排风扇：钻台下、节流管汇处防爆排风扇：固定、清洁，防护网、线路及接地良好，电机运转正常。

（三）防喷器

挡泥伞：挡泥伞固定牢靠、清洁。

防喷器组：连接螺栓齐全紧固、不刺不漏，清洁。

手动锁紧装置：手动锁紧杆固定牢靠、转动灵活，标识清楚、准确。

四通两翼阀门：四通两翼阀门螺栓齐全、紧固、清洁，开关位置正确，控制管线接头连接紧密。

套管头：套管头不刺不漏，连接螺栓齐全紧固，压力表完好。

（四）节流、压井管汇

连接：螺栓齐全，连接牢靠。

压力表：合格证在有效期内；压力表齐全完好，灵敏可靠。

闸门：闸门开关状态正确，标识清楚，灵活好用。

固定：节流、压井管汇及放喷管线固定牢靠。

（五）液气分离器

阀门：进液管线固定牢靠，排液阀门齐全、完好，开关灵活，标识清楚、准确。

压力表：合格证在有效期内；压力表读数准确，安全阀灵活好用。

固定：固定牢固，绷绳规范。

排污阀：排污阀灵活好用，排污及排气管线畅通，无残液。

（六）坐岗房

量尺：量尺完好，尺度准确、清洁。

坐岗记录：记录本清洁、完好，记录数据及时、齐全、准确，签字齐全。

（七）井架及底座

井架主体：井架主体、底座、井架梯子、操作台、套管扶正台、立管平台、二层台、天车台梯子栏杆、连接销子、剪切销、别针、保险绳齐全，井架拉筋无变形、裂纹。

绳索、滑轮：各绳索及悬吊滑轮悬挂牢靠，钢丝绳无断丝、不打结。

支撑稳绳器：支撑稳绳器固定牢靠，系好保险绳。

立管卡子、保险绳：立管卡子齐全，螺杆背帽固定，保险绳规范。

井架绷绳：井架绷绳松紧合适，地锚牢固。

照明设备：井架照明设备完好，保险绳齐全。

安全防护装置：井架攀升保护器、助力器、安全带、防坠落装置齐全好用。

（八）立管台

立管、水龙带、水龙头连接：立管与水龙带、水龙带与水龙头连接牢固，保险绳拴法正确，卡子牢固。

卡子、保险绳：卡箍、U 型卡与井架卡牢，保险绳齐全。

（九）二层台

指梁、操作台：指梁、操作台不变形，固定牢靠，保险绳完好。

保险带、钩子：保险带完好、挂牢，钻杆钩子保险绳固定牢靠。

钻柱排放：钻柱排放整齐，捆绑牢靠。

大绳：大绳断丝不超标，无压扁。

逃生器、助力器、防坠落装置：逃生装置固定位置正确，安全可靠，不打结，无锈蚀，地面缓冲砂充足。登梯助力器、防坠落装置固定、连接安全可靠。

（十）天车台

固定、润滑：天车固定牢靠，润滑良好。

护罩、挡绳杆：护罩、挡绳杆齐全、安全可靠。

起重架：起重架固定牢靠，无杂物。

（十一）提升系统

游车：天车、游车护罩牢固，滑轮无裂纹、无窜动，滑轮槽磨损不超标，润滑良好。

大钩：大钩开关、转动灵活，保险销可靠，黄油嘴齐全，润滑良好。

水龙头：水龙头固定螺栓齐全、紧固，黄油嘴齐全，加油孔清洁，润滑油量、油质符合要求，不刺漏。

吊环、保险绳：吊环磨损不超标、无变形，保险绳符合要求。

顶驱本体：各紧固无松动，游动电缆与井架无挂碰；减速箱油量充足，温度正常，油管线、接头无破损、漏油；润滑油泵、冷却风机、液压盘刹工作正常。

导轨与滑车：滑车滚轮润滑良好、无松动、无损伤、转动灵活；导轨连接销、锁销齐全，悬挂吊耳、调节板连接牢固，保险绳齐全；反扭矩梁固定牢固，距离调节合适。

（十二）转盘

运转：运转正常，无跳动、异响和发热。

润滑油：油量、油质符合使用要求，润滑良好。

固定：固定牢靠、平稳。

第四节　内钳工岗

一　巡检路线

值班房→硫化氢防护设施→井口工具→B 型大钳→气动绞车→仪表→节控箱→辅助刹车→绞车→排绳器→冷却水罐和循环水泵→值班房。

二 巡检内容及要求

（一）值班房

工程班报表：查阅工程班报表，了解施工情况。

设备运转记录：设备运转保养记录的填写是否及时、准确，有无错漏。

（二）硫化氢防护设施

便携式检测仪：电量充足，检测在有效期内，外观完整、清洁，数值显示清晰。

正压式空气呼吸器：①面罩组件完整、清洁、密封，调节情况正常。②供气阀灵活、清洁、完整。③气瓶阀完整、密封、灵活，气源压力为 28～30MPa，高压泄漏检查、低压报警哨测试正常（低于 5MPa 时报警）。④减压阀灵活、清洁、完整。⑤高、中压软管正确连接，管线及各接口密封正常，清洁、完整。⑥背托架完整、清洁，背带完好、固定牢固、长度调节合适。

防爆排风扇：钻台上防爆排风扇固定、清洁，防护网、线路及接地良好，电机运转正常。

（三）井口工具

卡瓦：卡瓦牙齐全完好、固定牢固，轴销连接完好、把手齐全。

安全卡瓦：安全卡瓦牙弹簧固定牢固，灵活好用，保险链连接牢靠，各轴节润滑、灵活。

吊卡：吊卡舌头、活门、保险销灵活可靠，润滑良好，平台阶吊卡台阶磨损不超标，保险销使用可靠。

钻头盒、小补心、方补心、防喷盒：钻头盒把手结实、底板无裂缝。方补心、小补心完好。防喷盒把手、盒体完好，开关灵活。

提升短节：提升短节、配合接头摆放整齐，维护良好。

内防喷工具：内防喷工具齐全，密封有效，灵活好用，标识清楚，保养良好。

（四）B 型大钳

钳柄、吊绳：钳柄无裂纹，钳体水平、上下移动灵活，与吊绳连接牢靠。

连接销：各部位配合连接销良好，无阻卡，开口销、别针齐全。

钳牙：钳牙齐全完好，无松动、无油泥，挡销齐全。

钳尾销：钳尾销的保险销使用标准销子，穿别针。

钳尾绳：钳尾绳使用专用钢丝绳，无断丝，不打扭。

（五）气动绞车

固定：固定牢靠、平稳，护罩齐全、清洁。

钢丝绳：钢丝绳排列整齐，不打结、无锈蚀，断丝不超标，长度合适。

刹车：手柄自动回位装置灵活好用，刹车装置可靠，油杯油量充足，油质合格，黄油嘴齐全，润滑良好。

吊钩：专用吊钩安全可靠，灵活好用，与钢丝绳连接牢靠。

（六）仪表

指重表及参数仪：指重表、压力表、参数仪齐全完好，在有效期内，指示准确、灵敏，表盘清洁。

（七）节控箱

仪表：齐全、完好，显示数值正确，符合工况。

阀位：位置正确，开度为 1/4 ~ 3/8。

供油系统：油量在上下刻度内，气泵工作正常，管线连接正确无渗漏。

（八）辅助刹车

固定、保养：固定牢靠，保养及时，清洁。

风机及接地：冷风机运转正常（水冷式供排水正常），电机接地规范。

滑键离合器：滑键离合器固定牢靠，安全可靠，灵活好用。

（九）绞车

固定：固定背帽螺丝齐全、牢固；正反螺丝、绞车压杠、搭扣器齐全，紧固牢靠、无悬空。

带式刹车：平衡梁调节平衡，左右间隙相等，刹带吊钩、托轮调节符合规定要求；刹带调节螺丝灵活、好用，背帽齐全，间隙合适，刹带片与钢毂的磨损量符合规定。

盘式刹车：①液压站电动机、柱塞泵运转正常，无杂音，接地规范；②液压油量在上下刻度内，滤清器指示正常，阀门工况正确，系统额定工作压力符合要求；③液压管线完好无损，连接正确、紧密，无渗漏；④工作钳、安全钳安全可靠，工作钳间隙不大于 1.0mm，安全钳间隙不大于 0.5mm，刹车片厚度不小于 12mm；⑤刹车盘无油污、龟裂，磨损量在允许范围之内。

润滑、冷却：润滑系统油量在油标尺高、低限刻度之间，油压正常，各连接无渗漏，冷却水泵或风机运转正常，冷却良好。

离合器：离合器固定牢靠，摩擦片完好，磨损量不超标，钢毂表面无油污，各离合器进、排气正常。

轴承、链条、链轮：所有轴承、链轮、齿轮、换挡离合器、刹车机构、万向轴润滑良好，黄油嘴齐全。链条松紧合适，链片、销子、别针齐全完好。

传动箱：传动箱运转正常。

滚筒钢丝绳：排列整齐，断丝不超标。

（十）排绳器

钢丝绳与滑轮固定：钢丝绳绳卡固定符合要求，滑轮固定连接牢靠，润滑良好。

排绳器滚子：排绳器滚子转动灵活，滚轮间距满足工作需要。

（十一）冷却水罐和循环水泵

水质、水量：水罐内水质、水量符合使用要求。

循环水泵及电动机：固定牢靠，运转正常，接地规范。

循环水管线：无渗漏。

第五节 外钳工岗

一 巡检路线

值班房→硫化氢防护设施→大门坡道及钻台梯子、栏杆→液压猫头→液压大钳→转盘驱动箱→钻台手工具及螺纹脂→钻台偏房→水罐及水泵→值班房。

二 巡检内容及要求

（一）值班房

工程班报表：查阅工程班报表，了解施工情况。

（二）硫化氢防护设施

便携式检测仪：电量充足，检测在有效期内，外观完整、清洁，数值显示清晰。

正压式空气呼吸器：①面罩组件完整、清洁、密封，调节情况正常。②供气阀灵活、清洁、完整。③气瓶阀完整、密封、灵活，气源压力为 28～30MPa，高压泄漏检查、低压报警哨测试正常（低于 5MPa 时报警）。④减压阀灵活、清洁、完整。⑤高、中压软管正确连接，管线及各接口密封正常，清洁、完整。⑥背托架完整、清洁，背带完好、固定牢固、长度调节合适。

钻台探头：钻台上硫化氢探头固定、清洁、完整、不堵塞，防爆密封，线路连接良好。

（三）大门坡道及钻台梯子、栏杆

大门坡道：大门坡道固定牢靠，大门立柱安装牢固，防护链、保险绳齐全完好，安全可靠。

梯子、扶手：梯子及扶手齐全，踏板水平，不开焊变形，保险绳齐全。

钻台栏杆：钻台栏杆、踢脚板齐全完好，固定牢靠。

逃生滑道：逃生滑道固定牢靠，保险绳安全可靠，地面缓冲砂充足。

钻台下：钻台下清洁卫生。

（四）液压猫头

固定螺丝：固定螺丝紧固，销子、别针齐全，手柄灵活好用。

钢丝绳：钢丝绳完好，断丝不超标，绳卡紧固，长短合适。

液缸及液压管线：液缸及液压管线无渗漏。

（五）液压大钳

吊绳及尾桩固定：吊绳完好无断丝，固定牢固；尾桩固定牢靠。

钳头：钳头（鄂板）无变形、裂缝，固定牢靠。

钳牙：钳牙齐全完好，无松动、无油泥，钳头进、退活动灵活，转动无阻卡，刹带调节合适。

气缸：移送气缸、夹紧气缸伸缩活动自由，不漏气。

换向阀、溢流阀、管线连接：手动液压换向阀、溢流阀、管线连接紧密、无渗漏。

门框：大钳门框灵活好用。

气控元件：气控元件固定良好，连接紧密，快速放气阀灵活好用。

液压站：液压站各部位无渗漏。油质、油量、油温、油压符合使用要求。柱塞泵运转正常、无杂音。电机接地规范，清洁卫生。

（六）转盘驱动箱

固定：固定牢靠、清洁。

链条、销子：链条松紧合适，开口销、弹簧销、链板齐全完好，运转无杂音。

传动装置：传动装置油池油量、油质符合使用要求，万向轴黄油嘴齐全，润滑良好。

（七）钻台手工具及螺纹脂

手工具：手工具数量齐全，清洁完好。

螺纹脂：螺纹脂数量、质量满足要求。

（八）钻台偏房

钻杆钩子、刮泥器：钻杆钩子、刮泥器清洁完好。
工具箱：工具箱清洁，工具摆放整齐。
黄油枪：黄油枪完好。
各类图表及保养牌：偏房清洁卫生，各类图表、保养牌齐全。

（九）水罐及水泵

水量：水罐内水量满足使用要求，无污染。
水罐及管线：水罐、管线完好，无漏失。
水泵：水泵电机运转正常，接地规范。
电源线：电源线不打结，绝缘良好。

第六节　场地工岗

一　巡检路线

值班房→硫化氢防护设施→钻具→井场→材料房→振动筛→锥形罐→高架槽→污水泵→爬犁→值班房。

二　巡检内容及要求

（一）值班房

工程班报表、钻具记录：查阅工程班报表、钻具记录，了解施工情况。
设备运转记录：查看振动筛运转、保养记录填写是否及时、准确，有无错漏。
卫生：值班房清洁、卫生。
工具：镐、锹、扫把、撬杠等工具齐全完好。

（二）硫化氢防护设施

便携式检测仪：电量充足，检测在有效期内，外观完整、清洁，数值显示清晰。
正压式空气呼吸器：①面罩组件完整、清洁、密封，调节情况正常。②供气阀灵活、清洁、完整。③气瓶阀完整、密封、灵活，气源压力为 28～30MPa，高压泄漏检查、低压报警哨测试正常（低于 5MPa 时报警）。④减压阀灵活、清洁、完整。⑤高、中压软管正确连接，管线及各接口密封正常，清洁、完整。⑥背托架完整、清洁，背带完好、固定牢固、长度调节合适。

探头：锥形罐处（硫化氢、可燃气体、二氧化碳）探头固定、清洁、完整、无堵塞，防爆密封，线路连接良好。

防爆排风扇：固定、清洁，防护网完好、线路及接地规范，电机运转正常。

场地风向标：固定、灵活、完整。

（三）钻具

排放：钻具以内螺纹端为基准排放整齐，按入井顺序排列编号，数量准确，损坏钻具标识清楚，分类摆放。

螺纹：螺纹清洁，水眼畅通无杂物，钻具上、下钻台戴好护丝。

提丝、护丝：提丝、护丝完好。

（四）井场

门禁制度：严格执行门禁制度。

打捞及取心工具：摆放整齐，保养及时。

备用钻具：摆放整齐，螺纹清洁。

场地照明灯：工作正常，线路完好。

吊装索具：齐全、完好、符合规范。

场地：各类标牌齐全，警戒线规范，井场平整卫生、无杂物，排水沟畅通。

废料：废料及垃圾分类存放。

（五）材料房

材料：材料分类摆放整齐，用料及时登记，账、卡、物三对口。

防盗：有防盗措施。

（六）振动筛

电路、开关：电路、开关完好，电机接地可靠，护罩齐全，运行正常。

固定、润滑：螺栓固定，黄油嘴齐全，润滑良好。

返砂情况：筛布完好，固定牢靠，运行正常，无积砂。

清洁：不跑钻井液，停用后及时清理。

（七）锥形罐

罐体：罐体无渗漏。

电路及开关：电路规范，开关完好，绝缘良好。

照明灯：照明灯完好，灯杆、灯架固定牢靠。

（八）高架槽

固定：固定牢靠。

槽（管）：槽（管）不漏钻井液，槽（管）内无积砂。

（九）污水泵

电机开关：电路开关、绝缘完好，电机运行正常。

连接固定：泵体、管线连接良好，固定牢靠。

（十）爬犁

物品摆放：物品摆放整齐，标识清楚。

思考题

1. 交接班时为什么要进行岗位巡回检查？
2. 请写出你的岗位的巡回检查路线？
3. 你的岗位值班房检查包括哪些内容？
4. 请写出硫化氢防护设施的检查内容？
5. 如何正确规范使用及保养液气大钳？
6. 副司钻在接班检查时发现液压管排接头处液压油刺漏该如何处置？
7. 司钻岗位在交接班时需要掌握哪些情况？

扫一扫
获取更多资源

第七章

作业工序与操作

PART 7

石油钻井是一项复杂的系统工程，是不同岗位人员利用各项设备、工具、材料进行的联合作业。为保证钻井作业的连续性、安全性，要求各个施工环节必须紧密衔接、环环相扣。一口井的作业工序主要包括搬迁、安装、一次开钻、安装防喷器，以及各次开钻、测井、下套管、固井、拆卸防喷器、甩钻具、拆卸设备及设计要求的其他特殊作业等。为保证各工序作业安全顺利，做好作业前的准备工作，各岗位严格落实技术指令，规范操作。

第一节 搬迁

搬迁是将钻井设备、设施及附属装备、井场野营房等搬运至目的地（新井场）的施工过程。

一 搬迁准备

①井口坐标确定后，生产部门须与甲方单位、地方政府确定上三线（高压线、低压线、通信线）和下五线（油管线、气管线、水管线、电缆线、通信线缆）走向，必要时进行水文地质勘察，制定地表附属物的清除方案。

②钻机搬迁安装前，队干部和项目部负责人共同对搬迁井场、道路进行现场勘察。查看作业现场地面平整程度及耐压程度，清理障碍物。检查作业现场是否有高压线路、注水井、抽油机等影响作业的不利因素，确定吊车位置。

③零散搬迁前准备包括：

a. 井场电源实施断电，生产生活用电线路已拆除，对应地线已拆除、回收。

b. 设备设施的水、气管路已切断，并进行必要拆除。

c. 各类罐体容器（如泥浆罐、储备罐、石粉罐、泥浆不落地收集罐等）已完成清理、倒运。

d. 生产生活所产生的废弃物（如生活污水、生活垃圾、岩屑等）已完成清运、回收。

e. 各设备连接、固定已进行必要拆除。

f. 地表附属物和下地管线、电缆等已全部进行防护、警示。

g. 确认现场条件与《迁装作业施工方案》是否相符，有变化的，须进行风险再识别，并采取防护控制措施。

h. 参与迁装作业的承包商持有业务部门开具的派工单，并对其人员资质、设备工具状况进行核对。

i. 视频监控能够对作业施工现场实现全覆盖，且运行、传输、回放正常。

j. 设备设施上方或侧方超高、超宽的附件已拆除。

④整体搬迁前准备包括：

a. 清理钻机周围障碍物和平移装置轨道面、钻台面杂物。

b. 拔、甩大小鼠洞管，拆甩坡道、猫道、安全滑道、斜梯、出水管等妨碍钻机平移的附属设备。

c. 将钻机平移方向所需导轨进行连接，各连接销穿好锁销及防脱别针。

d. 检查井架底座各关键构件连接情况应：连接可靠、本体无变形，固定螺栓牢固。游动系统应进行有效固定。

e. 钻机平移装置应安装在预先打好的基础上，基础平面度误差不大于 3mm，组装后轨道的整体上平面度误差不大于 1.5mm，相邻两节轨道间销孔误差不大于 0.2mm。对轨道的滑移面进行清理并涂抹润滑脂（或少量浇油）润滑。

f. 连接好液压站与操作台、操作台与平移油缸的液压管线。

g. 启动液压站，检查液压站运行情况后，缓慢操作平移油缸控制手柄，使两平移油缸全部处于初始位置，实现两个平移油缸的同步工作。

h. 检查保养刺爪结构，确保刺爪方向合适，与轨道中的刺爪孔配合到位。

i. 井架及底座载荷应符合液压平移装置的最大运移载荷，如载荷过大应及时调整，以免运移工作无法完成（例如钻杆盒内钻柱存放过多时，应先将部分钻具甩下，以使运移载荷与装置相适应）。

j. 液压站所属连接管线应连接正确、可靠，无泄漏，液压站额定压力值调节合适，现场额定压力一般调节为 16MPa，以防在平移过程中憋坏液压管线、损坏液控系统。

k. 钻井生产现场总指挥负责组织、主持搬迁协调会，进行 JSA（分析作业危害识别），制订相应的防范措施和方案。明确各单位、各岗位人员工作职责；协调处理搬迁作业中的各种关系；对钻井队人员进行工作分工，确定吊装指挥、监护人员，新、老井主要负责干部，明确工作内容和安全注意事项。

l. 作业前准备好扳手、大锤、铁锹、撬杠、安全带、护目镜、各型号吊装绳索、牵引绳、推拉杆、吊装带、钢丝钳、铁丝、井架连接销防脱落装置等工具。

二 搬迁作业

搬迁作业主要有零散搬迁和整体搬迁两种形式。

（一）零散搬迁

零散搬迁就是将拆解后的整套钻井设备转场运移的过程。作业流程一般为装车、设备固定、运输、卸车等。

1. 搬迁顺序

绞车低位：平移装置（选配）—钻机基座—绞车—上台底座—转盘及传动装置—井架（天车、游车、大钩）—动力及传动系统—循环系统—顶驱及其他辅助设备。

绞车高位：平移装置（选配）—钻机基座—绞车—转盘及传动装置—井架（天车、游车、大钩）—动力及传动系统—循环系统—顶驱及其他辅助设备。

2. 作业步骤

（1）指挥配合

①运输车辆由运输单位带队干部进行调度指挥，车辆行驶前，应注意观察周围环境，鸣笛示警并有专人指挥，相关人员与其保持安全距离。

②司索指挥负责起重作业的指挥，起重作业时，其站立位置既要保证与吊车司机之间视线清楚，又要保证能够清楚地看到所吊设备和司索人员，并且保证自身安全，指挥信号要清晰明确。

③当司索指挥不能同时看见吊车司机、所吊设备和司索人员时，应站到与吊车司机之间视线清楚的一侧，并增设中间指挥人员传递信号，实现“传递指挥”。

④两台或多台吊车配合吊装，由现场指挥（井队正职干部）全程安全监控，指挥各台吊车同步操作。

⑤司索指挥应检查确认吊车四个支腿之间已用警戒带进行安全隔离，同时确保吊车旋转半径范围内不得有人。有人进入时，及时指挥吊车停止作业，并对进入人员劝离。

⑥参与迁装作业的所有人员应听从指挥，禁止违章作业，提前观察作业环境，选择好逃生路线，严禁站在吊装死角位置。

（2）装车

①装车前清除车辆上无关的杂物。

②装车作业时，必须安排一名持有效司索指挥证的人员负责吊装作业指挥，并佩戴明显标识。

③当指挥员引导吊车停至合适位置后，作业人员应配合垫好垫木，吊车司机支起千斤，确保吊车不下陷倾斜，稳定牢靠。

④指挥员指挥吊车下放吊钩，操作人员将吊索具挂在吊钩上，指挥吊车司机慢慢收起绳子。

⑤指挥吊车将吊钩处于被吊物的正上方，作业人员在统一指挥下将吊索具挂在被吊物的吊装点上（或使用专用卸扣使其与吊物吊耳相连接），并发出准备起吊信号。指挥员接到所有挂吊索具人员的准备起吊信号后，发出起吊指令。待吊车司机根据指挥信号慢慢绷紧吊索具后，拴好牵引绳，所有人员撤离到安全位置。

⑥吊车司机首先进行缓慢试吊，待确定起吊安全后，指挥吊车起吊至合适高度，作业人员拽拉牵引绳配合，然后转到卡车厢正上方将重物缓慢放至卡车上。

⑦当吊装绞车等大型设备时，起吊至合适高度后停止起吊，指挥卡车倒车至设备的正下方，然后吊车司机将被吊物缓慢放到卡车上。

⑧当被吊物在卡车上就位停稳时，指挥人员指挥吊车下放吊钩，现场操作人员接到指令后再摘掉吊索具，并远离被吊重物。

（3）设备固定

①使用铁丝等将设备固定在卡车的四角，并用撬杠绞紧。

②大型和超重的物品应使用车上的专用铰链进行固定。

③容易滚动的设备应垫上木块后再进行固定。

④设备组件应该平衡、稳定、整齐、牢固放置。

（4）设备运输

①运输超大型部件或长途运输时应控制车速，行进颠簸不平路段时，带车人员应下车检查部件是否移动或松动，如果有松动及时进行紧固。

②当通信、电力线过低时，应由专业人员进行升线，使卡车从下方安全通过。

③运输途中出现恶劣天气（狂风、大雪、暴雨、大雾等）应暂停运输，停放在安全地带。

（5）卸车

①卸车作业时，必须安排一名持有效司索指挥证的人员负责吊装作业指挥，并佩戴明显标识。

②专人指挥吊车停到合适位置，互相配合铺好垫木，吊车司机支好千斤，确保吊装作业时不下陷倾斜。

③指挥吊车下放吊钩，现场作业人员将吊索具挂在吊钩上。

④指挥吊车司机将吊钩提至合适高度，并转至待卸设备的正上方。

⑤现场作业人员在统一指挥下将吊索具挂在被吊物的吊装点上（或使用专用卸扣使其与吊物吊耳相连接），并发出准备起吊信号。

⑥指挥员接到所有挂吊索具人员的准备起吊信号后，发出起吊指令。待吊车司机根据指挥信号慢慢绷紧吊索具后，拴好牵引绳，所有人员撤离到安全位置。

⑦当被吊物吊起 0.1~0.2m 时，指挥吊车停止起吊，并检查千斤及吊车平稳状况，在确保吊车稳定后再指挥卡车离开。

⑧卡车离开后，指挥吊车下放设备距地面 0.1~0.2m，调整被吊物方向，并将其放置预定位置。

⑨当被吊物就位停稳时，指挥人员指挥吊车下放吊钩，现场操作人员接到指令后再摘掉吊索具。

3. 搬迁完毕

重复上述作业步骤，直至将所有设备运移至新井场完成就位。

4. 特别提示

①根据所吊设备的重量、外形及吊点类型，选择合适的吊索、吊具和车辆；吊索应满足吊起物体时绳索之间夹角不大于 120°，绳索不打扭、不挤压、不碰撞，采用推拉杆、牵引绳控制吊物转向。

②起吊设备执行“一物一吊”，小件打包起吊须外形规则统一，使用非吊装绳索进行打包时，禁止将该绳索作为吊点。

③司索人员在起吊前要认真检查，将活动物体清除或固定牢靠。

④吊车司机应在起吊前做好试吊，试吊起升时，确保吊物能够被垂直吊起，且吊物离开原承载面不超过 30cm，确认吊车运行稳定和制动器灵活有效后，方可继续作业。

⑤车辆未停稳或人员未离开货箱不许装车，零散、易滚、易滑的设备装车后要捆绑牢靠，吊物放稳后，方可摘掉吊索。

⑥装卸货车辆未停稳人员不许靠近；正在装卸货的车辆，未得到指挥信号不可移动。

⑦设备拉运前，由运输单位负责将设备捆绑牢固，达到“平、正、稳、牢”方可起运。

⑧设备拉运前，应对管线口、罐口进行必要的包扎封口，关闭油路阀门，防止泥浆、油品、污水等污染物溢出，造成环境污染。

⑨井架须固定在专用运输架上，固定牢靠，起吊时不得以运输架作为吊点，应同时兜挂两片井架。

⑩使用吊车吊装设备时，一台吊车配一名指挥人员、一名监护人员和四名操作人员，指挥人员和监护人员必须穿指挥服和监护服，否则不允许进行吊装作业。

（二）整体搬迁

整体搬迁就是在不放井架，不拆卸钻机主要设备的情况下进行的搬迁作业。通常有整拖、导轨平移、步进式等形式。以导轨平移形式为例，具体操作程序如下：

①总指挥站在井架大门前，负责平移作业指挥。机械工长站立于操作控制台前合适位置，负责平移装置的操作。

②接总指挥发出的“开始指令”后，机械工长操作手柄使液压缸顶杆伸出，推动底座移动，当液压缸接近完全伸出时，及时控制手柄使液压缸收回，待剌爪滑动落入剌爪孔后，重复上述动作，直至平移到位。

③待完全到位后应检查井口与井眼对正情况。停掉动力源电源，拆除液控管线及操作控制台，并使用防护帽对平移液压缸及管线接头做好防护。使用专用护罩或利用合适物料对液压油缸进行包扎防护。

④安装坡道、猫道、安全滑道、斜梯、出水管等附属设备及装置。

三 注意事项

①6 级以上（含 6 级）大风、雷电或暴雨、雾、雪、沙暴等能见度小于 30m 时，应停止吊装及高空作业，防止安全事故发生。

②作业应严格执行好“拆搬安作业风险防控四十条”规定。具体内容见附件 1。

③吊装作业时必须专人指挥，穿戴指挥服，站在安全且明显的位置；起吊前应仔细检查确认吊车、设备设施的吊装锁具、吊装点的安全状况是否符合起吊要求，使用双叉、四

叉绳套时，必须先捋顺绳套后再起吊。吊车司机根据指挥信号慢慢绷紧吊索具后，所有人员撤离到安全位置，吊臂下不得站人；起吊时作业人员在安全位置，使用好牵引装置等专业吊装工具。

④装车前应清除车辆上无关的杂物；当被吊物在卡车上就位后，现场作业人员必须在接到指挥人员的明确指令后再摘掉吊索。

⑤敲击作业时员工站位合理、佩戴护目镜，严禁使用管钳、扳手等非专用工具进行敲击作业。

⑥搬迁过程中如遇到不能通过的电线、光缆或通信线路时，应由专业人员处理后才能行驶，严禁驾驶员或带车人员私自挑线。

⑦井架平移前应对钻台面易滚动、晃动的物件进行清理或固定。

⑧井架平移前后对轨道面要进行润滑保养，平移前保持轨道的平整和光滑。平移装置液压管线连接好后不得缠绕、扭结，应捋顺、排齐，并做好防护，防止在平移过程中挤压损坏管线。平移装置移动钻机时应注意两个液缸工作是否同步，如果出现偏差立即停止移动，检查并调整两液缸直到同步工作。

⑨井场布局。常规井布局应符合现场安全生产要求，含硫化氢的井季节盛行风应从左侧（偏房一侧）吹向右侧，宿舍区应摆放在井场的上风向，距井口 500m 以外，硫化氢含量高的井，宿舍区需摆放在上风向 1km 以外。井场布局图见附件 2。

第二节　安装

安装就是将拆解后的钻井设备重新组装，经过验收达到开钻标准的过程。

一　安装准备

人员准备：作业人员应证件齐全，提前了解在用钻机整体构成及各部件结构特性、重量尺寸、吊装位置、连接方式、固定要求等。

工具准备：安全带、钢卷尺、水平尺、百分表、工程线、铅坠、撬杠、扳手、管钳、大锤、牵引绳、推拉杆、各种型号吊装绳索等。

车辆准备：吊车、挖掘机、拖拉机、运输车辆等应提前到位。

二　设备安装作业

现场一般多台吊车分组施工，通过合理调配可大幅加快设备安装进度。通常按钻机主体部分，机房、泵房、循环罐区及外围设施的顺序安装。不同钻机的安装顺序及要求略有差异，下面以 70D 设备为例进行介绍。

（一）安装底座

1. 底座就位

①将吊车吊装绳套挂在左前底座的吊耳上，并拴好牵引绳，吊车将其吊起至合适高度。

②使用牵引绳，配合吊车运移左前底座，根据井口中心位置，以左右前底座上中心标志位置为基准，将左前底座边缘线与基础线对齐，与中心线对正，下放吊钩，牵引扶正左前底座就位。

③下放吊钩，摘下吊装绳套，解下牵引绳。

④重复上述动作，依次吊装右前底座、左后底座、右后底座就位。

⑤左前座与左后座、右前座与右后座用连接销连接并穿好锁销。

⑥底座就位后，机械工长使用水准仪测量底座水平度（经测量，超出标准后应及时采取相应措施）。

2. 安装拉梁、斜拉梁

①将吊装绳套挂在拉梁吊耳上，并拴好牵引绳，吊车将其吊起至合适高度。

②使用牵引绳，配合吊车将其运移至安装位置。

③下放吊钩，牵引扶正，待拉梁与两侧底座对齐后，选择合适的位置和角度，用大锤砸好连接销并穿好锁销。

④下放吊钩，摘下吊装绳套，解下牵引绳。

⑤重复上述动作，完成斜拉梁的安装。

3. 安装前后立柱及前后斜立柱

①将吊装绳套挂在左前立柱吊耳上，并拴好牵引绳，吊车将其吊起至合适高度。

②使用牵引绳，配合吊车将左前立柱运移至左前底座耳座处。

③下放吊钩，牵引扶正，待左前立柱下端与底座对齐后，选择合适的位置和角度，用大锤砸好连接销并穿好锁销。

④下放吊钩，摘下吊装绳套，解下牵引绳。

⑤重复上述动作，依次安装右前立柱、左右后立柱、斜立柱。

4. 安装左右上座

①将吊装绳套挂在左上座的吊耳上，并拴好牵引绳，吊车将其吊起至合适高度。

②使用牵引绳，配合吊车将其运移至左底座连接耳座。

③下放吊钩，牵引扶正，销孔对正后，选择合适的位置和角度，用大锤砸好连接销并穿好锁销。

④连接完毕，下放吊钩，摘下吊装绳套，解下牵引绳。

⑤将吊装绳套挂在左前立柱、左后立柱上端的吊耳上，吊车将其吊起至合适高度。

⑥配合吊车将左前立柱、左后立柱上端吊起扶正，销孔对正后，选择合适的位置和角度，用大锤砸好连接销并穿好锁销。

⑦连接完毕，下放吊钩，摘下吊装绳套。

⑧重复上述动作，再进行右上座、右前后立柱的安装作业。

5. 安装立根台

①将吊装绳套悬挂在立根台的吊耳上，并拴好牵引绳，吊车将其吊起至合适高度。

②使用牵引绳，配合吊车将其运移至左右上座的连接耳座处。

③下放吊钩，牵引扶正，待销孔对正后，选择合适的位置和角度，用大锤砸好连接销并穿好锁销。

④连接完毕，下放吊钩，摘下吊装绳套，解下牵引绳。

6. 安装绞车梁

①将吊装绳套悬挂在绞车前梁的吊耳上，并拴好牵引绳，吊车将其吊起至合适高度。

②使用牵引绳，配合吊车将其运移至左右上座的连接耳座处。

③下放吊钩，牵引扶正，待销孔对正后，选择合适的位置和角度，用大锤砸好连接销并穿好锁销。

④连接完毕，下放吊钩，摘下吊装绳套，解下牵引绳。

⑤将吊装绳套挂在绞车后梁的吊耳上，并拴好牵引绳，吊车将其吊起至合适高度。

⑥使用牵引绳，配合吊车将其运移至绞车前梁和支架连接耳座处。

⑦下放吊钩，牵引扶正，待销孔对正后，选择合适的位置和角度，用大锤砸好连接销并穿好锁销。

⑧连接完毕下放吊钩，摘下吊装绳套，解下牵引绳。

⑨将吊装绳套挂在前后斜立柱上端的吊耳上，吊车将其吊起至合适高度。

⑩配合吊车将前后斜立柱上端吊起扶正，分别与立根台和绞车前梁销孔对正，选择合适的位置和角度，用大锤砸好连接销并穿好锁销。

7. 安装转盘梁

①将吊装绳挂在转盘梁吊耳上，并拴好牵引绳，吊车将其吊起至合适高度。

②使用牵引绳，配合吊车将其运移至安装位置。

③下放吊钩，牵引扶正，首先安装一端，待销孔对正后，选择合适的位置和角度，用大锤砸好连接销并穿好锁销。

④安装另一端时，如销孔不正，可用吊车进行调整，选择合适的位置和角度，用大锤砸好连接销并穿好锁销。

⑤下放吊钩，摘下吊装绳套，解下牵引绳。

8. 安装防喷器导轨总成

①将吊装绳套挂在防喷器导轨上，并拴好牵引绳，吊车将其吊起至合适高度。

②使用牵引绳，配合吊车将其运移至立根台耳座处。

③下放吊钩，牵引扶正，防喷器导轨与立根台销孔对正后，选择合适的位置和角度，用大锤砸好连接销并穿好锁销。

④同时，调整防喷器导轨销孔与转盘梁耳座对正后，选择合适的位置和角度，用大锤

砸好连接销并穿好锁销。

⑤下放吊钩，摘下吊装绳套，解下牵引绳。

9. 安装转盘

①将吊装绳套挂在转盘吊耳上，并拴好牵引绳，吊车将其吊起至合适高度。

②使用牵引绳，配合吊车将其运移至转盘大梁上方。

③下放吊钩，牵引扶正就位。

④下放吊钩，摘下吊装绳套，解下牵引绳。

⑤固定转盘，安装转盘附属设施。

10. 安装绞车

①吊装绞车时，应先进行试起吊，试起吊高度一般不超过 20cm。

②试吊后，可正式起吊至上底座安装处（或钻台面）摆正、就位。

③就位时，应先将绞车找正，再用螺栓、压板固定绞车。

11. 安装钻台偏房支架、钻台铺板

①配合吊车将吊臂运移至支架上方，将吊车吊装绳套拴挂在支架上，找好重心，并拴好牵引绳。

②使用牵引绳，配合吊车将其运移至安装位置。

③下放吊钩，牵引扶正，待销孔对齐后，人员系好安全带，站在井架底座上，选择合适的位置和角度，用大锤砸好连接销并穿好锁销。

④待吊车下放吊钩，摘下吊装绳套，解下牵引绳。

⑤重复上述动作，安装其他钻台偏房支架。

⑥按先后顺序，配合吊车依次将各钻台铺板起吊安放，起吊过程中绳套要拴好，并使用牵引绳扶正。

12. 安装司钻房、偏房，安装底座电缆槽等

①配合吊车将司钻房起吊后，使用牵引绳、推拉杆扶正，摆放就位。

②配合吊车将钻台两侧偏房起吊后，使用牵引绳、推拉杆扶正，摆放就位。

③配合吊车将电缆槽与底座进行连接，并将电缆规范连接至相应设备、设施。

④司钻房安装后，应及时将其与绞车等设备连接好各气、电、液等管路，并将绞车各进、出冷却水管线与冷却水罐连接。

13. 安装人字架

（1）整体安装法

①使用吊车将圆梁与两侧人字架分别摆放至合适位置后将圆梁与两侧人字架连接。

②使用吊车配合将人字架两侧两支腿分别用支撑杆连接。

③使用专用绳套拴挂到人字架上，使用两台吊车互相配合将人字架移送至安装位置。

④待销孔对齐后，人员选择合适的位置和角度，用大锤砸好连接销并穿好锁销。

（2）分块安装法

①使用吊车配合将人字架两侧两支腿分别用支撑杆连接。

②将绳套拴在人字架其中 1 根支腿上的整体起吊的吊点上，在两侧拴好牵引绳，配合吊车将人字架的支腿销孔靠近底座同侧下座的连接销孔，调整连接位置并提前准备连接销，选择合适时机快速穿入连接销，使用大锤或圆形钢棒敲击到位，并穿入锁销和别针。

③待吊车下放吊钩使人字架动力轴端放至低支架。

④以同样的方式将另外一侧人字架支腿进行安装。

⑤使用吊车配合将圆梁与两侧人字架支腿进行连接。

⑥使用两台吊车配合，同步起吊，使整体人字架起升翻转到位。

⑦两侧作业人员准备好连接销，待两侧销孔位置合适时，快速穿入并使用大锤或圆形钢棒就位，穿入锁销和别针。

⑧井架二系好安全带，登上人字架并拴挂在合适位置，取下吊装绳套，安装人字架作业完成。

（二）安装井架

1. 游车台、游车就位

①将吊装绳套挂在游车台吊耳上，并拴好牵引绳，吊车将其吊起至合适高度。

②使用牵引绳，配合吊车将其运移至钻台前合适位置。

③牵引摆正，待吊车下放吊钩，摘下吊装绳套，解下牵引绳。

④将吊装绳套在游车上挂好，并拴好牵引绳，配合吊车将游车吊起至合适高度。

⑤使用牵引绳，配合吊车将其运移至游车台上合适位置。

⑥牵引摆正，下放吊钩，人员到游车台上，摘下吊装绳套，解下牵引绳。

2. 安装第一节井架

①将吊装绳套挂在第一节井架大腿吊耳上（或使用专用卸扣使绳套与井架吊耳相连接），并拴好牵引绳，吊车将其吊起至合适高度。

②使用牵引绳，配合吊车将其运移至与其连接的底座销孔处。

③下放吊钩，牵引扶正，待井架与底座销孔对齐后，人员站在底座或场地上，选择合适的位置和角度，安装连接销并穿好锁销。

④配合吊车下放将井架放在低支架上。

⑤下放吊钩，人员到井架上方，系好安全带，摘下吊装绳套，解下牵引绳。

⑥重复上述动作，进行另一侧井架的安装作业。

3. 安装背扇钢架

①将吊装绳套挂在背扇钢架吊耳上（或使用专用卸扣使绳套与井架吊耳相连接），并拴好牵引绳，吊车将其吊起至合适高度。

②使用牵引绳，指挥吊车将其运移至第一节井架上方安装位置。

③下放吊钩，牵引扶正，待背扇钢架与井架销孔对齐后，人员站在井架踏板上，挂好安全带，选择合适的位置和角度，安装连接销并穿好锁销。

④连接完毕后，解下牵引绳，吊车下放吊钩，井架上工作人员摘下吊装绳套。

4. 安装其余井架

①在安装第二节井架前检查立管、水龙带密封圈，如有老化、破损，现场更换，并涂好润滑脂。

②将吊装绳套挂在第二节井架吊耳上（或使用专用卸扣使绳套与井架吊耳相连接），并拴好牵引绳，吊车将其吊起至合适高度。

③使用牵引绳，配合吊车将其运移至与其连接的第一节井架连接处。

④下放吊钩，牵引扶正，待第二节井架与第一节井架定位销对正后，人员站在第一节井架踏板上，挂好安全带，观察井架销孔对正后，安装连接销并穿好锁销及别针。

⑤观察两节井架的立管是否对正，位置偏移时，人员站在地面上，选择合适的位置和角度，将立管卡子松开，调整对正后，在活接头（俗称由壬）螺纹上涂好润滑脂，先用手将由壬旋紧，用大锤砸紧后，将立管卡子按规定紧固到位。

⑥连接完毕后，将井架吊起，移动低支架至第二节井架下方，下放吊钩，井架上工作人员摘下吊装绳套，解下牵引绳。

⑦重复上述关联动作，完成井架、背梁、拉筋的安装作业。

⑧井架中段两侧扇面安装好后，应先将二层台顺放入井架中段两侧扇面之间，然后再安装井架上部横梁、斜拉杆及二层台斜支撑梁。

5. 安装天车头

①将吊装绳套挂在天车头合适位置，并拴好牵引绳，吊车将其吊起至合适高度。

②使用牵引绳，配合吊车将其运移至与井架的连接处。

③观察天车头与井架的四个对接销孔是否同时对正，待天车与井架定位销对正后，人员站在井架踏板上，挂好安全带，安装连接销并穿好锁销及别针。

④吊车下放吊钩，井架上工作人员摘下吊装绳套，解下牵引绳。

⑤根据现场情况，也可将天车头与最上段井架在场地连接好后，整体吊起安装。

6. 安装水龙带

①将吊装绳套挂在水龙带上端距由壬 1m 处，并拴好牵引绳，吊车将其吊起至合适高度。

②使用牵引绳，配合吊车将其运移至立管的鹅颈管连接处。

③下放吊钩，牵引扶正，清洁水龙带由壬丝扣，并涂好润滑脂，待水龙带与立管鹅颈管对正后，先用手将由壬旋紧，再用大锤砸紧由壬，拴好水龙带保险绳。

④吊车下放吊钩，摘下吊装绳套，解下牵引绳。

7. 安装二层台逃生装置

①人员系好安全带，利用悬挂钢丝绳将二层台逃生装置安装在井架二层台以上合适位置。

②把导向绳及承重绳松开后，沿井架顺放在场地上。

8. 安装登梯助力装置

①井架上工作人员站在天车头栏杆上，系好安全带。

②两人配合将天车头上助力器滑轮撑杆支起，对接销孔。穿好连接销、锁销。

③场地工作人员将助力器导向绳穿入天车头下面的耳座内，选择合适的位置和角度，用大锤砸好连接销并穿好锁销。

④井架工拉助力器拉绳带挂钩一端，沿井架笼梯内部拉至井架梯子最下端，将挂钩拴挂在井架梯子横梁上。

⑤场地工作人员将助力器拉绳的另一端，从下往上穿过天车撑杆上的导向滑轮，拉至助力器配重块处，穿入配重块上的套环内，用三个标准钢丝绳卡卡紧。

⑥场地工作人员将助力器导向绳，沿井架一侧顺放在场地上。

⑦待井架起升后，场地工作人员在离井架底座基础25m（左右）处安装地锚（基墩）。把助力器导向绳穿入地锚的固定螺栓（基墩挂环）上，将导向绳拉紧，用三个标准绳卡卡紧，余绳盘好。

9. 摆放井架高支架

①吊车将吊臂运移至高支架上方，工作人员将吊装绳套挂在高支架上横梁两侧。

②吊车将高支架上部伸缩部位缓慢起升，当起升至合适高度，销孔对齐后，人员站在高支架立柱一侧，选择合适的位置和角度，用大锤砸好连接销并穿好锁销。

③下放吊钩，摘下吊装绳套。

④两台吊车分别摆放在天车两侧，人员站在井架踏板上，系好安全带，将吊装绳套挂在最上段井架的吊装位置（或使用专用卸扣使绳套与井架吊耳相连接），待吊车司机绷紧绳套后，人员撤离至场地安全区域。

⑤两台吊车同步起升将井架起升至合适高度，场地人员调用机械设备将高支架放至最上段井架下方合适位置。

⑥两台吊车同步下放，把井架平稳放在高支架上。

⑦工作人员上井架，系好安全带，摘下吊装绳套，工作完成。

10. 二层台安装

①将吊装绳套挂在二层台合适位置上，并拴好牵引绳，吊车将其吊起至合适高度。

②使用牵引绳调整方向，指挥吊车将其方向调整为横放于井架安装位置下部，配合吊车将其运移至与其连接的井架耳座处。

③使用牵引绳或推拉杆牵引扶正，待二层台与井架销孔对正后，用大锤砸好连接销并穿好锁销及别针。

④吊车下放吊钩，井架工作人员摘下吊装绳套，解下牵引绳。

⑤将吊装绳套挂在二层台合适位置，吊车平稳起升、摆正。

⑥将防脱绳套一端挂在二层台斜支撑梁下端，另一端绕过二层台或井架合适位置，将二层台斜支撑梁下端耳座推至二层台耳座处时，配合吊车将二层台耳座与斜支撑梁销孔对齐后用大锤砸好连接销并穿好锁销及别针。

⑦下放吊钩，井架工作人员摘下吊装绳套，解下牵引绳。

⑧参照上述动作，再进行另一侧二层台斜支撑梁的安装作业。

⑨连接完毕后，下放吊钩，场地工作人员摘下吊装绳套。

11. 安装起升大绳

①将吊装绳套挂在起升大绳一端合适位置并拴挂牵引绳，配合吊车将其摆动至底座上方。下放吊钩，将其运移至底座起升大绳耳座处，待销孔对齐后，用大锤砸好连接销，并穿好锁销及别针。

②将吊装绳套兜挂在起升大绳合适位置，配合吊车将起升大绳挂入人字架导向轮内，待吊钩下放，摘下绳套。

③人员到人字架导向轮处，系好安全带，安装挡绳块。

④将吊装绳套挂在起升大绳另一端合适位置并拴挂牵引绳，配合吊车按顺序绕过井架一侧的导向轮并安装挡绳杆。

⑤将起升大绳绳头穿过第一节井架下部导向轮，并穿好挡绳杆，配合吊车将起升大绳绳头吊至游车三角提环处，游车台工作人员选择合适的位置，互相配合使用大锤砸好连接销，并穿好锁销及别针。

⑥下放吊钩，井架工作人员摘下吊装绳套。

⑦重复上述动作，完成井架另一侧起升大绳的安装作业。

12. 安装井架悬吊钢丝绳

①将气动绞车悬吊钢丝绳从天车下相应辅助滑轮内穿过后通过二层台拉至井架底座处并有效固定。

②安装液气大钳悬吊钢丝绳，拉至井架大腿合适位置并有效固定。

③安装 B 型大钳悬吊钢丝绳，将钢丝绳一端通过井架两侧专用滑轮与 B 型大钳配重块连接，另一头固定至井架合适位置。

④根据现场要求进行穿大绳作业，以顺穿法为例介绍，见图 7–2–1。

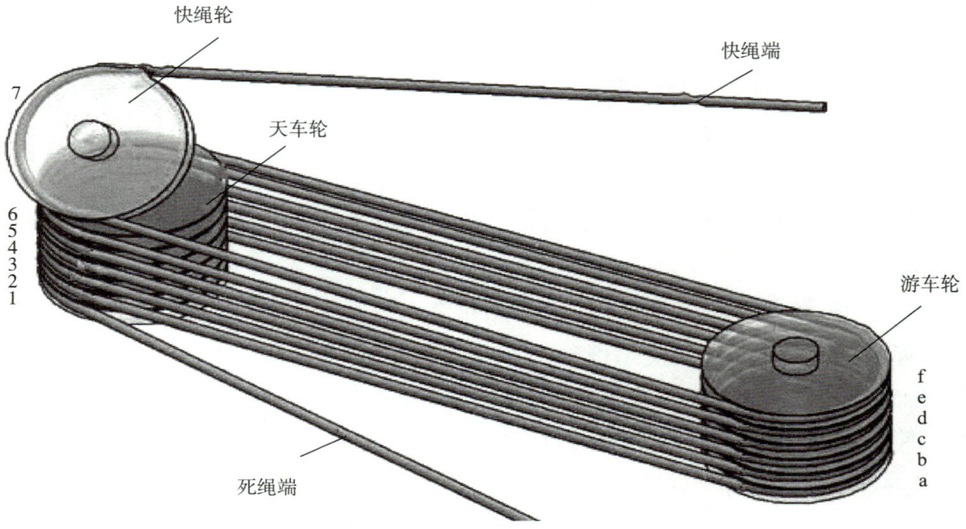

图 7–2–1　顺穿法穿大绳示意图

天车端自下而上编号为 1、2、3、4、5、6、7 号轮为快绳轮。游车端自下而上编号为 a、b、c、d、e、f。

顺穿法穿引绳时，第一股引绳要从天车 1 号轮自左向右穿入（站在游车位置面向大门，死绳端为左侧），拉出后从游车右侧穿入游车 a 轮向左侧穿过。把引绳从天车 2 号轮左侧穿过，拉出后从游车右侧穿入游车 b 轮向左侧穿过。把引绳从天车 3 号轮左侧穿过，拉出后从游车右侧穿入游车 c 轮向左侧穿过。把引绳从天车 4 号轮左侧穿过，拉出后从游车右侧穿入游车 d 轮向左侧穿过。把引绳从天车 5 号轮左侧穿过，拉出后从游车右侧穿入游车 e 轮向左侧穿过。把引绳从天车 6 号轮左侧穿过，拉出后从游车右侧穿入游车 f 轮向左侧穿过。

拉出引绳后，将引绳从快绳轮由下（靠地面一侧）向上穿过并从井架上方穿过连接到倒绳机上。引绳的另一端连接大绳。

操作倒绳机拉动引绳进行穿大绳操作。穿绳完毕后拉出合适长度的大绳缠绕在绞车滚筒上，根据要求卡固活绳头、死绳头。

⑤将防碰天车绳从井架背梁外侧拉至天车下，拴挂至背梁对侧合适位置。

（三）起升井架、底座

1. 起升前的准备

①检查天车、游车大绳无跳槽、护罩完好、防碰木应固定牢固；天车台各部件连接可靠，工具、杂物已清除。

②对整个井架进行检查，重点检查所有连接销、锁销及别针、电缆连接应安装齐全；螺栓、螺帽的紧固、锁紧情况，使用挡销螺帽的应穿好挡销，非挡销螺帽的应使用背帽锁紧；井架上无遗留的工具、杂物。

③井架及底座各导向滑轮挡绳杆齐全，固定完好，并对各导向轮进行注油润滑。

④检查起升大绳两端连接情况，悬吊系统钢丝绳应无别、挡、缠绕情况，安装牢固。

⑤发电机组、动力机组运行各项功能、指标正常。

⑥检查调试绞车试运转，检查盘式刹车和辅助刹车，确保控制灵敏、刹车可靠。

⑦检查指重表应安装完好、灵敏可靠，死绳固定器绳圈缠绕无跳槽、挡绳杆齐全，传感器介质充足、间隙合适，各连接管线无跑、冒、滴、漏。

⑧检查并调试液压缓冲装置，压力设置大小合适，各连接管线无损伤、无渗漏。

⑨检查底座上座与下座连接情况，连接销、锁销齐全、牢固。

⑩移除井架周边与起升作业无关的设备、设施，捋顺井架上悬挂的各种绳索及悬垂的水龙带，设置警戒区域，无关人员撤至安全区域。

2. 井架起升

①刹把操作人员鸣笛，操作绞车缓慢起升游车，逐渐拉紧钻井钢丝绳，使游车离开支撑面 100 ~ 200mm 刹车，检查钻井用辅助钢丝绳、钻井钢丝绳的死绳、水龙带等有无拉挂、缠绕现象，起升耳板有无裂纹，大绳头有无松动等。

②检查无误，继续起升井架离开高支架 200 ~ 300mm 刹车，对起升钢丝绳绳端固定、钻井钢丝绳死绳固定、钻机配重、底座受力杆件、人字架等关键部位进行检查，焊缝应无开裂，检查底座抬起高度，判断配重是否足够，并判断指重表读数是否准确。缓慢下放井架到高支架上，并将游车放松到离支撑面 100 ~ 200mm 处，对天车固定连接件及井架支座连接螺栓进行重新紧固。

③井架起升前应先操作缓冲装置控制阀，使其活塞全部伸出，并保持充液。操作绞车以低速将井架平稳拉起，中途不宜突然刹车或加速。当井架起升到 75° ~ 80° 或井架离缓冲器活塞头 2m 左右时，降低绞车运转速度，使井架缓慢靠到缓冲器活塞头上，操纵缓冲装置；当活塞开始收缩后，继续降低绞车运转速度，使井架缓慢就位。

④井架就位后，将起升钢丝绳轻微拉紧，及时将井架与人字架连接固定，将起升大绳下放，起升大绳应按要求位置挂接、盘放固定。

3. 底座起升

①待井架起升到工作位置并完成固定后，退去上座与底座间的连接销，然后利用绞车继续缓慢起升游车，使起升大绳绷紧。

②继续起升游车，当底座钻台部分距离下底座 100 ~ 200m 时，刹车检查，确认底座起升大绳穿法正确，且均在滑轮绳槽内，钻井用索具、油、水气、液管线及电缆等无挂拉、缠绕现象。发现问题时，缓慢下放底座到下基座上，对有问题的部位进行整改。

③经检查无误，则继续将底座拉起离开下基座 200 ~ 300mm，刹车制动，对起升钢丝绳绳端固定、底座受力杆件、人字架等关键部位进行检查，查看焊缝有无开裂，检查底座抬起高度，判断配重是否足够，并判断指重表读数是否准确，在此位置停留 3min 确认无误后，再将底座缓慢下放到下基座上。

④操作缓冲装置控制阀，使其活塞全部伸出，并保持充液。操作绞车以低速将底座平稳拉起，中途不应突然刹车或加速，如出现指重表读数突变，底座构件干涉、变形或异响等异常情况时，应停止起升，并将底座下放，检查并排除故障后再起升。当底座起升到 75° ~ 80° 或底座缓冲器活塞头距底座人字架 2m 左右时，降低绞车运转速度，随即操纵缓冲装置，使底座缓冲器活塞头缓慢靠到底座人字架上；操纵缓冲装置使底座与底座人字架连接销孔对准，用销轴将底座定位在垂直位置。

⑤底座固定完成后将起升大绳从起升三角架上拆下，挂到井架内侧横梁的悬绳器上。

⑥底座起升后依次安装钻台坡道、钻台梯子、安全滑道、栏杆、铺台、地面管汇等。

4. 井架的校正

①底座起升后，机械工长使用经纬仪进行检查，天车中心与钻台井口中心尺寸偏差应符合要求。也可采用游动系统上吊重物，检查井架中心与井口中心的对中情况。

②如果偏差不符合要求，应松开井架第一节与第二节连接处的螺栓，用千斤顶顶起井架调节座增减调节垫片进行调整，至符合要求，重新按扭矩紧固所有连接处的螺栓。

（四）顶驱及其附件的安装

1. 安装导轨

①在起井架前将调节好的导轨调节组件与悬挂吊耳连接在一起，将连接销尾部穿上别针，并将导轨调节组件固定在井架合适位置。

②井架起升后，安装作业人员攀爬至天车合适位置并系好安全带，拆掉调节组件与井架的固定。同时与钻台指挥人员之间建立有效通信，以保证指挥与安装信息及时沟通。

③将吊装绳套挂在导轨运移架吊耳上，并拴好牵引绳，配合吊车将其吊起至钻台上，摆放在游车的下方合适位置。

④工作人员互相配合将安装小车的吊环与游车相连接，使用安全钢丝绳和卸扣将安装小车与游车连接固定。

⑤司钻缓慢上提游车，安装小车沿导轨滑动至导轨顶部挡块，将导轨全部吊起并到达调节组件的下方。

⑥井架工作人员互相配合使用卸扣将导轨调节板与导轨连接，并穿上锁销及别针。

⑦导轨连接完成后，井架人员通知司钻下放游车，安装小车下移，此时导轨调节组件承受导轨的重量，导轨利用自身的重力向下滑动，使全部导轨对接呈直线状态。

⑧导轨垂直后，测量导轨安全距离合格后，继续缓慢下放游车，使安装小车下移至底部导轨，工作人员互相配合使用气动绞车和吊装索具等辅助设备将安装小车拆卸并移走。

⑨安装导轨反扭矩梁组件。使用气动绞车配合将反扭支座吊至井架横梁，并与井架横梁连接固定。打开两侧的反扭矩钳并与底部导轨连接，关闭反扭矩钳安装固定销，穿上别针。通过调整丝杠来调节反扭矩架前后伸缩距离。

2. 顶驱本体安装

①将吊装绳套挂在顶驱运输架吊耳上，并拴好牵引绳，配合吊车将其吊起至钻台上，摆放在钻台面合适位置。

②下放游车到适宜的高度。使用吊装绳套穿过游车提环与顶驱运输架顶部两吊耳连接。使用吊车配合将另一副吊装绳套挂入顶驱运输架底部两吊耳。

③游车与吊车两者配合缓慢立起运输架，并且将运输架后侧与导轨对正，下放游车，取下吊装绳套。

④拆下底部导轨定位销，调整底部导轨调节丝杠，使导轨伸出与运输架导轨在同一垂直面。

⑤取出游车提环一侧连接销，打开游车提环，下放游车至合适位置，将游车与顶驱提环连接，关闭游车提环穿入连接销。

⑥拆下导轨滑车锁销，缓慢上提游车，使顶驱滑车进入导轨，提至合适高度。

⑦调整丝杠，使底部导轨回位。安装导轨定位销，穿上别针。

⑧调整反扭矩架，使顶驱主轴中心与井口中心一致。紧固所有螺栓，穿上别针，并安装导轨安全绳。

3. 电缆安装

①将吊装绳套挂在游动段电缆箱吊耳上，并拴好牵引绳，配合吊车将其吊起至钻台上，摆放在钻台的右前侧，井架作业人员佩戴好安全带，检查电缆吊架各螺栓有无松动、卡板是否卡紧。

②工作人员互相配合使用气动绞车依次将游动电缆全部吊起安装在井架专用电缆吊架上，并拴挂好保险绳。

③将井架段电缆箱中的电缆吊起安装在电缆吊架上，并拴好保险绳。电缆在井架上并列平行，无交叉。井架工作人员将游动电缆和井架电缆接头按标记对接，并将电缆连接牢固，做好防水措施，固定防风卡。

④电缆向下延伸后，场地人员将电缆摆放整齐，并连接至电控房。

4. 其他井口辅助装置安装

①将吊装绳套挂在吊环上，并拴好牵引绳，配合吊车将其吊起至钻台上，摆放在钻台合适位置。

②下放顶驱至合适位置，使用扳手拆除顶驱吊环挡板。

③互相配合使用气动绞车将吊环挂入顶驱挂耳内，安装吊环挡板并穿好锁销。

④上提游车至合适位置，将倾斜油缸与吊环上的铰链总成用连接销连接，并上紧圆螺帽。

⑤检查鹅颈管、水龙带由壬，更换高压密封圈，涂抹润滑脂，将吊装绳套拴在水龙带由壬下端 1m 左右，挂入气动绞车吊钩。上提对接两端由壬，用手带紧，将水龙带调整至合适角度后，砸紧由壬，拴挂好保险绳并固定。

⑥使用气动绞车将吊卡挂入吊环内，并上紧锁紧螺帽。

⑦按要求对顶驱加注液压油、润滑油，并对各润滑点进行保养。

⑧安装 B 型吊钳、液气大钳、液压猫头等井口工具。

⑨配合相应岗位对顶驱及其他设备进行试运转。

三 注意事项

①大雨、大雾、大雪天气、能见度小于 100m 或风速大于 5 级时，温度低于 –20℃时，严禁起放井架作业（夜间不允许进行井架起放作业）。

②敲击作业时必须戴好护目镜防止异物入眼受伤，危险区域严禁人员滞留或通行。

③安装高位绞车、井架等高处及临边作业时，作业人员应系好安全带，使用好临边防坠落装置，手工具栓挂保险绳。

④底座对接时，作业人员不得站在两对接物中间，以免人员挤伤。

⑤井架安装时，严禁人员在井架直立行走、手扶耳板和销孔等危险行为。严禁上抛下掷工具或井架附件。

⑥穿大绳时，作业人员应远离危险区域，严禁站在大绳和卷绳器受力方向，作业人员

应避开放出的钢丝绳，禁止从钢丝绳上、下通过。

⑦起井架时，必须在天车、二层台两侧、底座两侧等关键部位指定观察人员，并做好警示防护工作。除钻台工作人员外其他人员和所有机具撤至正前方距井口不少于 70m、距井架两侧不少于 20m 的区域。

⑧钻台偏房及支架吊装就位时，应使用牵引绳，严禁偏房支架未固定时在支架上行走或作业。

⑨钻井泵、钻井液罐及罐内设施吊装就位、钻台栏杆与加宽台等边缘设施安装时，必须指派专人负责指挥，作业人员站位合理。

⑩安装作业时，严禁上下交叉作业，高处作业区下方严禁人员滞留或通行。

⑪严禁作业人员在可能受挤压的狭小空间扶持被吊物。严禁被吊物摆正、就位过程中人员处在被吊物可能下落的危险区域；严禁作业人员在未固定的安装物上攀爬行走。

⑫上、下钻台、车辆、脚踏板及邻边作业、洞口作业时，注意脚下情况防止踩空、滑跌、坠落。

⑬安装顶驱导轨作业时，上提过程中要控制好速度并注意观察，严防导轨碰撞井架背部拉梁。（注意事项）

⑭作业应严格执行好相关风险防控规定。

第三节　一次开钻

设备安装结束后，必须经过验收达到开钻水平，进行技术交底后方可开钻，一次开钻是为下表层套管而进行的钻井施工作业。

一　工作准备

1. 检查、丈量钻具

①场地人员配合钻井工程师和地质人员对钻具进行丈量、编号。

②场地人员检查清洗并检查钻杆（钻铤）螺纹，确认台阶密封面完好、无偏磨，水眼畅通，本体无伤痕，弯曲度符合标准。将不合格的钻杆（钻铤）标记，并告知钻井工程师和地质人员。

③场地人员按照钻具入井顺序并准备好钻具外螺纹护丝和提升护丝，并检查确认提升护丝的提环和螺纹、转轴完好。

2. 检查、丈量表层套管

①场地人员卸掉表层套管的内、外螺纹护丝。配合钻井工程师和地质人员对表层套管进行丈量、编号。

②场地人员对表层套管螺纹、附件及护丝清洗检查，对套管通径，检查完后重新戴好外螺纹护丝。

③场地人员对有损伤的套管进行标记，并告知钻井工程师和地质人员。

3. 泵房准备

①副司钻检查确认钻井泵油量充足，空气包充氮压力符合要求，为钻井施工泵压的1/3。

②打开拉杆箱上盖板，检查拉杆卡子、缸套压盖固定情况及拉杆箱内有无杂物。

③打开安全阀上盖，检查安全阀保养情况、销钉定位是否合适、是否弯曲变形等。

④清洗冷却水箱后，加注适量干净清洁的冷却水、检查喷淋头应无堵塞。

⑤将组装阀门低压全部打开，关闭高压闸阀，指挥司钻缓慢开泵，运转正常后检查液力端。

⑥观察泵传动以及护罩的固定情况，检查冷却水泵的运转情况及冷却水的上水情况，检查钻井泵主电机、冷却风机运转情况、润滑情况。

⑦检查完毕且运转正常后，指挥司钻停泵，按照要求调整好组装阀门，检查高压管线各由壬连接及灌钻井液阀门、立管阀门（在钻台上的由钻台人员检查）开启状态应正确。

4. 钻台准备

①检查、调试三种防碰装置工作情况。检查司钻房内各控制开关是否处于初始状态，所有管路、电缆应无破损、连接牢固。

②检查绞车油量，启动绞车后，检查润滑、主电机及风机等运行情况，辅助刹车属于水冷的应对冷却水循环系统进行检查，试起车检查绞车挂合及刹车系统。

③启动顶驱：操作转速给定手轮回零，电机方向选择开关选择“停”的位置，电机选择根据要求选择（A 电机、A+B 电机、B 电机），然后再将操作选择开关选择“钻井”模式，液压泵控制开关选择“自动”或者“启动”位置，电机风机选择“自动”或者“启动”位置。操作顶驱控制台，检查顶驱主轴旋转方向是否正确，顶驱液控系统动作（前倾、后倾等）是否正常。

④启动并检查液压站运转是否正常，液压管线及回油管线是否有“跑、冒、滴、漏”现象。

⑤检查、调试保养液气大钳、B 型大钳等井口工具，立管阀门在钻台上的要检查开启状态应符合使用要求。

⑥配合安装小鼠洞管，将小鼠洞管下放安装到位（或者进行冲鼠洞，安放大、小鼠洞管作业）。

5. 井口准备

①场地人员在圆（方）井内根据需要放置循环输送泵，按要求接好电缆并做好防护，确认安装完好后试运转。并将接好的胶管出口置于振动筛缓冲槽并固定。

②将接好的灌钻井液管线出口一端放于圆（方）井内。

③场地工检查振动筛并进行试运转。

6. 配钻铤立柱（非动力猫道）

①井架工佩戴专用安全带，挂好防坠落、登梯助力，攀登至二层台。将安全带挂至专用挂点，检查钻杆钩及安全尾绳、兜绳是否完好，指梁、栏杆应齐全牢固。

②钻台人员操作气动绞车，将吊钩沿大门坡道下放至场地。

③场地人员在钻杆内螺纹端上紧提升护丝，外螺纹端上好护帽，将钻杆滚到猫道中部，并挂好气动绞车吊钩。

④操作气动绞车，起升钻杆，钻台人员利用拦绳（或操作钻台机械手）配合扶正钻杆，至钻台面以上 0.3m 左右刹车，卸下外螺纹护帽后，对正小鼠洞洞口，指挥气动绞车下放。

⑤操作气动绞车，将钻杆下放到位后卸下提升护丝。清理内螺纹，并涂抹螺纹脂。

⑥司钻操作刹把下放游车，同时操作吊环倾斜开关到“前倾”位置，使吊卡紧靠鼠洞钻杆。

⑦作业人员扣合吊卡并检查吊卡扣合到位后，向司钻打上提游车手势。

⑧司钻按下吊环悬浮按钮，然后挂合钻机绞车缓慢上提，将钻杆起出小鼠洞 0.3m 刹车。清理外螺纹，并涂抹螺纹脂。

⑨钻台人员操作气动绞车，将吊钩沿大门坡道下放至场地。

⑩场地人员在钻铤内螺纹端上紧提升护丝，外螺纹戴好护帽，将钻铤滚到猫道中部，并挂好气动绞车吊钩。

注：8″及以上钻铤、取心筒、螺杆钻具、随钻震击器等钻具，应使用游车与提升短节配合绷绳上下钻台，不得使用气动小绞车，防止发生钢丝绳断裂或因绞车固定失效，使钻具下落打击人员。

⑪ 钻台人员操作气动绞车，钻台人员利用拦绳（或操作钻台机械手）配合扶正钻铤，起升钻铤至钻台面以上 0.3m 左右刹车，卸下外螺纹护帽后，对正小鼠洞洞口，指挥气动绞车下放。

⑫ 钻台人员操作气动绞车，当钻铤下放合适位置后刹车，井口人员配合将安全卡瓦卡于钻铤母螺纹 0.5m 处并上紧，再操作气动绞车，下放钻铤，使其坐于鼠洞管，井口人员配合卸下提升护丝。清理内螺纹，并涂抹螺纹脂。

⑬ 钻台人员将配合接头与钻杆对扣并上紧（根据实际情况决定是否加装配合接头）。

⑭ 上提游车，钻台人员利用钻杆钩（或操作钻台机械手）扶正钻杆与鼠洞管钻铤进行对扣。

⑮ 钻台人员配合使用链钳旋扣。

⑯ 配合使用 B 型吊钳（或液气大钳）进行紧扣，操作液压猫头，当压力达到规定压力时，紧扣完毕。大钳退位固定。

⑰ 钻台人员向司钻打上提游车手势。司钻按下吊环悬浮按钮，同时挂合钻机绞车缓慢上提 0.2 ~ 0.3m 后刹车，井口人员配合卸掉安全卡瓦并放置钻台安全位置，司钻挂合绞车将钻铤起出小鼠洞距转盘面 0.3m 刹车。

⑱ 重复⑨ ~ ⑰ 动作再接一根钻铤。

⑲钻台人员将接好的立柱拉进钻杆盒（或操作钻台机械手将立柱推进钻杆盒）。

⑳井架工双手拉兜绳，使钻具靠近操作台后，固定兜绳。

㉑司钻操作刹车手柄缓慢下放立柱，待立柱接触钻杆盒后，观察显示屏继续下放吊卡。

㉒井架工待吊卡下放到合适位置时，发信号通知司钻刹车，待游车停稳后打开吊卡活门，拉兜绳，将立柱拉入指梁、控制住立柱，向司钻发出下放游车信号，目送游车过指梁。

二层台手势信号：

停止信号：手臂平伸、掌心朝下、于身体前方，进行左右摆动，摆动幅度不应小于60°。

下放信号：手臂平伸于身体前方、掌心朝下挥动，挥动幅度不应小于45°。

起升信号：手臂平伸于身体前方、掌心朝上挥动，挥动幅度不应小于45°。

㉓司钻接到下放信号后下放游车，观察游车过指梁。左手挂合辅助刹车，右手操作刹车手柄，控制好下放速度。

㉔井架工封好指梁，将兜绳搭到操作台上。

㉕重复①～㉔动作，将所需钻铤全部立于钻杆盒内。

7. 配钻杆立柱

①钻台人员操作气动绞车，将吊钩沿大门坡道下放至场地。

②场地人员在钻杆内螺纹端上紧提升护丝，外螺纹端上好护帽，将钻杆滚到猫道中部，并挂好气动绞车吊钩。

③钻台人员操作气动绞车起升钻杆，钻台人员利用拦绳（或操作钻台机械手）配合扶正钻杆，至钻台面以上0.3m左右刹车，钻台人员利用拦绳（或操作钻台机械手）扶正钻杆，卸下外螺纹护帽后，对准小鼠洞洞口，指挥气动绞车下放。

④钻台人员操作气动绞车下放钻杆，到位后卸下提升护丝，清洁螺纹并涂抹螺纹脂。

⑤司钻操作刹把下放游车，同时操作吊环倾斜开关到“前倾”位置，使吊卡紧靠鼠洞管钻杆。

⑥钻台人员扣合吊卡并检查吊卡是否扣合到位，并向司钻打上提游车手势。

⑦司钻按下吊环悬浮按钮，然后挂合钻机绞车缓慢上提，将钻杆起出小鼠洞距转盘面0.3m刹车。

⑧重复步骤①～④，再往小鼠洞内放置1根钻杆。

⑨钻台人员使用钻杆钩（或操作钻台机械手）扶正钻杆，使其对准小鼠洞钻具母螺纹。

⑩司钻缓慢下放游车，使钻杆外螺纹、内螺纹缓慢对接。

⑪操作液气大钳按所使用钻具规格的上扣扭矩进行紧扣。

⑫司钻接到上提钻具手势后，按下吊环悬浮按钮并抬头观察，同时挂合钻机绞车缓慢上提，将钻杆起出小鼠洞0.3m刹车。

⑬重复①～⑫动作完成钻杆立柱的连接。

⑭钻台人员将立柱拉进放钻杆盒（或操作钻台机械手将立柱推进钻杆盒）。

⑮井架工双手拉兜绳，使钻具靠近操作台后，固定兜绳。

⑯司钻操作刹车手柄缓慢下放立柱，待立柱接触钻杆盒后，观察显示屏缓慢下放吊卡。

⑰井架工待吊卡下放到合适位置，发出停止信号通知司钻刹车，待游车刹停后将吊卡活门打开，将钻杆立柱拉入指梁。顶驱吊环复位后，向司钻发出下放信号，井架工目送游车过指梁。

⑱司钻接到下放信号后，观察屏幕下放游车过指梁，下放至转盘面合适位置刹车。

⑲重复步骤①～⑱，完成配钻杆立柱作业，并封好指梁。

8. 接钻头

①钻台人员在一开钻头盒提环上拴挂好吊装绳套，并挂好气动绞车吊钩。操作气动绞车，井口人员配合扶正，将钻头盒安放在转盘上。摘下吊钩，解下吊装绳套，关闭转盘止动销。

②检查一开钻头水眼，清洗螺纹、涂抹螺纹脂。在选配好的配合接头上端戴好提升护丝，操作气动绞车，将配合接头与一开钻头对扣连接，上满螺纹。

③钻台人员操作气动绞车，井口人员配合扶正，将带有配合接头的一开钻头放入钻头盒内。摘下气动绞车吊钩，卸下提升护丝，涂好螺纹脂。

④司钻上提空游车至二层台合适位置，接井架工发出的停止信号刹车，并调整好吊卡方向与位置，井架工将钻具组合中第一柱钻铤（下单根为无磁钻铤）拉出，将立柱推入吊卡，扣合吊卡后检查活门扣合完好后发出起升信号。

⑤司钻接到起升信号后，按下吊环悬浮按钮，缓慢上提立柱出钻杆盒。

⑥井架工慢松兜绳，井口人员使用钻杆钩（或操作钻台机械手）将钻铤立柱缓慢移送至井口，用钢丝刷清理好外螺纹，并检查螺纹及密封面情况涂抹螺纹脂。

⑦在配合接头内螺纹中放入挡板，司钻平稳下放，井口人员配合扶正钻铤与配合接头对扣。

⑧井口人员配合使用链钳旋扣，B 型吊钳进行紧扣（操作液压猫头，紧扣扭矩达到规定扭矩），紧扣完毕，大钳退位固定。

⑨司钻挂合钻机绞车缓慢上提游车，将一开钻头提出，井口人员打开转盘止动销。

⑩在一开钻头盒提环上拴挂好吊装绳套，操作气动绞车将其吊出，并放回原位。

⑪井口人员配合将转盘方瓦吊出，司钻平稳下放钻具，将钻头送入转盘内，钻头过转盘后选择合适位置，井口人员再次配合将转盘方瓦放入转盘。

9. 接顶驱

①司钻缓慢下放钻具，使用卡瓦将钻具坐放在井口，释放部分悬重并刹车。

②井口人员配合将安全卡瓦安装在井口钻具上，距卡瓦 50mm 左右，下放游车释放全部悬重。

③司钻操作顶驱控制台：将电机方向选择开关选择“正转”位置，操作选择开关选择“旋扣”，司钻缓慢下放游车，通过显示屏观察钻杆接头顺利进入背钳喇叭口，保护接头与钻杆平稳对接，缓慢下放并观察指重表进行旋扣。

④旋扣完成后将操作选择开关选择“钻井”，同时刹住绞车，旋转上扣扭矩限制手轮设

定为所需的上扣扭矩。一手将背钳开关打至“卡紧”位置，另一只手将操作选择开关选择“力矩”位置，观察扭矩表数值，扭矩到达设定值将操作选择开关选择“钻井”位置，同时松开背钳，紧扣完成。

⑤司钻挂合钻机绞车缓慢上提，上提 0.2m 左右刹车。

⑥井口人员用扳手将安全卡瓦螺帽卸松，拔出丝杠销，取下安全卡瓦。

⑦司钻上提钻具，井口人员将卡瓦随钻具提出井口并将其推拉至转盘外。

二 一开钻进

1. 钻进

①司钻缓慢下放钻具使钻头进入圆（方）井内，鸣笛或使用对讲机通知副司钻准备开泵，注意观察泵房显示屏。

②副司钻站在明显位置，面向摄像头，采用“手势信号”“声音信号”发出开泵指令，司钻根据副司钻指令开启相应钻井泵。挂合双泵时应平稳操作，注意观察泵压变化，严防憋泵。

开泵手势信号，如图 7–3–1 所示。

图 7–3–1　钻井泵手势信号示意图

开启 1 号钻井泵：举单臂过头顶，伸食指。

开启 2 号钻井泵：举单臂过头顶，伸食指和中指。

开启 3 号钻井泵：举单臂过头顶，伸中指、无名指和小拇指。

开双泵：双臂握拳举过头顶。

停 1 号钻井泵：伸出食指顶住另一只手掌心，并举过头顶。

停 2 号钻井泵：伸出分开的食指、中指顶住另一只手掌心，并举过头顶。

停 3 号钻井泵：伸出分开的中指、无名指和小拇指顶住另一只手掌心，并举过头顶。

停双泵：双臂交叉高举过头顶。

打开回水阀门：伸开五指，右臂向下逆时针划圆，划圆半径应大于 20cm。

关闭回水阀门：伸开五指，右臂向下顺时针划圆，划圆半径应大于 20cm。

声音信号：建议使用对讲机发出明确指令。

③场地工接收到开泵信号后，启动振动筛，然后观察钻台下圆（方）井内液面高度及循环输送泵工作情况。

④司钻根据指令缓慢启动钻井泵，待正常返钻井液后，根据情况逐步提高排量并观察立管压力表。同时操作顶驱控制台：风机开关选择“自动”或者“启动”，操作选择开关选择“钻井”，电机选择开关根据要求选择（A 电机、A+B 电机、B 电机），将电机选择方向开关选择“正转”，就绪灯亮时，操作钻井扭矩限制手轮设定扭矩，操作“转速给定”手轮至合适转速，主轴正向旋转。

⑤司钻观察指重表，缓慢下放钻具使钻头接触井底。钻进中应控制好钻压、扭矩，防止加压过大造成钻柱弯曲或顶驱憋停堵转。

2. 接钻铤立柱

①钻完方入后，司钻操作顶驱控制台将转速给定手轮回旋至零位，上提游车至合适位置刹车，扣合吊卡并检查扣合情况，继续上提将钻铤内螺纹接头提出转盘面 0.5m 左右刹车，停泵。

②司钻缓慢下放钻具，使用卡瓦将钻具坐放在井口，释放部分悬重并刹车。

③井口人员配合将安全卡瓦安装在井口钻具上，距卡瓦 50mm 左右，下放游车释放全部悬重。

④将电机选择方向开关选择“反转”位置，旋转背钳开关至“卡紧”位置，同时转动操作选择开关到“力矩”位置，两个按钮同时操作后，主轴反向旋转开始松扣，观察顶驱扭矩表，读数下降后按下卸扣上跳按钮，松开背钳“卡紧开关”，操作选择开关选择“旋扣”位置，进行卸扣。

⑤旋扣完成后将操作选择开关选择“钻井”，司钻挂合钻机绞车缓慢上提，吊卡接近钻具接头时刹车。

⑥井口人员配合卸开配合接头与钻铤连接扣，司钻缓慢上提钻具。

⑦司钻操作吊环倾斜按钮到“前倾”位置，并缓慢下放游车，将钻杆放入鼠洞。

⑧待吊卡打开后，司钻按动吊环悬浮，起升空游车，起升过程中观察滚筒钢丝绳排列、位置和游动滑车高度，中途试放气。

⑨司钻观察游车位置，接到井架工发出停止起升信号后平稳刹车，目视显示屏，转动吊环倾斜开关使吊卡前倾至合适位置，查看井架工操作。

⑩井架工拉出钻铤立柱，将立柱推入吊卡，扣合吊卡，检查活门扣合情况并发出起升信号。

⑪司钻接到起升信号后，按下吊环悬浮按钮，缓慢上提立柱出钻杆盒。

⑫井架工慢松兜绳，井口人员使用钻杆钩（或操作钻台机械手）将立柱缓慢移送至井口，用钢丝刷清理好钻铤外螺纹，并检查密封面情况。

⑬配合使用链钳旋扣，B 型吊钳进行紧扣，操作液压猫头，当压力达到规定压力时，紧扣完毕。

⑭ 司钻操作顶驱控制台：将电机方向选择开关选择“正转”位置，操作选择开关选择“旋扣”，司钻缓慢下放游车，通过显示屏观察钻杆接头顺利进入背钳喇叭口，保护接头与钻杆平稳对接，缓慢下放并观察指重表进行旋扣。

⑮ 旋扣完成后将操作选择开关选择“钻井”，同时刹住绞车，旋转上扣扭矩限制手轮设定为所需的上扣扭矩。一手将背钳开关打至“卡紧”位置，另一只手将操作选择开关选择“力矩”位置，观察扭矩表数值，扭矩到达设定值将操作选择开关选择“钻井”位置，同时松开背钳，紧扣完成。

⑯ 司钻挂合钻机绞车缓慢上提，上提 0.2m 左右刹车。

⑰ 井口人员用扳手将安全卡瓦螺帽卸松，拔出丝杠销，取下安全卡瓦。

⑱ 司钻上提钻具，井口人员将卡瓦随钻具提出井口并将其推拉至转盘外。

⑲ 开泵，恢复钻进。

⑳ 重复以上动作继续钻进，直至将全部钻铤接入井内。

3. 接钻杆立柱

①钻完方入后上下活动钻具，下放钻具至井口合适高度，司钻操作吊环回转使吊卡背面面向合适方向，然后将吊环倾斜开关选择“后倾”，使吊环后倾到位。继续下放钻具，井口人员配合坐好卡瓦，释放悬重并刹车，停泵。

②将电机选择方向开关选择“反转”位置，旋转背钳开关至“卡紧”位置，同时转动操作选择开关到“力矩”位置，两个按钮同时操作后，主轴反向旋转开始松扣，观察顶驱扭矩表，读数下降后按下卸扣上跳按钮，松开背钳“卡紧开关”，操作选择开关选择“旋扣”位置，进行卸扣。

③卸扣完成后，将操作选择开关选择“钻井”位置。司钻上提游车至合适位置，同时按下吊环悬浮按钮，操作吊环回转使吊卡开口面向合适方向。继续起升空游车，起升过程中观察滚筒钢丝绳排列、位置和游动滑车高度，中途试放气。

④司钻观察游车位置，接到井架工信号后平稳刹车，目视显示屏，转动吊环倾斜开关使吊卡前倾至合适位置，查看井架工操作。

⑤井架工拉出钻杆立柱，将立柱推入吊卡，扣合吊卡并检查活门扣合情况，发出起升信号。

⑥司钻接到起升信号后，按下吊环悬浮按钮，缓慢上提立柱出钻杆盒。

⑦井架工慢松兜绳，井口人员使用钻杆钩（或操作钻台机械手）将立柱缓慢移送至井口。

⑧井口人员清理好钻杆外螺纹，检查密封面情况，涂抹螺纹脂。

⑨司钻缓慢下放游车，井口人员配合使钻杆缓慢对接。

⑩操作液气大钳按所用钻具上扣扭矩要求进行紧扣。

⑪ 司钻操作顶驱控制台：将电机方向选择开关选择“正转”位置，操作选择开关选择“旋扣”，司钻缓慢下放游车，通过显示屏观察钻杆接头顺利进入背钳喇叭口，保护接头与钻杆接头平稳对接，缓慢下放并观察指重表进行旋扣。

⑫旋扣完成后将操作选择开关选择“钻井”，同时刹住绞车，旋转上扣扭矩限制手轮设定为所需的上扣扭矩。一手将背钳开关打至“卡紧”位置，另一只手将操作选择开关选择“力矩”位置，观察扭矩表数值，扭矩到达设定值将操作选择开关选择“钻井”位置，同时松开背钳，紧扣完成。

⑬司钻上提钻具，井口人员将卡瓦随钻具提出井口并将其推拉至转盘外。

⑭开泵，恢复钻进。

⑮重复以上操作步骤，完成一开进尺。

4. 注意事项

①作业人员在吊运钻头时必须使用专用提丝，并且离开被吊物坠落区域。

②钻头避免放置在通道、工作区域、设备设施摆动半径内，人员不得在钻头附近停留。

③作业人员侧身站立，不能站在大方瓦倾倒方向。

④一开前，司钻下放钻具应确认方井无作业人员停留，并有专人指挥。

⑤启动泵时必须发出信号，并确认泵房人员撤离到安全区；钻具变头下放到转盘面以下才可以开泵。

⑥司钻操作时应使用低速挡启动转盘，严禁在转盘上放置工具。

⑦司钻在操作刹把过程中应时刻保证注意力集中，均匀送钻，防顿防溜，严防憋泵。

⑧作业人员站位合理，禁止遮挡司钻视线，司钻视线被遮挡时，禁止盲目操作。

⑨每次使用完鼠洞后，应及时盖好盖板。

⑩随时挂好大门坡道防护链（杆）或关好防护门。

⑪钻进过程中，高压区严禁人员长时间停留。

⑫钻井泵在使用时，不允许将高、低压闸阀同时关闭，在倒换钻井泵，操作开、关闸阀时应依据“先开、后关”的原则进行。

三 一开起钻作业

1. 起钻杆作业

①起钻前，应充分循环，保证井眼畅通稳定。井口人员检查、保养井口工具，做好起钻准备。

②井架工佩戴专用安全带，挂好防坠落、登梯助力，攀登至二层台。将安全带挂至专用挂点，检查钻杆钩及安全尾绳、兜绳是否完好。

③司钻目视井口，缓慢下放钻具至井口合适高度，司钻操作吊环回转使吊卡面向合适方向，然后将吊环倾斜开关选择“后倾”，使吊环后倾到位。继续下放钻具，井口人员配合坐好卡瓦，释放悬重并刹车。

④将电机选择方向开关选择“反转”位置，旋转背钳开关至“卡紧”位置，同时转动操作选择开关到“力矩”位置，两个按钮同时操作后，主轴反向旋转开始松扣，观察顶驱扭矩表，读数下降后按下卸扣上跳按钮，松开背钳“卡紧开关”，将操作选择开关选择“旋

扣”位置，进行卸扣。

⑤卸开后，操作选择开关选择“钻井”位置，司钻上提游车至合适位置，同时按下吊环悬浮按钮，操作吊环回转使吊卡面向合适方向。

⑥井口人员将组装好的测斜仪器投入钻杆内。

⑦司钻下放游车，待吊卡靠近井口钻杆接头时，转动吊环倾斜开关使吊卡略微“后倾”防止碰钻具密封面，继续下放吊卡至合适位置，转动吊环倾斜开关到“前倾”位置，扣合吊卡。

⑧井口人员检查吊卡扣合情况，并向司钻打出游车上升手势。

⑨司钻在接到上提钻具手势后，按动吊环悬浮按钮，然后挂合钻机绞车缓慢上提钻具，井口人员将卡瓦随钻具提出井口并将其推拉至转盘外。

⑩司钻操作刹把活动钻具后，配合测斜，待测斜定时时间到达后起钻。

⑪起钻过程中，司钻目视指重表，侧视井口，通过显示屏观察滚筒大绳排列、位置和游车高度，井口人员待吊卡离转盘 2m 左右时，使用刮泥器刮钻井液并检查钻具。待第二根钻杆接头出转盘面时，司钻操作试放气一次，第三根钻杆接头出转盘面时，井口人员及时提醒司钻，钻具母接头出转盘面 0.5m 左右时司钻平稳刹车。

⑫井架工在游车上升时，观察钢丝绳有无明显断丝，注意游车起升位置，及时发信号提醒司钻。

⑬井口人员放下刮泥器，配合使卡瓦抱住钻杆并下放入井口，司钻缓慢下放钻具坐卡瓦后，放松负荷刹车。

⑭井架工待立柱坐卡瓦后，观察吊卡离开钻杆接头 0.1～0.3m，发出停止信号。

⑮配合使用液气大钳卸扣。

⑯司钻挂合绞车缓慢上提钻具 0.2m 左右刹车，司钻、井架工及井口人员同时配合（或操作钻台机械手）将立柱推入钻杆盒。井架工待钻具靠近操作台后，固定兜绳。司钻缓慢下放立柱，待立柱接触钻杆盒后，观察显示屏继续下放吊卡。

⑰井架工待吊卡下放到合适位置时，发信号通知司钻刹车，待游车停稳后打开吊卡活门，拉兜绳，将立柱拉入操作台、控制住立柱，顶驱吊环复位后，向司钻发出下放游车信号，司钻接到下放信号后，观察屏幕下放游车，井架工目送游车过指梁后排齐钻具。

⑱司钻下放游车，待吊卡靠近井口钻杆接头时，转动吊环倾斜开关使吊卡略微“后倾”防止碰钻具密封面，继续下放吊卡至合适位置，转动吊环倾斜开关到“前倾”位置，扣合吊卡。

⑲井口人员检查吊卡扣合情况，并向司钻打出游车上升手势。司钻在接到上提钻具手势后，按动吊环悬浮按钮，然后挂合钻机绞车缓慢上提钻具，井口人员将卡瓦随钻具提出井口并将其推拉至转盘外。

⑳重复操作，待钻铤出转盘面合适位置时，井口人员坐卡瓦、卡安全卡瓦，完成全部起钻杆作业。

㉑起钻过程要求每起出一柱钻具进行灌钻井液，保持圆（方）井液面高度。

2. 起钻铤作业

①司钻下放游车，控制下放速度，距离转盘面 3m 左右时刹车。

②井口操作人员互相配合将提升短节吊至转盘面。

③司钻缓慢下放吊卡，待吊卡靠近井口提升短节，转动吊环倾斜开关到“前倾”位置，使吊卡略微前倾，缓慢下放吊卡到达提升短节合适位置时刹车，井口人员配合扣合吊卡并检查吊卡扣合情况，缓慢上提至井口钻铤以上 0.2m 左右，按下吊环悬浮按钮，吊环复位。

④井口人员扶正提升短接对接井口钻铤，将螺纹旋紧。根据钻铤尺寸使用液气大钳或 B 型吊钳进行紧扣。

⑤司钻上提钻具 0.2m 左右，刹车。井口人员用扳手卸松螺帽，拔出丝杠销，取下安全卡瓦。

⑥司钻缓慢上提钻具，井口人员互相配合将卡瓦提出。

⑦起钻过程中同起钻杆程序，直至第三根钻铤完全起出。

⑧司钻缓慢下放，使用卡瓦将钻铤坐放在井口，释放部分悬重并刹车。

⑨井口人员配合将安全卡瓦安装在井口钻具上，距卡瓦 50mm 左右，下放游车释放全部悬重。

⑩根据钻铤尺寸使用液气大钳或 B 型吊钳进行卸扣。

⑪ 司钻挂合绞车缓慢上提钻具 0.2m 左右刹车，司钻、二层台及井口人员同时配合（或操作钻台机械手）将钻铤立柱推入钻杆盒。井架工待钻具靠近操作台后，固定兜绳。司钻缓慢下放钻铤立柱，待钻铤立柱接触钻杆盒后，观察显示屏继续下放吊卡。

⑫ 井架工待吊卡下放到合适位置时，发信号通知司钻刹车，待游车停稳后打开吊卡活门，拉兜绳，将钻铤立柱拉入钻铤专用指梁并固定牢固。向司钻发出下放游车信号，司钻接到下放信号后，观察屏幕下放游车，井架工目送游车过指梁。

⑬ 重复操作，至钻头到达转盘下，完成起钻铤作业。

⑭ 起钻过程要求每起出一柱钻具进行灌钻井液，保持圆（方）井液面高度。

3. 卸一开钻头作业

①井口人员将转盘大方瓦吊装提环插入方瓦吊装锁孔，操作气动绞车将转盘大方瓦提出，放置钻台安全位置。

②司钻缓慢上提钻具，将钻头提出转盘面合适位置，刹车。

③井口人员互相配合将转盘大方瓦安装到位，并将一开钻头盒安装到位。

④井口人员扶正钻铤，司钻缓慢下放，钻头进入钻头盒后释放部分悬重压持钻头并刹车，关闭转盘止动销。

⑤井口人员互相配合，使用 B 型吊钳利用液压猫头进行松扣。猫头绳收紧后，所有人撤到安全位置。司钻平稳操作液压猫头将钻头卸松。松扣完毕后，井口人员打开 B 型吊钳，将吊钳收回。

⑥司钻上提钻具将钻头提出钻头盒。井口人员操作钻台机械手将钻铤扶持并离开井口。司钻缓慢下放钻具，使钻头距离钻台面 50 ~ 100mm。井口人员互相配合将配合接头连同钻

头一起卸下。

⑦互相配合取出测斜仪器，取出配合接头内的挡板。钻台人员配合使用提升护丝将一开钻头吊至安全位置并固定牢固。最后将钻铤立柱放入钻铤专用指梁并固定牢固。

4. 注意事项

①起钻时小鼠洞中不得留有单根，并盖好小鼠洞口。

②作业前及作业过程中及时清理钻台面钻井液等介质，工作区域铺设防滑垫。拴好大门坡道口防护链。

③司钻在起钻前应将转盘控制开关限位或锁定。

④卸扣时严禁使用转盘绷扣，作业人员站位要在安全区域。

⑤使用液压猫头进行紧、卸扣作业时，猫头绳符合安全规定，无断股、扭结现象。内外钳工操作 B 型吊钳咬住钻具，待猫头绳绷紧后，应撤离到安全区域。

⑥使用液气大钳时井口人员应处在安全位置，平稳操作液气大钳推进，在关闭安全门框后，进行钻具紧卸扣作业，起下钻完毕应及时切断大钳动力源，各控制手柄锁定。

⑦井口作业人员站位合理，配合默契，不能遮挡司钻视线。

⑧起下钻时，井架工必须目视游车过指梁，防止游车碰撞操作台，同时身体及头部不能探出猴台，防止被下放的游车碰伤，司钻下放游车过猴台应缓慢，出现异常情况时井架工应及时发出停车信号。当井架工与钻台人员上下联络时，信号应及时、准确。同时应注意防止指梁内立柱跑出。二层台操作时，各种手工具系好保险绳，扣吊卡确认无误，方可发出起车信号。

⑨起下无接箍钻具时应及时拆下安全卡瓦，严禁随钻具上行。

⑩井口作业人员卸扣过程中、先使用低速卸开扣，再使用高速，注意观察，防止吊卡随钻具旋转等问题的发生。

⑪在使用顶驱进行起下钻作业时，必须按规定使用好“顶驱防碰装置”，吊环倾斜距离要符合安全规定。

⑫起下钻作业前，必须按规定对“重锤”“过卷”“电子”防碰装置进行检查，确保其灵敏可靠。

⑬司钻挂井口吊卡时，防“单吊环”，内、外钳工插保险销时必须插入到位，并检查保险销的保险绳是否牢固。

⑭司钻上提立柱时应集中精力，以防突然遇卡，同时用余光看滚筒钢丝绳缠绕情况及钻杆接头位置判断游车位置，杜绝顶天车事故。按要求向井内灌钻井液。

⑮司钻提立柱入钻杆盒时，防止游车压立柱，摆动伤人。起钻杆立柱时防止大钩、游车碰压指梁、猴台等。

⑯起钻遇卡，钻台人员应躲避到安全位置，采取上提下放活动钻具，上提拉力不得超过当时的悬重，下放可压到零，以求解卡，严禁超负荷猛提硬转。

⑰作业人员应按要求使用好钻台机械臂，机械臂旋转半径危险区域内严禁站人。

⑱内、外钳工在起钻过程中应仔细检查钻具有无损坏，并做好记录，同时防止井下

落物。

⑲操作液气大钳时，严禁将手放在液气大钳的旋转部位。

⑳钻杆立柱在提离钻杆盒时，钻台人员要及时避开钻杆摆动方向，防止立柱失控将人员碰伤。

㉑起钻铤时，提升短节必须上紧，卡瓦、安全卡瓦必须卡牢。

㉒顶部驱动装置，本体与游车直接连接（不通过大钩）且使用气胎离合器挂合的，起升操作不得一次挂合，避免较大的启动冲击力带来的动载荷损坏设备及钻具。

㉓现场施工时，根据技术指令进行“短起下”作业，更好地清理井眼、修复井壁，为后续作业奠定基础。

四 下表层套管

表层套管下入前，应做好下套管准备工作：作业前，保证人员充足，各岗位认真检查钻机及刹车系统、吊装设备、辅助设备、工器具、绳索和井架二层台等所有相关设备设施；相关人员做好工作安全分析，辨识并整理施工区域作业环境、作业条件，判断人员状况、天气情况等因素，确保符合施工标准及要求，并制定防范措施；值班干部进行作业工序交底、下达作业指令，交待安全措施及注意事项并对当班工作进行安全监控；当班司钻按作业指令要求安排各岗位工作，明确紧急情况的联络信号，对各岗工作进行监督；各岗位人员按规定穿戴好劳保用品、护目镜，上岗人员心理、身体健康，无影响岗位操作的疾患。

1. 更换套管B型吊钳

①井口人员分别取出内外钳钳尾销的保险销，取下钳尾销及钳尾绳。

②操作气动绞车起吊“吊钳平衡配重块”，将吊钳下降至钻台面合适位置，拆除吊钳吊杆下端轴销一端保险销，抽出吊杆轴销。

③将吊杆放入套管B型吊钳钳柄上的轴销槽内，对正两端销孔，穿入轴销，并穿好保险销。

④将套管B型吊钳调整至合适高度。依次穿好钳尾绳和钳尾销及锁销。套管B型吊钳吊杆优选“大弓弯”形状的，以便使用套管钳上卸扣。

⑤根据表层套管规格，选择更换B型套管吊钳或更换B型吊钳钳头。

2. 换套管动力钳

①停动力源电源，关闭总气开关。

②拆除液气大钳上的进、回油管线及气管线。

③拆除液气大钳移送气缸与尾柱万向节的连接销。

④操作气动绞车使用吊装带将液气大钳吊起到合适高度。

⑤井口人员使用梯子攀爬至合适高度，拆除液气大钳吊绳。

⑥多人配合将液气大钳移动至合适位置，操作气动绞车将液气大钳平稳放下。

⑦将吊装带挂在套管动力钳支架上，操作气动绞车将其吊起到合适高度。

⑧井口人员使用梯子攀登至合适高度后，将手拉葫芦上端挂钩挂入吊绳内，下端挂钩挂入套管动力钳弹簧平衡架挂钩内。

⑨操作气动绞车下放吊钩，解下吊装带。

⑩将拆下的各液、气管线与套管动力钳各连接口正确连接，并用扳手上紧。

⑪井口人员站在套管动力钳移动范围外，双手交替下拉手拉葫芦升降链，平稳地将套管动力钳拉至合适高度。

⑫井口人员将专用钳尾绳穿入套管动力钳尾部连接环内，插入轴销，并穿好保险销。

⑬安装完成后，检查、保养套管动力钳，并进行试运转。

3. 换套管吊卡

①司钻下放游车至合适高度刹车，吊装前吊卡应处于闭合状态。将吊装绳套拴在吊卡合适位置，井口人员将吊卡耳销拆除，操作气动绞车，将吊卡吊出放置于安全位置。

②操作气动绞车将套管吊卡平稳放置于转盘面合适位置，并摆正方向。

③缓慢下放游车至合适高度，井口人员将吊环分开，配合司钻将吊环挂入吊卡吊耳内，将吊卡保险销插入吊卡销孔，保险锁链拴挂至吊环上。

④司钻缓慢上提空吊卡距转盘面 1.2m 左右刹车，井口人员检查套管吊卡。

4. 下表层套管

根据套管尺寸及设备情况，确定下套管方式，目前主要有使用安全“导向钩”、使用动力猫道机、使用专用鼠洞、利用钻台面鼠洞口、使用吊车配合等方式，下面以使用安全“导向钩”为例作详细介绍，对于其他几种下套管方式请参考“附录 6 常用下套管方式”。

①场地人员在靠近引鞋接箍台阶处将吊装带勒紧，并挂入钻台垂下的气动绞车吊钩。

②钻台人员互相配合，利用气动绞车将引鞋起升至转盘面合适高度刹车、扶正。

③司钻扳动【吊环倾斜】开关至“前倾”位置，前倾吊卡至小鼠洞上方，井口人员打开吊卡将引鞋推入吊卡并扣合，扣合后需检查扣合情况。检查无误后，下放气动绞车吊钩摘下吊装带。

④井口人员打开井口盖板，司钻操作顶驱【吊环悬浮】按钮，待吊环复位后，互相配合扶正、下放引鞋，将悬持引鞋的吊卡缓慢坐放于井口转盘。

⑤井口人员拔出吊卡保险销将吊环拉出，司钻扳动【吊环倾斜】开关至“后倾”位置，并缓慢下放游车配合井口人员将吊环推入空吊卡吊耳内，将吊卡保险销插入吊卡销孔。

⑥司钻缓慢起升空吊卡至合适高度刹车，操作顶驱【吊环悬浮】按钮，待吊环复位后，操作【吊环回转】旋钮旋转 180°。

⑦场地人员在靠近套管接箍台阶处将吊装带勒紧，并挂入气动绞车吊钩，远离猫道后向钻台人员发出起升信号。

⑧使用气动绞车起吊套管上坡道后，使套管坐挂“导向钩”后刹住气动绞车。

⑨待井口人员准备好、闪至安全区域后，下放气动绞车起吊套管吊钩，使套管斜放于钻台大门前，当套管上端距井口套管母接箍合适位置时（便于吊卡扣合时）停止下放，刹住气动绞车。

⑩司钻转动吊环倾斜开关使吊卡后倾、对正套管，缓慢下放游车，使吊卡扣于套管本体处，井口人员扣合吊卡活门并检查扣合应完好到位。

⑪吊卡有效扣合后，气动小绞车操作人员下放气动绞车吊钩，井口人员解下套管吊装绳套。

⑫井口人员离开井口后，司钻按动吊环悬浮按钮，挂合钻机绞车缓慢上提套管，注意抬头观察游车上行情况。

⑬待套管下端提升上钻台面时，井口人员互相配合，使用拦绳阻挡控制。

⑭井口人员将套管外螺纹护帽卸掉，并在套管外螺纹涂好密封脂。

⑮司钻下放套管，井口人员互相配合扶正套管与引鞋内螺纹对扣。

⑯对扣后井口人员互相配合将B型吊钳（内钳）打至引鞋内螺纹接箍上并拉钳框、推钳柄绷紧钳尾绳，配合套管钳操作人员进行上扣、紧扣。

⑰紧扣时，井口人员应互相配合，打开套管动力钳钳框，移送套管动力钳卡至套管本体，扣好钳框。

⑱套管动力钳操作人员操纵换向阀手柄进行上扣，上扣时应避免错扣，上扣到位应及时采用低速紧扣，待紧扣扭矩达到额定值时且余扣符合要求，完成紧扣作业。

⑲紧扣完成后，套管动力钳操作人员操作换向阀手柄，反转液压套管钳，对齐缺口，井口人员互相配合，开套管钳钳框、将液压套管钳复位退出。

⑳井口人员打开内钳钳框，将B型吊钳退回至井口一侧。

㉑司钻起车提升套管至合适高度（上提10~30mm）刹车，井口人员互相配合将吊卡打开并后拉至安全位置。

㉒司钻操作绞车，下放套管入井并将负荷吊卡平稳坐于转盘面。

㉓重复上述动作，完成下表层套管作业，下套管期间按要求向套管内灌钻井液并及时观察好方井内钻井液液面，防止因套管下入后，替出的钻井液外溢。

㉔井口人员互相配合接联顶节后，下放负荷吊卡至转盘面合适高度，井口人员按技术指令要求对套管负荷吊卡进行垫高。

㉕司钻下放游车，井口人员互相配合拉出吊环，摘下吊卡保险销，司钻游车上提至合适位置后，按施工规范接循环帽并连接水龙带等，进行下步施工作业。

5. 灌钻井液

目前各钻井队下套管灌浆方式多样，不同尺寸的套管有不同的灌浆方式，使用顶驱和使用方钻杆的井队灌浆方式也各有不同。现场灌钻井液的方式主要有使用钻井泵和专用灌钻井液设备灌注等方式。下面以使用顶驱用钻井泵灌浆为例进行说明（无粘卡风险的可执行此操作，有粘卡风险的应接循环头进行灌浆）。

①司钻下放游车，使表层套管平稳坐于转盘，配合井口人员拔出吊卡安全销，取出吊环，操作吊环回转使吊环朝向合适方向，然后将吊环倾斜开关选择“后倾”，使吊环后倾到位。

②司钻缓慢下放游车，使顶驱喇叭口距表层套管接箍端面0.2~0.3m刹车。

③司钻鸣笛或使用对讲机通知副司钻准备开泵，注意查看泵房显示屏。

④副司钻调整好阀门，站在明显位置，面向摄像头，采用“手势信号”“声音信号”发出开泵指令，司钻根据副司钻指令小排量开启相应钻井泵，观察并确认顶驱喇叭口处钻井液流出情况，再将钻井泵排量提高至正常钻进排量的1/3，直至将套管内灌满钻井液。灌钻井液期间，倾听灌入钻井液声音变化，及时停泵避免钻井液溢出。

⑤停泵后，上提顶驱，井口人员配合司钻挂好吊卡，继续进行下套管作业。套管下完后，灌满钻井液。

⑥提示：灌浆时要确保顶驱下端喇叭口正对套管口，小排量灌浆，灌浆过程中人员远离井口，严禁用手试探，防止气体倒吸，造成人员伤害或井下落物。灌浆后禁止人员在套管正上方俯视套管口，防止泥浆刺出伤人。

6. 开泵循环

①操作气动绞车将循环帽吊至联顶节处，井口人员配合将循环帽安装到位。

②井口人员将吊装绳套挂在水龙带下端距由壬1m左右处，挂好气动绞车吊钩，拴好牵引绳。操作气动绞车将水龙带吊至合适高度并刹车。井口人员配合抬起“变径接头”与水龙带由壬对接后，先用手将由壬旋紧，选择合适的位置和角度，用大锤砸紧。

③将水龙带运移至循环帽由壬处，对接后先用手将由壬旋紧，再选择合适的位置和角度，用大锤砸紧。操作气动绞车拉紧水龙带刹车后使用安全绳固定。

④司钻鸣笛或使用对讲机通知副司钻准备开泵，注意查看泵房显示屏。场地工接到开泵信号后挂合振动筛电源开关。

⑤副司钻调整好阀门，站在明显位置，面向摄像头，采用“手势信号”“声音信号”发出开泵指令，司钻根据副司钻指令开启相应钻井泵。

⑥司钻观察立管压力表试挂合钻井泵，确认无误后，再正常挂合钻井泵进行循环。开泵时先使用小排量顶通，待返出正常后，再按规定排量进行循环。钻台值班人员在开泵过程中，协助司钻观察立压表，若发现问题及时提醒司钻。

⑦场地人员接到开泵信号后观察钻台下钻井液返出情况，挂合钻台下循环输送泵，并及时通知司钻。

7. 注意事项

①严禁将手工具等放置在转盘面上，应将转盘控制开关锁定；在安装套管钳和下套管工具时，检查好套管钳和下套管工具，确保工况良好；工作时防止手部伤害和物体打击，应团队协作互相提醒；套管上钻台要使用粗细合适的兜绳进行拦挡（非动力猫道）。

②严禁使用人力搬抬吊卡，移动吊卡时使用气动绞车。

③井口人员挂吊卡及扶正吊卡时，应侧身站位，避让吊卡与吊环摆动方向。手抓吊卡活门等安全位置，不能接触吊环与吊卡接触部位。

④场地作业人员将气动绞车吊钩挂入吊带后，要闭合锁止吊钩，如发现吊钩不能闭合锁止，应及时更换吊钩。

⑤起吊套管单根，应使用专用吊带，严禁使用钢丝绳套拴挂套管，以防中途滑脱伤人，

待吊带拴挂好后，且人员撤至安全区域后，方可指挥起吊。套管起吊时，场地人员严禁站在猫道两侧套管可能滑落区域。

⑥严禁下放游车送管柱入井与气动绞车吊套管入鼠洞同时作业，避免游车下行时与气动绞车绳或吊物挂碰，防止挂开吊卡或游车下行时压套管。

⑦操作气动绞车时，应注意防止挂拉指梁，套管放入鼠洞后，作业人员应等吊绳扭矩完全释放后再靠近摘取。

⑧套管钳尾绳应使用直径符合标准要求的钢丝绳进行限位。套管钳上扣时人员禁止站在套管钳反扭方向，防止挤伤或套管钳尾绳绷断伤人，作业人员严禁骑跨套管钳钳尾绳。

⑨钻台作业人员配合扶套管对扣时，不能将手放在螺纹附近。套管钳操作人员在作业时，严禁用手触摸正在上扣的套管丝扣部位及套管钳的旋转部位。

⑩下套管时井口操作人员要注意密切配合，操作套管钳时要收到明确信号后才能进行操作。

⑪ 司钻从小鼠洞上提套管前，井口作业人员必须确认吊卡已扣好，并控制提升速度，平稳操作，不碰不挂，对扣时严禁猛顿猛放，对扣后载荷吊卡下放距离以脱离套管母接箍 100 ~ 150mm 为宜。

⑫ 内、外钳工在对扣时要扶正套管，扶正人员的脚不能置于套管下方，手不能抓扶井口套管母扣，防止发生人身伤害事故。

⑬ 司钻在套管紧扣完成、准备起车前，应先抬头观察负荷吊卡活门有无甩开，再进行上提井内套管操作，上提后要刹住绞车滚筒，待井口人员拉开吊卡后再下放套管柱，下放要控制速度，不得猛顿猛放，不得使用顶驱下压套管。

五　表层套管固井

表层套管固井是将水泥浆注入表层套管与井眼环空的工艺过程。大直径表层套管，一般采用内插法固井方式进行作业，下面就以内插法固井为例进行介绍。

1. 下入内管插入头

①拆除套管动力钳、换好液气大钳，准备好钻杆吊卡。

②充分循环后停泵，拆下循环帽，安放好套管补心台。

③起空游车。司钻按下吊环悬浮按钮，挂合钻机绞车缓慢上提游车，并观察滚筒钢丝绳排列、位置和游动滑车高度。接井架工停止信号后平稳刹车，目视显示屏，扳动吊环倾斜开关至“前倾”，使吊卡前倾至合适位置。

④井架工拉出钻杆立柱并推入吊卡并扣合，检查活门扣合到位，发出起升信号，司钻接起升信号后，按下吊环悬浮按钮，上提立柱出钻杆盒。

⑤井口人员使用钻杆钩（或操作钻台机械手），配合将钻杆立柱缓慢移送至井口，用钢丝刷清洁、检查钻杆立柱外螺纹及密封面。

⑥将清洗、检查、涂好螺纹脂的内管插入头抬起，与钻杆立柱外螺纹对接并上满螺纹

后用液气大钳紧扣至规定扭矩。扶正钻杆立柱配合司钻缓慢下入表层套管内。

⑦司钻注意观察指重表与井口，缓慢平稳下放钻柱，待吊卡距套管补心台 2～3m 时，减慢下放速度，吊卡平稳坐于套管补心台上。

⑧井口人员拉出吊环，司钻转动吊环倾斜开关配合，缓慢下放游车，配合井口人员挂好空吊卡、插好吊卡保险销。

⑨重复③～⑧的动作，完成内管插入头下入作业。

2. 坐封循环

①接顶驱。最后一柱钻杆紧扣完成后，司钻转动电机方向选择开关至“正转”位置，操作选择开关至“旋扣”，缓慢下放游车，观察钻杆接头顺利进入背钳喇叭口，中心管保护接头与钻杆平稳对接旋扣。

②旋扣完成后，司钻转动操作选择开关至“钻井”，同时刹住绞车，旋转上扣扭矩限制手轮设定上扣扭矩。一手将背钳开关打至“卡紧”位置，另一只手将操作选择开关转至“力矩”位置，观察扭矩表数值，扭矩到达设定值，将操作选择开关转至“钻井”位置，同时松开背钳，完成紧扣后，挂合钻机绞车缓慢上提 0.2m 左右刹车。待副司钻倒好阀门发出开泵信号后，司钻缓慢挂合钻井泵并观察立压表，顶通后停泵。

③井口人员打开吊卡，互相配合使用气动绞车移走吊卡，放至钻台面安全位置。

④司钻注意观察指重表及井口，缓慢下放钻具探方入，直至内管插入头插入套管浮箍的密封插座，并加压至预定值刹车，做方入标识后提起钻具，再次下压校正方入。

⑤司钻按要求开泵，注意观察立压，小排量开泵循环测试内管插入头与套管浮箍密封插座之间密封情况。套管内液面应无变化、方入标识不上移、环空钻井液返出正常，证明坐封符合要求后，开始逐渐增大排量循环。

3. 固井准备

①固井前，足量储备符合固井作业要求的清水。清理场地，为固井车摆放提供空间。配合固井人员连接好固井管线，并将钻台下循环输送泵胶管顺至沉砂罐内。

②固井队施工指挥、主管固井工程师组织召开固井协作会，钻井队值班干部、工程技术员、正、副司钻、泥浆工及其他有关人员参加。固井技术人员交代施工工序及技术措施要求，明确各岗位职责。

4. 固井施工

①循环结束后，停钻井泵，连接固井设备，按固井流程倒阀门，根据现场情况决定固井时钻井液回收方式。

②施工指挥发出指令，开始注水泥至结束，其间钻井液工按要求测量水泥浆的密度，并记录。

③用固井车替水泥浆，直至水泥浆返至地面，停泵。

④替水泥浆结束，场地人员及时关闭钻台下循环输送泵，并用清水冲洗干净循环输送泵及胶管内的水泥浆。司钻缓慢上提游车，拔出内管插入头，起至合适高度后刹车，待副司钻倒好闸门，接开泵信号后，开泵循环冲洗。

5. 起出内管插入头

①循环冲洗结束后，司钻上提钻具，钻柱接头出井口套管补心台 50cm 时刹车。

②钻台人员互相配合，操作气动绞车将钻杆吊卡吊至套管补心台上。

③执行一开起钻杆作业动作，完成起钻作业。

④起出内管插入头后，井口人员配合将套管补心台及吊卡吊放置于钻台工具房内，并将井口防护盖板盖在套管联顶节接箍上。

⑤司钻缓慢下放带有内管插入头钻杆立柱，距转盘面合适位置刹车。

⑥井口人员使用液气大钳将内管插入头卸下并放至合适位置，配合司钻、井架工将立柱放入钻杆盒内。

⑦候凝。

6. 注意事项

①插入法固井前应对设备进行全面检修，保证设备工作正常。

②表层套管固井前不允许长时间循环钻井液，如遇特殊情况，循环一周后，根据技术指令间断循环钻井液。

③下入内管插入头时，要记录好入井钻具根数；钻具接头过套管补心台时速度要慢，避免碰撞。座封时，钻具下放吨位应介于最高施工泵压数值的 2～3 倍。

④起、下内管插入头时，操作人员要配合得当，按技术措施控制好起、下钻速度，避免发生其他复杂情况。

⑤拔内管插入头时要果断，并观察好指重表。

⑥固井时，无关人员远离高压区域。

⑦拔出插入头后，要充分循环冲洗。

第四节　安装井控装置

井控装置是实施油气井压力控制技术的一整套专用设备、仪表和工具。安装井控设备作业前应进行 JSA 分析，明确各人员的分工和职责。

一　卸联顶节

拆甩联顶节

①候凝结束后，司钻下放游车，井口人员将吊卡保险销安全链分别挂在提环耳座下端专用挂钩上。

②井口人员配合司钻将吊环挂入套管负荷吊卡吊耳内，将吊卡保险销插入吊卡销孔。

③司钻缓慢上提游车使吊卡上升，离开垫高物体 10mm 左右时刹车。

④井口人员取出吊卡垫高物后，司钻下放游车，配合井口人员摘开吊卡，上提空游车至合适位置刹车。

⑤启动液压站，使用液压猫头配合 B 型大钳，进行卸扣。

⑥场地人员站在钻台底靠近小鼠洞横拉筋一侧，观察联顶节卸螺纹情况，发现异常及时通知钻台作业人员。待联顶节卸螺纹完毕后，发出卸螺纹完毕信号，钻台作业人员将套管 B 型大钳退出并归位。

⑦将吊装带拴挂在联顶节接箍台阶下，操作气动绞车下放吊钩，将吊装带挂入吊钩并锁止吊钩。

⑧将另一台气动绞车吊钩沿坡道下放至猫道，场地人员拉气动绞车吊钩至猫道绷绳桩，连接牢固，打开滑轮锁孔将气动绞车绷绳放入滑轮槽内，关闭滑轮锁孔。

⑨操作气动绞车缓慢将联顶节吊起，待联顶节外螺纹在转盘面下 10~20cm 时刹车。

⑩井口人员互相配合将吊装带在联顶节外螺纹上端合适位置拴挂牢固后，将吊装带挂入滑轮挂钩内，缓慢操作气动绞车让钢丝绳稍稍吃力，适当绷紧钢丝绳。

⑪操作气动绞车上提联顶节，指挥人员指挥两台气动绞车操作人员，将联顶节绷抬至场地猫道上。

⑫场地人员解下吊装带及滑轮，用撬杠将联顶节滚至钻具管架上，并捆绑牢靠。

⑬盖好井口，避免井下落物。

二 安装底法兰

1. 安装双公短节

①场地人员将套管双公短节、套管螺纹刷干净，并涂好套管螺纹密封脂。

②互相配合将双公短节立放入套管内螺纹内，并扶正。

③用手先反向旋转测试是否错扣，确认没有错扣后，再正向旋转，将螺纹尽量旋满。

2. 安装底法兰

①操作气动绞车，将一台气动绞车吊钩沿转盘通孔下放后拴挂至合适位置作为绷绳，另一台气动绞车的吊钩沿转盘通孔下放至钻台下底法兰处。

②场地人员将专用工具安放至底法兰上，再将气动绞车吊钩挂入专用工具吊耳闭合锁止，并安装好绷拉绳套。

③将绷绳拉至底法兰处，打开滑轮锁孔，将气动绞车绷绳放入滑轮槽内，关闭滑轮锁孔，将其挂入底法兰绷拉绳套。

④待钻台下人员撤离后，指挥人员站在场地明显位置，分别指挥两台气动绞车操作人员，先将用作滑轮绷绳的气动绞车绳绷紧，再起升底法兰至合适高度。

⑤缓慢下放作绷绳的气动绞车，将底法兰移送至双公短节上端后，摘下滑轮挂钩及绳套。

⑥卸掉双公短节上部护帽，将底法兰及双公螺纹刷干净，并涂好套管螺纹密封脂。

⑦配合扶正底法兰，指挥下放气动绞车吊钩，使底法兰与双公螺纹缓慢对接并刹车。

⑧抓住底法兰边沿，先反向旋转测试有无错扣，再正向旋转，将螺纹旋紧。

⑨指挥下放气动绞车吊钩，拆下底法兰吊装专用工具，将气动绞车吊钩起升至钻台面挂好。

3. 底法兰紧扣

此处所述底法兰与双公短节均为螺纹连接式，如使用卡瓦式套管头不需要双公短节和底法兰，可直接安装在井口套管上，此步骤可以省略。

①执行下钻步骤扣合一柱钻杆。

②井口人员配合在立柱下端接专用接头（方接头），并紧扣。

③司钻执行对接顶驱步骤，将顶驱与钻柱连接后并缓慢下放游车。

④作业人员在底法兰四周扶正专用接头（方接头）入底法兰，刹车。

⑤作业人员将“方孔过渡板”放至底法兰上方，对正专用接头两侧平面，将“方孔过渡板”插入，放置在底法兰上。

⑥钻台下人员对齐“方孔过渡板”与底法兰上下螺栓孔，分别将螺栓自上而下穿过“方孔过渡板”与底法兰，并上好螺栓下端螺帽。

⑦指挥人员向司钻发出信号，司钻操作顶驱缓慢转动钻杆，上紧双公短节上下两端螺纹，上紧过程中时刻观察扭矩变化，专人站于安全位置观察旋扣情况并随时通知司钻，直至上紧螺纹。

⑧专人检查双公接头上紧情况。

⑨上螺纹结束后，确认扭矩归零后发出指令，钻台下人员卸掉“方孔过渡板”与底法兰连接螺栓下端螺帽，将螺栓抽出，并将“方孔过渡板”取下。

⑩司钻上提游车，将专用接头提出转盘适当距离后刹车。盖好井口盖板，配合司钻卸下专用接头，卸开立柱。

⑪执行起钻杆步骤将立柱放入钻杆盒，司钻将游车下放至井口合适位置。

三 安装防喷器主体

1. 使用防喷器运移装置

（1）准备工作

①井口人员配合将小鼠洞绷甩至猫道。

②检查防喷器运移装置液压源油量是否充足，油质是否完好；所有管线、阀件、接头应无损坏、渗漏；检查控制箱控制手柄应灵活好用，处于中位，压力表是否完好。

③检查轨道有无变形、裂纹、锈蚀等。

④检查各部位连接是否牢靠，销轴是否穿上别针，紧固件是否拧紧，旋转部位销轴是否涂润滑油。

⑤检查受力部位的销轴、耳板是否工作正常，是否有裂纹，杆件是否有明显变形现象。

⑥检查起重机是否在小车的中间，锁链在锁链箱内堆积正常，吊钩、绳索无破损。

（2）设备试运转

①启动液压源，待系统压力稳定；空载运行，检查小车、吊钩的运动方向和控制器标牌上的方向应一致，松开手柄时动作应立即停止，反应迅速。

②操作平移装置前后运行，检查限位装置正常。

（3）安装双闸板防喷器

①操作同步横移手柄，将吊钩移动至防喷器正上方。操作同步升降手柄，将吊钩下放至合适高度。

②操作人员将吊装索具挂入防喷器合适位置，并拴挂好牵引绳。操作同步升降手柄，缓慢收紧吊索，检查绳索拴挂情况。

③继续操作同步升降手柄，缓慢提升防喷器离开地面至合适高度，操作同步横移手柄，将防喷器缓慢移至井口上方。缓慢下放防喷器距底法兰合适距离，将四通下端及底法兰密封圈槽清理干净，放入密封垫环。

④四通法兰上穿好全部螺栓，钻台下人员使用牵引绳配合扶正防喷器，将螺栓与底法兰螺栓孔对正。

⑤操作同步升降手柄，缓慢下放防喷器使其坐于底法兰，下放过程中钻台下人员注意观察密封垫环是否对正。下放到位后将所有螺帽带齐，使用专用扳手和大锤（或专用液压扳手），先将底法兰连接螺栓对角上紧，然后将剩余所有螺栓上紧，余扣一致；通过“对角上紧”的方式检查所有螺栓紧固情况，对不符合要求的应进行紧固整改。

⑥操作同步升降手柄，下放吊钩，摘除吊装锁具。

2. 安装单闸板防喷器、环形防喷器

参照安装双闸板防喷器步骤进行。

3. 装防喷器上法兰溢流井口

①操作气动绞车，将一台气动绞车吊钩沿转盘通孔下放后拴挂至合适位置作为绷绳，另一台气动绞车的吊钩沿转盘通孔下放至钻台下溢流井口处。

②场地人员将吊装带在溢流井口上端合适位置处挂好连接气动绞车吊钩。再将另一吊装带在溢流井口下端本体处挂好，连接好绷绳滑轮及绷绳。

③指挥人员站在场地明显位置，待钻台下人员撤离后，指挥两台气动绞车操作人员，先收紧绷绳，再起升溢流井口，密切配合将溢流井口平稳移送至防喷器上方合适高度。

④工作人员系好安全带，使用好速差器利用登高梯子攀登至防喷器上方，将安全带挂牢，解开绷绳滑轮及绳套。

⑤将防喷器上法兰及溢流井口法兰密封圈槽清理干净，并将密封垫环装入密封圈槽内。

⑥配合扶正溢流井口，对正连接螺栓孔，指挥下放气动绞车吊钩，使溢流井口平稳地坐在防喷器上，并刹车。

⑦工作人员接过辅助人员递过的螺栓及扳手、大锤等工具，先将螺栓自上而下穿入螺栓孔，再用专用扳手和大锤（或专用液压扳手）将连接螺栓对角上紧；通过“对角上紧”的方式检查所有螺栓紧固情况，对不符合要求的应进行紧固整改。

⑧指挥下放气动绞车，摘下吊钩，解下吊装带。

⑨起吊灌钻井液阀门。互相配合将气动绞车吊钩放至地面，将吊钩挂至灌钻井液阀门已拴挂好的绳套上，并拴好牵引绳。

⑩安装灌钻井液阀门。多人配合操作气动绞车将灌钻井液阀门吊至合适位置，上方工作人员将灌钻井液阀门与溢流井口侧面由壬对接，用手上紧连接螺纹，用大锤砸紧。

⑪起吊灌钻井液管线。工作人员密切配合将气动绞车吊钩放至地面，将吊钩挂至灌钻井液管线已拴挂好的绳套上，并拴好牵引绳。

⑫安装灌钻井液管线。多人配合操作气动绞车配合将灌钻井液管线吊至合适位置，上方工作人员配合将灌钻井液管线与灌钻井液阀门一侧由壬对接，用手上紧连接螺纹，用大锤砸紧。

⑬安装并固定灌钻井液管线保险绳。保险绳拴挂时应绕溢流管一周后用卸扣连接紧固。

⑭起吊出水管胶管。场地人员拴好牵引绳，并将气动绞车吊钩挂在出水管胶管吊带上，指挥人员指挥气动绞车缓慢上提出水管胶管。

⑮连接出水管。出水管胶管提升到位后刹车，防喷器上工作人员配合将出水管胶管一端插入出水管，然后将出水管胶管另外一端与溢流井口连接牢固。安装完成后使用绳索将出水管胶管中部吊起并固定在合适位置（此步骤由出水管胶管长度决定）。

4. 防喷器组固定

①使用四根标准绳套缠绕在闸板防喷器上部法兰处，绳套下部与固定防喷器用可调节螺杆连接。

②使用卸扣（BX 型卸扣、DX 型卸扣）依次将四根固定防喷器用可调节螺杆下端与井架底座连接，穿好锁销。

③安排专人观察转盘通孔与溢流井口是否对正。

④通过调节固定防喷器用可调节螺杆长度使转盘通孔与溢流井口对正，对正后旋紧四根固定防喷器用可调节螺杆，并上紧锁紧背帽。

5. 安装内防喷管线

①将内防喷管线及钻井四通两侧闸阀密封圈槽清理干净，并安装密封垫环。

②专人指挥，用气动绞车将内防喷管线吊起（或多人合力抬起），与钻井四通一侧闸阀法兰对接。

③对齐两法兰螺栓孔后，穿好螺栓并戴好螺帽。用专用扳手和大锤（或专用液压扳手）将连接螺栓对角上紧，检查法兰盘之间的间隙是否一致。

④重复上述动作，完成另一侧内防喷管线的安装作业。

四 安装节流管汇与压井管汇

①将内防喷管线外侧法兰及节流管汇对接阀门密封圈槽清理干净，并安装密封垫环。

②使用吊车配合，将节流管汇缓慢向内防喷管线法兰方向移动，严禁速度过快，应专

人指挥，辅助人员使用推拉杆或牵引绳扶正。

③待内防喷管线法兰与节流管汇螺栓孔对正后，互相配合穿入连接螺栓，用手上紧螺帽，再用专用扳手和大锤（或专用液压扳手），将连接螺栓按照先对角后全部的顺序上紧：通过“对角上紧”的方式检查所有螺栓紧固情况，对不符合要求的应进行紧固整改。

④下放吊车吊钩，摘下绳套。

⑤按照上述动作，完成压井管汇的安装作业。

⑥节流压井管汇安装完成后四角使用地锚（或水泥基墩）固定；根据情况需要，在井架外侧底座与内防喷管线之间垫入支撑，使用专用卡子及橡胶皮垫固定内防喷管线。根据行业标准要求，内防喷管线长度在 7m 以下的，管线全长范围内可以无须进行额外卡固；长度在 7m 及以上的，必须在中间合适位置进行支撑卡固；有特殊要求的施工地区或施工井，应该按相关规定执行。

五 安装液气分离器

①检查安放位置，要求水平、坚实。使用吊车将液气分离器主体吊起使其与地面垂直，平稳摆放在节流管汇一侧合适位置。

②从主体上部用 4 根直径不小于 ϕ16mm 的钢丝绳与地面固定，用可调节螺杆连接，并将固定钢丝绳绷紧，保证主体与地面垂直、牢固。底座四角根据要求采用水泥基墩固定。

③按标准依次连接进液、排液、排气、排污管线。

六 安装防喷器附属设备、设施

1. 安装放喷管线

①沿管汇出口放喷方向使用尺子测量好距离，确定好水泥基墩的安装位置，对安装位置按规定进行处理后将水泥基墩摆放到位。

②用钢丝刷将管汇出口对接螺纹及放喷管线螺纹清理干净，涂好钻杆螺纹密封脂。

③多人配合，在放喷钻杆同侧将其抬起，内螺纹端与管汇出口外螺纹对接，另一端平稳放置在水泥基墩上。

④将链钳打在放喷钻杆内螺纹接箍上，重复扳动链钳手柄将螺纹上紧。

⑤在固定卡与防喷管线之间垫好橡胶皮垫，使用扳手上紧卡子固定螺栓及背帽。

⑥重复上述动作，连接安装其他放喷钻杆出井场并达到规定要求。放喷管线出口处应按标准安放双水泥基墩，使用“方墩”调整放喷管线出口方向时，在距方墩两侧 100mm 以内各安装一处水泥基墩进行固定。

⑦根据施工区域不同，也有采用法兰式放喷管线，连接方式与内防喷管线一致，都采用螺栓连接。

2. 安装回收钻井液管线

①确定好回收钻井液管线水泥基墩的安装位置，对安装位置按规定进行处理。

②将所有回收钻井液管线法兰及节流管汇对接阀门密封圈槽清理干净，并安装密封垫环。

③多人配合，将回收钻井液管线与节流管汇阀门法兰对接。对齐法兰螺栓孔后，穿好螺栓并戴好螺帽，将回收钻井液管线平稳放置于水泥基墩。

④使用专用扳手将管线连接法兰的连接螺栓按对角顺序上紧，通过“对角上紧”的方式检查所有螺栓紧固情况，对不符合要求的应进行紧固整改。

⑤在固定卡之间垫入橡胶皮垫，并使用扳手紧固水泥基墩卡子固定螺栓及备帽。

⑥多人配合，参考上述标准和方式，连接回收钻井液管线至循环罐振动筛处。

3. 安装手动操作杆

①将手动操作杆支架安装在底座合适位置并固定牢固，将手动操作杆抬至支架处。

②先将手动操作杆外侧一端搭在支架上，再到钻台下抬起万向节一端向防喷器方向运移。

③钻台下人员一手抬着手动操作杆，另一手托起万向节，配合人员缓慢转动手动操作杆，调整万向节外端方孔角度，使其与防喷器液缸伸缩杆外侧方杆角度一致。

④对齐万向节与防喷器液压伸缩杆，将万向节套住液压缸伸缩杆方杆，用扳手上紧万向节上的锁紧螺栓。

⑤重复上述动作，安装好其他手动操作杆。

⑥手动操作杆与水平方向的夹角不得大于30°，挂牌标明开、关方向和到位圈数，供手动锁紧时参考。

⑦根据手动操作杆外侧手轮距离地面的高度，选择、摆放好高度合适的操作平台。

4. 安装司钻控制台、节流控制箱

①使用吊车将司钻控制台、节流控制箱吊装到位。

②将司钻控制台、节流控制箱按要求摆放到位，固定牢固。

③连接各液、气管线，确保连接完好无渗漏。

④检查调试各开关及控制手柄确保灵活好用，与控制功能相对应。

5. 安装点火装置

①在井控防喷器组外接排气管线出口处，安装自动点火装置，自动点火装置安装位置要平整、坚实，并预制水泥基墩。

②靠近点火口30m范围内的相关控制管线、电缆要做好防护（掩埋、隔热、防火、防挤压）。

③使用3~4根直径不低于16mm的钢丝绳作绷绳，拉紧固定自动点火装置。

④安装手动点火装置的导向绳及手动点火拉绳等装置，导向绳、拉绳要配备2套，间隔角度应在180°左右。

⑤需要外接220V交流电供充电的点火装置，应按“安全用电规范”连接安装好外接

电路；对使用太阳能板供电的，应按相关要求连接安装好太阳能充电装置，确保装置有效；对于压力高、放喷量大的火炬，应通过先点燃燃气烧嘴，再引燃主火炬以保障点火的可靠性。

七 远程控制台安装调试

①防喷器远程控制台就位。安装在面对井场左侧，常规井距井口不小于 25m 的位置，接好电源（由专业人员进行）、气源。

②将液控管线沿钻具管架一侧理顺并连接好，放置在专用线缆支架盒内。

③连接控制管线束至司钻控制台。

④对远程控制台进行使用前检查（包括：各控制手柄位置应正确、液压油足量、各油气管线无渗漏、储能器充氮压力合适、通气检查司钻控制台各处控制开关是否有效控制等）。

⑤操作液压泵电源开关至“自动”位置，向储能器内打压，当储能器压力升至额定压力，液压泵自动停止后，通过油箱观察孔检查液压油量。

⑥先后扳动半封手柄至关位、中位、开位，副司钻沿液压管线至钻台下，检查液压管线是否渗漏及防喷器半封闸板的开启关闭情况。按上述操作分别检查全封、环形、液动平板阀等装置。环形防喷器避免在空井情况下进行测试。

⑦配合专业人员进行防喷器“防提断”装置的安装和校验。

⑧工程师检查完毕后，与管具公司井控工作专业人员在《井控装置运转调试清单》上签字。

八 试压

①关闭全封进行套管试压。

②互相配合，下放气动绞车吊钩将试压塞吊至钻台，参照一开起下钻杆步骤扣合 1 立柱。

③司钻按下吊环悬浮按钮，操控绞车缓慢上提钻具，将钻杆起出钻杆盒距转盘面 0.5m 时刹车。

④井口人员配合将旋塞、试压塞与钻柱对接后使用液气大钳紧扣，并关闭旋塞。打开井口防护盖。

⑤将井内灌满钻井液（或清水）。司钻下放游车，将带有试压塞钻杆放入井口内。观察好指重表及井口钻具下行情况，待试压塞到位后，刹车，上紧套管头顶丝，固定试压塞。

⑥将各阀门调整好，使其处于试压正确开关状态，司钻鸣笛后，出司钻房操控司钻控制台关闭防喷器半封闸板。后面向远控台示意副司钻防喷器半封闸板已关闭。

⑦副司钻到远控台，确认半封手柄已关闭到位；场地人员从钻台下观察闸板关闭到位

后，向司钻发出防喷器已关闭信号。

⑧试压人员开启试压泵打压，打压至设计要求压力。观察是否有压力下降现象。

⑨稳压达到规定时间后，试压人员操作泄压。

⑩试压人员通知司钻，司钻派专人至井控管汇处，核实确认已泄压后，操控司钻控制台打开防喷器半封闸板，示意副司钻防喷器半封闸板已打开。

⑪副司钻确认半封手柄已扳至开位，场地人员从钻台下观察闸板开启到位，向司钻发出防喷器已开启信号。

⑫按照以上步骤对环形防喷器、管汇、管线等进行试压。

⑬试全封前将试压塞与钻具连接卸开，起出钻具，关闭全封进行试压。

⑭试压完成后，司钻上提试压塞出转盘面，井口人员配合使用液气大钳将试玉塞卸下，并放至合适位置。

九 注意事项

①作业人员在吊装套管头等物件时，应合理使用好专用吊具吊索，下方严禁站人。

②配合作业时，必须有专人指挥，严格按照信号执行操作。

③防喷器平移装置、吊移装置必须专人操作，严防误操作导致伤人。人员不得站在移动的防喷器平移装置上。

④挂绳套时、作业人员抓握绳套的位置应远离绳套与吊点接触部位。

⑤在吊运底法兰、套管头、防喷器主体至方井上方时，物件坠落区域严禁站人或进行交叉作业。

⑥作业人员应在底法兰、套管头、防喷器等设备放置稳定后，再靠近进行安装作业，高处作业时必须系好安全带和防坠器，防坠器角度应符合使用要求。

⑦防喷器吊移装置必须安装固定牢固，专人负责操作。作业的正下方及其附近不应有人作业、停留和通过。

⑧按操作规程使用好液压扳手，使用过程中必须保证管线完好，连接牢固，防止液体刺出伤人。

⑨安装溢流井口及出水胶管时，必须连接牢固，操作人员做好防坠落措施。出水管线（高架槽）超过 15m 或中间法兰盘螺栓连接时，必须安装支撑装置。

⑩试压过程中应当设置警戒线，高压区域严禁靠近，泄压时，人员应远离泄压口。

第五节　二开作业

为满足工程设计要求，现场往往需要多次开钻。由于作业内容基本相同，此处仅以二开作业内容为例进行介绍，其他开次可参考本节。

一 开钻准备

1. 组合钻具

①司钻带领班组进行钻台准备。具体步骤同一次开钻作业中的钻台准备。

②副司钻检查钻井泵，并调整好阀门，场地工检查调试振动筛，井架工检查防坠落装置及二层台逃生装置。

③司钻根据作业指令带领班组人员组合钻具。大致步骤可参考一次开钻作业中的配钻铤立柱。

④协助定向施工人员，安装定向仪器，测量角差。

⑤司钻带领班组人员进行接顶驱作业，具体步骤可参考一次开钻作业中的接顶驱内容。

⑥按要求测试动力钻具及定向仪器。

⑦测试结束后，将动力钻具组合提出转盘，将井口封盖。

⑧接钻头参考接一开钻头程序。接 PDC 钻头时，将专用上卸扣工具坐于井口处，多人配合将钻头平稳放置于工具上，利用工具将钻头与配合接头相连，使用液气大钳或 B 型吊钳完成紧扣作业。

2. 下钻

①钻台人员按要求准备好井口。

②井架工佩戴专用安全带，挂好防坠落、登梯助力，攀登至二层台。将安全带挂至专用挂点，检查钻杆钩及安全尾绳、兜绳是否完好，指梁、栏杆应齐全牢固。

③司钻操控绞车，配合井架工扣合悬持吊卡。

④确认吊卡扣合后按动吊环悬浮按钮。然后挂合钻机缓慢上提钻具，将钻铤接头提出转盘面 0.5m 左右时刹车。

⑤井口两人分别握住卡瓦手柄，将其抬移至转盘面上，卡瓦开口对准钻具，配合使卡瓦抱住钻铤并下放入井口。

⑥司钻缓慢下放钻具，使卡瓦随钻铤下行坐入方瓦内，释放部分悬重并刹车。

⑦井口人员互相配合将安全卡瓦安装在井口钻具上，距卡瓦 50mm 左右，司钻下放游车释放全部悬重。

⑧卸扣。将电机选择方向开关选择“反转”位置，旋转背钳开关至“卡紧”位置，同时转动操作选择开关到“力矩”位置，两个按钮同时操作后，主轴反向旋转开始松扣，观察顶驱扭矩表，读数下降后按下卸扣上跳按钮，松开背钳“卡紧开关”，操作选择开关选择“旋扣”位置，进行卸扣。

⑨卸开后司钻缓慢上提游车，待吊卡接近立柱上单根接头时刹车。

⑩井口人员使用液气大钳卸开连接螺纹，并配合司钻和井架工，使用钻杆钩（或操作钻台机械手）将立柱放于钻杆盒内。

⑪ 井架工将钻杆立柱拉入指梁排齐后，拉出钻铤立柱并推入吊卡，扣合吊卡，检查活门扣合完好后，发出起升信号。

⑫ 司钻接到起升信号后，按下吊环悬浮按钮，操控绞车缓慢上提立柱出钻杆盒。

⑬ 井架工慢松兜绳，井口人员使用钻杆钩（或操作钻台机械手）将钻铤立柱缓慢移送至井口，用钢丝刷清理好钻铤立柱外螺纹，检查螺纹及密封面情况，涂抹螺纹脂，扶正钻具对接。

⑭ 钻台人员互相配合使用液气大钳或 B 型吊钳完成紧扣作业，紧扣过程中井架工、井口人员注意观察上部钻具摆动情况，紧扣完成后指挥司钻起升游车。

⑮ 司钻挂合钻机绞车缓慢起车，上提 0.2m 左右时刹车。

⑯ 井口人员用扳手将安全卡瓦螺帽卸松，拔出丝杠销，取下安全卡瓦。

⑰ 司钻继续上提钻具并及时刹车，配合井口人员将卡瓦随钻具提出井口推拉至转盘外后注意观察指重表，缓慢下放钻具。

⑱ 重复 ⑪ ~ ⑰ 步骤完成下钻铤立柱作业，并根据要求使用辅助刹车。

⑲ 下完钻铤后，井口人员互相配合继续完成下钻杆立柱作业。下钻过程，不同作业工区根据井深及要求进行顶通作业或分段循环；根据技术指令下钻或距井底 2 ~ 3 柱时，控制下放速度，防止突然遇阻，损坏钻头或设备。

3. 扫塞

①司钻控制好下钻速度，观察好指重表，进行探塞，探塞过程中严格按照技术指令操作。有遇阻显示后，司钻缓慢上提钻具到合适位置，井口人员与司钻互相配合对接顶驱。对接顶驱后，司钻鸣笛或使用对讲机通知副司钻准备开泵，注意观察显示屏。

②副司钻站在明显位置，面向摄像头，采用“手势信号”或“声音信号”发出开泵指令，司钻根据副司钻指令开启相应钻井泵。

③场地工听到准备开泵信号后，及时启动振动筛，观察钻井液返出情况并使用对讲机及时向司钻汇报。

④司钻根据指令缓慢启动钻井泵，待钻井液返出正常后，根据情况逐步提高排量并观察立管压力表。同时操作顶驱控制台电机风机选择“自动”或者“启动”，操作选择开关选择“钻井”，电机选择开关根据要求选择（A 电机、A+B 电机、B 电机），将电机选择方向开关选择“正转”，就绪灯亮时，操作钻井扭矩限制手轮设定合适扭矩值，操作转速给定手轮至合适转速，主轴正向旋转。

⑤司钻观察指重表，下放钻具，并加至规定钻压缓慢钻胶塞（采用插入法固井时，套管内无胶塞，直接进行钻浮箍、浮鞋作业）。钻压不宜过大，防止钻压过大造成下部钻具弯曲碰磨表层套管。根据情况及时调整钻压。钻进过程中司钻要注意观察立压、扭矩、悬重变化。

⑥场地工根据筛面钻井液量多少调节振动筛筛面倾角，若发现异常及时向司钻汇报。当在返出口发现水泥混浆后及时开启放钻井液闸阀、关闭进罐闸阀，把返出的混浆放入沉砂池中。

⑦扫塞完成后，按技术指令核对井深，继续钻进。当发现钻时变慢后，再次核对井深确认是否钻至浮箍。

⑧钻浮箍过程中场地工要注意观察振动筛返出情况，查看是否有碎块、铝屑等。钻进时，要根据进尺情况定时活动钻具，及时调整钻压。

⑨继续钻进直到钻穿浮鞋。钻完浮箍、浮鞋后，要上下活动钻具修理井眼，确保井眼畅通。

⑩确认钻头已出表层套管，根据技术指令要求，继续在新地层中钻进作业。

⑪钻完进尺后，循环钻井液，根据循环情况起钻。

⑫根据设计要求，配合工程师在新地层规定深度进行地层破裂压力试验。

二 钻进作业

1. 钻进

①根据技术指令完成下钻作业。

②距井底 1～2 根单根时，井口人员分别握住卡瓦手柄，将其抬移至转盘面上，卡瓦开口对准钻具，配合使卡瓦抱住钻杆下放入井口。

③司钻缓慢下放钻具，使卡瓦随钻杆下行坐入方瓦内释放悬重后进行顶驱对接作业。

④顶驱对接完成后上提钻具，井口人员配合将卡瓦从转盘中取出，并将其抬出转盘面。

⑤司钻与副司钻进行沟通后观察显示屏，根据副司钻指令，发出开泵信号并挂合相应钻井泵，场地工听到开泵信号后，启动振动筛并配合钻井液工一同观察钻井液返出情况。待钻井液返出后及时报告司钻。

⑥钻井液返出正常后，司钻缓慢转动顶驱并逐渐提高排量至规定值，调整好顶驱各项参数后进行钻进作业。

⑦上部地层钻进，机械钻速快，岩屑多要严格执行“早开泵，晚停泵”，出现问题延误钻进时，可进行小排量间歇循环或起钻 1～2 柱将钻头提离井底。严禁钻头在井底定点循环或长时间静止。上部地层相对较软，应根据技术指令严格控制好钻井泵排量。带有动力钻具的钻具组合，在上部地层测斜时要降低钻井泵排量。

2. 钻进异常现象与处理

（1）泵压升高

①分析是否存在钻头喷嘴堵、泥包、动力钻具坏或井壁坍塌等情况。

②停止钻进，尽量保持循环活动钻具。

③根据实际情况分别采取起钻、边循环边大幅度活动钻具、处理调整钻井液性能等办法处理。

（2）泵压下降

①停止钻进，降低排量或停止循环，活动钻具。

②先检查高压管汇和泵房，如有问题及时处理、排除。

③再分析井下是否存在掉喷嘴、动力钻具损坏、井漏或钻具刺漏、地层岩性改变等情况。

④根据实际情况采取起钻检查、堵漏等处理办法。

（3）溢流

钻进时出现：钻时突快甚至放空、出口钻井液流速增大（循环罐液面升高）、停泵外溢等现象，应立即停止钻进，按井控关井程序进行关井。

（4）井漏

①确定漏速，若漏速大或失返应立即停止钻进或循环，迅速起钻至安全位置。

②起钻按要求灌好钻井液，尽可能保证井内有充足的钻井液；钻井液失返的情况下则定期吊灌钻井液。

③根据实际情况进行堵漏处理。

（5）严重蹩、跳钻

①立即停止钻进，上提钻具，保持循环。

②捞砂检查岩屑，分析判断井下钻头、地层岩性或是否存在碰套管等情况。

③根据实际情况采取降低钻压、起钻检查等处理方法。

3. 接立柱

①接立柱前，井架工佩戴专用安全带，挂好防坠落、登梯助力，平稳攀登至二层台，检查工具等，做好扣合立柱准备。

②司钻钻完方入后，进行划眼。划眼完成操作顶驱控制台将转速给定手轮回旋归零，上提游车。

③司钻转动吊环回转及吊环倾斜开关使吊卡后倾至合适位置，同时下放游车，将钻具接头下放至距转盘面 0.5m 左右时刹车。

④井口人员分别握住卡瓦手柄，将其抬移至转盘面上，卡瓦开口对准钻具，配合使卡瓦抱住钻杆下放入井口。

⑤停泵，司钻缓慢下放钻具，使卡瓦随钻杆下行坐入方瓦内并刹车。

⑥司钻操作顶驱控制台：操作电机选择方向开关至“反转”位置，旋转背钳开关至“卡紧”位置，同时转动操作选择开关到“力矩”位置，两个按钮同时操作后，主轴反向旋转开始松扣，观察顶驱扭矩表，读数下降后按下卸扣上跳按钮，松开背钳“卡紧开关”，操作选择开关选择“旋扣”位置，进行卸扣。

⑦卸扣完成后，操作选择开关选择“钻井”位置。司钻上提游车至合适位置，同时按下吊环悬浮按钮，井口人员将钻杆滤清器放入专用提升工具内，拴好保险绳后向司钻发出起升手势，井口人员撤离至安全位置，司钻继续起升游车，起升过程中井口岗位人员协助司钻观察滚筒钢丝绳排列、位置和游动滑车高度，气动控制钻机注意中途试放气。

⑧司钻观察游车位置，接到井架工发出停止起升信号后平稳刹车，目视显示屏，转动吊环倾斜开关使吊卡前倾至合适位置，查看井架工操作。

⑨井架工将保险绳与钻杆滤清器连接牢固后取下钻杆滤清器，放置于操作台合适位置。

拉出钻杆立柱，将立柱推入吊卡，扣合吊卡并检查活门扣合情况，发出起升信号。

⑩司钻接到起升信号后，按下吊环悬浮按钮，缓慢操控绞车缓慢上提立柱出钻杆盒。

⑪井架工慢松兜绳，井口人员使用钻杆钩（或操作钻台机械手）将钻杆立柱缓慢移送对正小鼠洞，指挥司钻下放钻具进鼠洞。

⑫司钻缓慢下放游车，接到井架工发出停止起升信号后平稳刹车，目视显示屏，转动吊环倾斜开关至“前倾”，将吊卡前倾至合适位置，查看井架工操作并通知井口人员撤离至安全位置。

⑬井架工查看下方有无作业人员，确认安全后将钻杆滤清器放于钻杆内，并取下安全绳，同时指挥司钻起升游车。

⑭司钻接到起升信号后，按下吊环悬浮按钮，操控绞车缓慢上提立柱出鼠洞。

⑮井口人员使用钻杆钩（或操作钻台机械手）将钻杆立柱缓慢移送至井口，用钢丝刷清理好钻杆立柱外螺纹，并检查螺纹及密封面情况，涂好螺纹脂，指挥司钻缓慢下放游车与井口钻具对接，并使用液气大钳进行紧扣。

⑯司钻操作顶驱控制台：操作电机方向选择开关选择“正转”位置，操作选择开关选择“旋扣”，司钻缓慢下放游车，通过显示屏观察钻杆接头顺利进入背钳喇叭口，保护接头与钻杆接头平稳对接，缓慢下放并观察指重表进行旋扣。

⑰旋扣完成后将操作选择开关选择“钻井”，同时刹住绞车，旋转上扣扭矩限制手轮设定为所需的上扣扭矩。一手将背钳开关打至“卡紧”位置，另一只手操作选择开关选择“力矩”位置，观察扭矩表数值，扭矩到达设定值时操作选择开关选择“钻井”位置，同时松开背钳，紧扣完成。

⑱司钻上提钻具，井口人员将卡瓦随钻具提出井口并将其推拉至转盘外。

⑲井架工打开吊卡，司钻调整吊卡至合适位置，不贴磨钻柱。

⑳司钻指挥开泵，恢复钻进。

4. 接立柱（单根）异常现象及处理

①准备接立柱（单根）时上提下放有阻卡或泵压升高时：应上下反复活动钻具、循环钻井液，待井眼畅通后再接立柱（单根）。

②接单根后开泵泵压升高时：立即分析原因，可降低排量，活动钻具，正常后再钻进。

③接单根中途如井口工具发生损坏时：未卸开扣，应上下活动钻具，视情况开泵循环；已卸开扣，应视情况活动钻具，抢修或更换工具，配备顶驱设备的，可直接对接顶驱，循环活动钻具。

5. 注意事项

①内外钳工与司钻配合默契，作业过程中不得遮挡司钻视线。

②井架工上下井架、二层台作业时使用好防坠落、安全带，手势要明确，不得盲目操作。

③钻井作业时，转盘上严禁放置杂物，井口工具、手工具应放置在安全位置。

④钻柱螺纹应按要求正确、规范地涂抹螺纹脂，规范操作液气大钳等井口设备。

⑤开钻前，必须按要求进行四种工况防喷演习。

⑥钻进过程中按要求每班进行低泵冲试验。

⑦现场施工时，根据技术指令进行“短起下”作业。

⑧钻时快，钻屑多时，不要立即接立柱（单根），应大幅活动钻具，充分循环待返出岩屑正常后再接立柱（单根）。

⑨快速钻进中循环系统出现故障时应立即停泵，边起钻，边检修设备，正常后再下钻恢复钻进。

⑩钻进时设备坏，若钻具失去活动能力，将部分钻具重量下压到井底，检修正常后将钻头提离井底，小排量开泵，视情况继续钻进或起钻。如需起钻，应根据井眼情况、循环情况，采取短起下钻措施或进行起钻。

⑪顶部驱动装置钻进作业（二层台无机械手臂），风力超过6级时停止接立柱，改为接单根钻进，进行其他作业时应采取相应的安全措施。

三 起下钻作业

1. 准备工作

①调整钻井液性能，保证循环时间，观察振动筛岩屑返出情况，同时循环时间满足岩屑录井要求。司钻在循环期间，操作钻机绞车上提下放活动钻具，禁止定点转动循环。

②起钻前，井口人员检查、保养井口工具，做好起钻准备。

③井架工佩戴专用安全带，挂好防坠落、登梯助力，攀登至二层台。将安全带挂至专用挂点，检查钻杆钩及安全尾绳、兜绳等是否完好。

2. 起钻

①循环结束后，停泵，副司钻按起钻灌浆要求，调整好组合闸门，打开灌浆闸门。司钻目视井口，缓慢下放钻具至井口合适高度，司钻操作吊环回转使吊卡背面面向合适方向，然后将吊环倾斜开关选择“后倾”，使吊环后倾到位。继续下放钻具，井口人员配合坐好卡瓦，释放悬重并刹车。

②操作电机选择方向开关选择“反转”位置，旋转背钳开关至“卡紧”位置，同时转动操作选择开关到“力矩”位置，两个按钮同时操作后，主轴反向旋转开始松扣，观察顶驱扭矩表，读数下降后按下卸扣上跳按钮，松开背钳“卡紧”开关，操作选择开关选择“旋扣”位置，进行卸扣。

③卸开后司钻上提游车至合适位置，同时按下吊环悬浮按钮，操作吊环回转使吊卡开口面向合适方向，根据技术要求起钻前可能需要投入多点测斜仪。

④司钻下放游车，待吊卡靠近井口钻杆接头时，转动吊环倾斜开关使吊卡略微“后倾”防止碰钻具密封面，继续下放吊卡至合适位置，转动吊环倾斜开关到“前倾”位置，扣合吊卡。

⑤检查吊卡扣合情况，并向司钻打出游车上升手势。

⑥司钻在接到上提钻具手势后，按动吊环悬浮按钮，然后挂合钻机绞车缓慢上提钻具，井口人员将卡瓦随钻具提出井口并将其推拉至转盘外，司钻上下活动钻具，待多点仪器到底后起钻。

⑦起钻过程中，司钻目视指重表，侧视井口，通过显示屏观察滚筒大绳排列、位置和游车高度，井口人员待吊卡离转盘 2m 左右时，使用刮泥器刮钻井液并检查钻具。待第二根钻杆接头出转盘面时，气动控制钻机司钻要操作试放气一次，第三根钻杆接头将出转盘面时，井口人员及时提醒司钻，钻具母接头出转盘面 0.5m 左右时司钻平稳刹车。

⑧井架工在游车上升时，观察钢丝绳有无明显断丝，注意游车起升位置，及时发信号提醒司钻。

⑨井口人员放下刮泥器，配合使卡瓦抱住钻杆并下放入井口，司钻缓慢下放钻具坐卡瓦后，放松负荷刹车。

⑩井架工待立柱坐卡瓦后，观察吊卡离开钻杆接头 0.1 ~ 0.3m 时，发出停止信号。

⑪配合使用液气大钳卸扣。

⑫司钻挂合绞车缓慢上提钻具 0.2m 左右时刹车，井口人员配合（或操作钻台机械手）将立柱放进钻杆盒。

⑬井架工待钻具靠近操作台后，固定兜绳。

⑭司钻缓慢下放立柱，待立柱接触钻杆盒后，观察显示屏继续下放吊卡。

⑮井架工待吊卡下放到合适位置时，发信号通知司钻刹车，待游车停稳后打开吊卡活门，拉兜绳，将立柱拉入操作台、控制住立柱，确认吊环复位，向司钻发出下放游车信号，司钻接到下放信号后，观察屏幕下放游车，井架工目送游车过指梁后排齐钻具。

⑯司钻下放游车，待吊卡靠近井口钻杆接头时，转动吊环倾斜开关使吊卡略微“后倾”防止碰钻具密封面，继续下放吊卡至合适位置，转动吊环倾斜开关到“前倾”位置，扣合吊卡。

⑰井口人员检查吊卡扣合情况，并向司钻打出游车上升手势。

⑱司钻在接到上提钻具手势后，按动吊环悬浮按钮，然后挂合钻机绞车缓慢上提钻具，井口人员将卡瓦随钻具提出井口并将其推拉至转盘外。

⑲重复以上操作，完成起钻作业。起钻时按要求灌入钻井液，并安排专人坐岗。

3. 换钻头

①井口人员将钻头盒抬起，放入转盘方瓦内，扶正钻具。司钻缓慢下放，待钻头进入钻头盒后刹车。

②调整钻头盒方向，井口人员扶正钻铤，司钻缓慢下放，钻头进入钻头盒后释放部分悬重压持钻头并刹车，关闭转盘止动销。

③井口人员互相配合，使用 B 型吊钳利用液压猫头进行松扣。钳尾绳收紧后，所有人撤到安全位置。

④司钻平稳操作液压猫头将钻头卸松。

⑤松扣完毕后，井口人员打开 B 型吊钳，将吊钳收回。

⑥司钻上提钻具将钻头提出钻头盒。

⑦按技术要求更换动力钻具，并配合测试定向井仪器。具体步骤可参照本节开钻准备中的组合钻具部分。

⑧井口人员操作钻台机械手将立柱扶持并离开井口。

⑨司钻缓慢下放钻具，使钻头距离钻台面 50～100mm。

⑩井口人员互相配合将钻头卸下并放置于合适位置。

⑪在新钻头上戴好提升护丝，挂好气动绞车吊钩，将钻头吊至钻头盒上方。

⑫扶正后放入钻头盒，卸下提升护丝，在钻头螺纹上涂好螺纹脂。

⑬司钻平稳下放，井口人员配合扶正，与钻头配合接头对扣，关闭转盘止动销。

⑭配合使用链钳旋扣，B 型吊钳进行紧扣，操作液压猫头，当压力达到规定压力时，紧扣完毕。打开吊钳，将吊钳退回并固定好。

⑮外钳工打好外钳，启动液压猫头，达到额定压力时，紧扣完毕。

⑯司钻挂合钻机绞车缓慢上提游车，将钻头提出，井口人员打开转盘止动销。

⑰在钻头盒提环上拴挂好吊装绳套，操作气动绞车将其吊出，并放回原位。

⑱司钻平稳下放钻具，将钻头送入井内。

4. 下钻

①下钻作业操作步骤可参照本节开钻准备中的下钻部分。

②下钻作业时，要安排好专人坐岗，观察井口钻井液返出情况，并计量返出钻井液体积。

③根据技术要求下钻到规定井深，降低排量缓慢开泵，待返出正常后逐渐提升至规定排量。

5. 注意事项

①设备出现故障，无法起下钻时，如能提起钻柱，则提至最高点，间歇下放活动钻具；不能提起时，视情况可采取转动的方法活动钻具，同时抢修设备。

②起钻时，上提遇卡，不得硬起。应下至畅通井段，循环划眼直至上下活动畅通无阻后，方可起钻。

③发现溢流预兆如灌不进钻井液、井口外溢等，按井控关井程序进行关井。

④起钻拔活塞时，不得硬起，下放钻具至正常井段，开泵循环处理钻井液，转动钻具，大排量洗井，井下正常后再进行起钻。

⑤起钻中钻杆内反喷钻井液，应停止起钻，立即接方钻杆（顶驱）控制倒返，分析是井塌还是井喷预兆，采取相应措施处理。

⑥若起钻前发生泥包，而又不能有效地清除，起钻时就要特别注意，不能在连续遇阻或有抽汲作用的情况下起钻，可采取倒划眼的方法起钻。

⑦钻头水眼堵时起钻应使用防喷盒，尽量多地收集钻井液，同时边起钻边向环空灌满钻井液。

⑧判断钻具刺漏后，起钻速度要慢，检查好钻具，观察好悬重表。因钻具刺漏后强度

减低，为防止拔断钻具，上提钻具遇卡时要上下活动，不得硬拔，也不得猛起、猛放。

⑨大幅度提高钻井液密度时，加重要均匀，进行充分搅拌水化，循环两周以上。起钻时各岗位操作动作既要稳又要快，加强活动钻柱，减少静止时间。

⑩井下有键槽时应提前确定位置，控制起钻速度，起钻至键槽位置时，应采取轻提慢转倒划眼等方法处理，严防提死。

⑪井架工在二层台操作时，信号要准确，防立柱倒出，防游车碰撞操作台。

⑫操作液气大钳时小心绞入伤人，严禁将手放在液气大钳的旋转部位，作业时，必须是一方发出明确信号后另一方才能操作液气大钳。

⑬司钻在起空车时注意排好大绳，同时要防止游车摆动过大造成大绳进指梁和游车挂、碰指梁。

⑭钻杆立柱在提离钻杆盒时，钻台人员要及时避开钻杆摆动方向，防止立柱将人员碰伤。

⑮二层台操作时，必须正确使用兜绳，各种手工具系好保险绳，扣吊卡确认无误，方可发出起车信号。

⑯井口操作人员不得阻碍司钻观察井口和指重表的视线。

⑰下钻 700m 或悬重 30t 挂辅助刹车，下钻遇阻执行相关技术规定，钻井液工观察好钻井液返出情况。

⑱下钻过程中，要按照技术指令进行中途顶通。顶通时要缓慢开泵，观察好泵压及返出情况。如果带螺杆顶通时，要计算好灌入量，小排量缓慢开泵，避免螺杆钻具损伤套管、钻头。

⑲下放遇阻时应及时分析遇阻原因，由井塌、缩径、井眼不规则，有砂桥，钻具结构改变等所引起的下钻遇阻，可采用“一通、二冲、三划眼”的方法进行处理；由钻头磨小引起的下钻遇阻，可采取扩眼的办法但要防止压入小井眼而拔不动；由井下落物引起的下钻遇阻，可把落物通到井底，然后处理掉落物再恢复钻进。

⑳下钻中途钻杆内倒返钻井液：应抢接方钻杆（顶驱）控制倒返，分析原因后可采取循环除砂、处理钻井液、加重压井等措施，待正常后方可重新下钻。

㉑下钻到底开不开泵时，如环空堵塞，不得强开，立即起至畅通井段，开泵正常后采取划眼处理的办法；若钻头水眼堵，则采取大幅度活动钻具的办法，无效时，起钻并收集好钻具内的钻井液。

㉒在起钻时若存在井下不正常（缩径、键槽、砂桥等）或因井漏、未及时灌满钻井液而可能导致井下坍塌等情况下，在下钻时应详细了解不正常井段，控制下放速度；若遇阻严重、返出钻井液不正常，则采取划眼方式处理。

第六节　测井作业

完钻后要按地质要求测井，固井候凝后按要求进行固井质量测井。

一　工作准备

①测井作业前按技术要求进行通井作业，达到测井要求。

②场地人员清理场地和猫道杂物，满足电测车辆、仪器的摆放要求。

二　测井作业

常见的测井方式有电缆测井和钻杆输送存储式测井。下面简单介绍现场配合电缆输送测井作业。

①引导测井车辆及工具就位，钻台人员下放气动绞车吊钩，将气动绞车吊钩放至猫道。

②电测队人员将吊钩挂入天滑轮吊孔后，起升气动绞车将其吊至钻台，电测队人员用手扶正移送至井口上方。

③司钻操作绞车下放空吊卡，待吊卡与天滑轮吊杆耳座同高时刹车。

④打开吊卡活门，配合电测队人员将天滑轮吊杆推入吊卡通孔内并扣合吊卡活门，并按要求拴挂保险绳。

⑤下放气动绞车吊钩，电测队人员摘下吊钩。

⑥操作气动绞车，配合电测队人员依次将地滑轮、专用固定链、电测电缆、电测用附件吊至钻台面。

⑦操作气动绞车，将地滑轮吊起距钻台面 0.5m 时刹车。

⑧电测队人员先将张力传感器一端放在地滑轮护板耳座内，对齐销孔并穿好连接销，再将专用固定链一端铁环放在张力传感器耳座内，并将专用连接销穿过张力传感器耳座销孔和专用固定链铁环，将专用固定链与张力传感器连接在一起。

⑨钻台人员配合电测队人员将专用固定链穿过小鼠洞处钻台面方孔放至钻台下。

⑩电测人员站在钻台下，将专用固定链缠绕在井架底座横拉筋上，长度合适后用卸扣固定。

⑪ 电测队人员分别抽出天、地滑轮侧面护板连接销，打开护板，将电测电缆分别放入天、地滑轮轮槽内，扣合护板并穿好连接销。

⑫ 电测队人员在张力传感器上接好传输线并固定好后，再双手抓住电测电缆转换接头，示意司钻起升大钩。

⑬ 司钻挂合钻机绞车低速开关起升游车，起升至合适高度时，电测队人员发出停止起升信号。

⑭ 司钻起升游车到位后刹车，确认刹车制动有效。电测期间液压站应保持运转，且按下紧急制动，使工作钳、安全钳同时制动。

⑮ 电测队人员接电测仪器入井，将井口电缆洗缆器放好，井口人员将一根长度合适的气管线与其接口连接好。

⑯ 仪器入井，开始电测。电测期间根据情况及时将井内灌满钻井液，司钻在司钻房值班并安排好井控坐岗人员。

⑰ 电测作业施工完成后，关闭井口电缆洗缆器气开关，拆除并收好气管线。

⑱ 电测队人员操作电测滚筒车将电测仪器从井内依次起出并放至场地。

⑲ 电测队人员卸下电缆转换接头，起升电缆转换接头距钻台面合适高度时刹车。

⑳ 司钻接到电测指挥的下放游车指令后，缓慢下放游车，待天滑轮下端距钻台面 0.3m 左右时，刹车。

㉑ 电测队人员分别抽出天、地滑轮侧面护板连接销，打开护板，取出电测电缆扣合护板穿好护板连接销，并拆除张力传感器传输线。

㉒ 电测队场地人员拆开缠绕在钻台下井架底座横拉筋上的专用固定链卸扣，指挥操作气动绞车人员起升地滑轮，当专用固定链完全起出至钻台面时刹车。

㉓ 电测队人员将专用固定链及地滑轮推至大门坡道上，井口人员操作气动绞车，将专用固定链及地滑轮放至猫道上，电测队人员摘下吊钩。

㉔ 继续起升气动绞车吊钩至钻台面，配合电测队人员将剩余电测工具甩至钻台下。

三 注意事项

①电测前安排专人对绞车刹车系统进行检查，确认刹车系统有效，并全程安排专人监控。

②电测作业期间，司钻应观察记录仪器入井、出井情况。

③对转盘开关手柄进行锁定，上锁挂签；锁定转盘锁紧销；当班司钻对上锁挂签情况进行确认。钻台上严禁其他作业，井口严禁站人；安排专人协调指挥，保证信息传递畅通。

④吊装天滑轮与地滑轮上钻台过程中，坡道两侧及滑道上严禁站人。

⑤安装天滑轮时，确认测井人员系牢天滑轮保险绳；安排专人指挥，平稳操作，天滑轮上提过程中，禁止交叉作业，下方禁止站人。

⑥安装地滑轮时，钻台、坡道两侧及滑道上严禁站人；及时悬挂大门坡道防护链；由专人确认将地滑轮和链条固定牢靠；确保气动绞车刹车有效。

⑦测井过程中安排专人监督作业区域是否进行警示隔离，严禁无关人员进入作业区域。

⑧钻杆传输测井时，应按要求进行立柱通径，通径规使用过程中应做好防坠落保险措施，井口人员应处于安全位置，专人确认看到通径规完好方可提钻具对扣，丝扣油涂在公扣上，所有灌浆循环作业必须加装钻井液滤清器，灌浆作业结束后取出。

⑨使用带有放射性电测仪器时，应按照相关要求做好个人防护。

⑩电测数据出来后，及时召开固井协调会，确定套管附件，套管下深及固井方式等。

第七节　下套管作业

为满足工程设计井身结构要求，一口井往往需要下多种尺寸套管，通常 244.5mm 及以上套管参照一开下套管方式，244.5mm 以下套管采用以下方式进行。

一　工作准备

组织开展下套管作业的 JSA 分析，制定下套管安全防范管控措施，明确岗位责任。

1. 套管丈量、编号

①将套管排满第一层管架后，场地人员卸内、外螺纹护帽。

②场地人员拉钢卷尺站在套管内螺纹端，地质人员在外螺纹端，按顺序丈量套管并做好记录。

③丈量完第一层管架套管后，地质人员用白漆按照顺序逐根编号，工程师再次核对套管的编号及长度。

④场地人员摆放好套管垫杠并捆绑牢固，待套管排满第二层后，重复上述动作，直至完成套管丈量、编号工作。

⑤最后再将联顶节、吊卡、引鞋等附件丈量完毕并填写在套管记录本上。

2. 通径、涂螺纹脂

①现场采用金属顶杆法、钢丝绳牵引法或“石油套管通径机器人”进行套管通径。通径或检查过程中如发现不符合标准的套管，要做好标记，并通知钻井工程师或地质人员。

②按照选定的通径方法通径完成后清理工具，收拾场地。

③场地人员将套管螺纹清洗干净并检查，并在内螺纹处涂抹螺纹密封脂，在外螺纹处带好套管护帽。

3. 井眼准备

①按技术要求进行通井作业，确保井眼畅通。

②打段塞封闭复杂地层，确保下套管顺利。

4. 工具准备

①场地人员准备完好的吊装带。将套管吊卡吊至钻台上并检查保养，在活门锁舌、连接销注入润滑油，并多次开关吊卡活门，确认灵活好用。

②井口人员配合将拦绳一端固定在井架大门立柱，再将另一端搭在另一侧井架大门立柱上。

③场地人员配合工程师按照顺序将引鞋等附件连接至套管上。

④准备好套管螺纹密封脂及涂抹工具，将套管扶正器等附件放置在合适位置，依次排好。

⑤准备灌钻井液管线。

5. 取套管头防磨套（不使用套管头的井可省略此步骤）

①下放气动绞车吊钩，作业人员配合将防磨套取出器吊至钻台。

②参照一开起下钻杆步骤扣合一立柱。

③司钻按下吊环悬浮按钮，挂合钻机绞车缓慢上提钻具，将钻杆起出钻杆盒距转盘面0.5m时刹车。

④井口人员配合将防磨套取出器与钻杆对接并使用液气大钳紧扣。

⑤井口人员将井口盖板抬起，放至合适位置。

⑥司钻下放游车，将带有防磨套取出器的钻杆放入井内。注意观察指重表及井口钻具下行情况，确认下放到位后释放悬重并刹车。

⑦井口人员配合将链钳（或管钳）打在钻杆本体上，使用链钳（或管钳）转动钻杆，将防磨套取出器两侧销钉转入防磨套槽内。

⑧场地人员至套管头处，使用扳手将套管头上的防磨套固定顶丝卸松。

⑨司钻缓慢上提钻杆，并注意观察指重表，井口人员配合扶正钻杆，将防磨套提出套管头，直至起升至转盘面。

⑩井口人员做好井口防护，并配合转动防磨套，将其取下，再使用液气大钳拆卸防磨套取出器，放至钻台工具房。

⑪将钻杆摆放回钻杆盒内，封固好。

6. 更换防喷器闸板

按套管尺寸更换闸板防喷器半封闸板。

7. 更换套管动力钳

参照（一开作业）中“换套管动力钳”部分。

二 施工作业

1. 下套管（非动力猫道）

①井口人员使用气动绞车将套管吊卡吊至转盘面，示意司钻下放游车至转盘面合适高度，将吊卡保险销安全绳挂在吊环上端的专用挂钩上，井口人员拔出吊卡保险销将吊环拉出，司钻扳动吊环倾斜开关至“后倾”位置，并缓慢下放游车配合井口人员将吊环推入空吊卡吊耳内，将吊卡保险销插入吊卡销孔。

②司钻按下吊环悬浮按钮，缓慢起升空吊卡至合适高度，刹车。

③钻台人员操作气动绞车，将吊钩沿大门坡道下放至场地。

④场地人员在套管内螺纹接箍下挂好吊装带，将套管滚到猫道中部，并挂好气动绞车吊钩。

⑤操作气动绞车，起升套管至钻台面以上 0.3m 左右时刹车，钻台人员利用拦绳阻挡控制套管（除首根带引鞋的套管外，其余套管需要两人配合卸下套管外螺纹护帽），两腿分开扶正套管对正小鼠洞洞口，指挥气动绞车下放，到位后摘下吊装带。

⑥司钻操作刹把下放游车，同时操作吊环倾斜开关到“前倾”位置，使吊卡紧靠鼠洞套管。

⑦井口人员扣合吊卡并检查吊卡扣合到位后，向司钻发出上提游车手势。

⑧司钻按下吊环悬浮按钮，然后挂合钻机绞车缓慢上提，将套管起出小鼠洞距转盘面 0.5m 时刹车。

⑨井口人员配合将井口防护盖板取出，扶正套管，司钻下放套管入井口坐吊卡并释放悬重，将内钳打在引鞋内螺纹接箍上，配合紧扣。

⑩紧扣时，井口人员互相配合打开套管动力钳钳框，移送套管动力钳卡至套管本体后扣合钳框。套管动力钳操作人员操纵换向阀手柄进行紧扣，紧扣时应注意精心操作防止错扣（错扣时应及时处理，防止螺纹损坏），待上扣扭矩达到额定值时，完成紧扣作业。

⑪ 紧扣完成后，套管动力钳操作人员操作换向阀手柄，反转套管动力钳，对齐缺口，井口人员互相配合，开套管钳钳框、将液压套管钳复位退出。

⑫ 井口人员打开内钳钳框，将 B 型吊钳退回，待司钻上提套管后，打开吊卡并拉至合适位置。

⑬ 司钻下放套管，注意控制下放速度，使吊卡缓慢坐转盘面，刹车。

⑭ 井口人员拔出吊卡保险销将吊环拉出，司钻扳动吊环倾斜开关至“后倾”位置，并缓慢下放游车配合井口人员将吊环推入空吊卡吊耳内，将吊卡保险销插入吊卡销孔。

⑮ 司钻缓慢起升空吊卡至合适高度刹车，按下吊环悬浮按钮。

⑯ 重复上述② ~ ⑮ 步骤，完成下套管作业，下套管期间按要求进行井控坐岗。

2. 灌钻井液

下套管中途和下完套管后应按技术要求定期灌钻井液。

①井口人员配合将循环帽上紧，将吊装绳套挂在灌钻井液管线距由壬 2m 左右处，挂好气动绞车吊钩，操作气动绞车将管线吊至井口上方合适高度并刹车。将灌钻井液管线与循环帽连接并拴挂好保险绳。

②司钻鸣笛或使用对讲机通知副司钻准备开泵，注意查看泵房显示屏。

③副司钻调整好阀门，站在明显位置，面向摄像头，采用“手势信号”“声音信号”发出开泵指令，司钻根据副司钻指令开启相应钻井泵，将套管内灌满钻井液。

④灌满钻井液后，停泵，井口人员解开保险绳，砸开连接由壬，缓慢起升气动绞车吊钩，将灌钻井液管线吊放至钻台面合适位置，摘下吊钩。

3. 坐封（不使用套管头的井可省略此步骤，需要进行“焊井口”作业）

常用的坐封头为芯轴式，坐封完成后在套管头两端接管线至振动筛缓冲槽进行下步循环作业。使用卡瓦式工具坐封时，根据下入井内套管的长度进行套管垫高，避开套管接箍位置。

①安装坐封头。在联顶节与套管之间安装好坐封头以后，司钻缓慢挂合钻机绞车，将

套管提升至 2m 左右高度时刹车。

②取转盘方瓦。将气动绞车吊钩挂在方瓦吊装提环上，后将转盘方瓦吊装提环挂钩挂入方瓦吊装锁孔，操作气动绞车，将转盘方瓦提出，配合将方瓦放至合适位置。重复上述动作将另一侧转盘方瓦吊出。

③下放坐封。司钻下放套管，待坐封头入井口后，再将转盘方瓦复位，继续缓慢下放套管，将坐封头放入套管头内，井口人员打开吊卡，司钻起升空吊卡至合适高度。场地人员上紧套管头固定顶丝，坐封完毕。

4. 循环

①井口人员将循环帽与联顶节内螺纹对接，并将其旋紧，通过变径接头对接水龙带，拴好保险绳。建立循环通道。

②司钻鸣笛或使用对讲机通知副司钻准备开泵，注意观察泵房显示屏。

③副司钻站在明显位置，面向摄像头，采用“手势信号”“声音信号”发出开泵指令，司钻根据副司钻指令开启相应钻井泵。

④司钻观察立管压力表（泵压表），缓慢挂合钻井泵，确认无误后，再正常挂合钻井泵，开泵时应降排量缓慢开泵，钻台值班人员协助司钻观察好立压表及井口钻井液返出情况，如出现异常情况及时提醒司钻。

⑤按要求循环，观察振动筛处返砂情况。

三 注意事项

①下放遇阻时不能硬压，上下活动无效后，应立即向套管内灌满钻井液，接水龙带循环后试下，若无效应起出套管修整井眼。使用顶驱的设备在进行特殊井施工时，为保证下套管顺利，需要根据指令要求安装使用“下套管装置”。

②上扣不到位时应卸开检查，如套管丝扣损坏，应更换套管。

③发现错扣，应及时卸开重上，不得硬提拔脱。

④气密封丝扣套管对扣时应使用对扣器，避免损伤丝扣密封端面。

⑤气密封丝扣套管上扣时，应实时观察上扣扭矩曲线图，曲线合格方可入井，否则应卸开检查丝扣及密封端面，确认无损伤后重新上扣，直至曲线合格。若多次上扣扭矩曲线图仍不合格，应更换套管。

⑥下套管到底后，应先小排量开泵，顶通后方可提至正常排量循环。

第八节　固井作业

固井作业就是指在套管下到设计井深后，在井眼与生产套管之间环空注入水泥浆，利用水泥浆的固化作用，封固环形空间，有效封隔油、气、水层，满足分层开采及油气生产的需要而进行的注水泥作业。在固井作业期间，钻井队作业人员的主要任务是保证固井过程中设备正常运转，同时协助、配合固井工作人员施工。

一 工作准备

1. 召开协作会

①固井队施工指挥人员、工程师组织召开固井协作会，钻井队相关人员参加，做好JSA分析。

②固井技术人员交代施工工序及技术措施要求，明确岗位职责。

③固井队干部交代现场施工情况，安排本班具体施工任务，进行施工危害分析，强调施工措施及安全注意事项。

④钻井工程师、钻井液工程师交代施工作业技术要求及相关措施。

⑤各路大班交代设备运转、检修、保养情况。

⑥司钻按作业指令的要求安排各岗位的工作，并进行安全提示。

2. 固井前准备

①按要求循环调整钻井液性能。

②循环罐区准备、沉砂罐准备。

③固井前，储备足够的符合固井作业要求的清水。

④场地人员清理猫道、场地等，腾出场地为固井车摆放做准备。

⑤操作气动绞车，配合固井工作人员，将固井工具、管线等物件吊至钻台。

⑥检查钻井泵，保险阀压力按要求设置。

⑦网电设备，固井前应启动并检查动力发电机。

二 固井施工

现场主要有内插法固井、常规固井、分级固井、尾管固井、筛管顶部固井等多种固井方式，此处以常规注水泥固井配合作业进行介绍。

①司钻停泵，确认压力为零，指挥副司钻打开低压回水阀门。

②钻台人员使用大锤将水龙带与联顶节循环帽连接由壬砸开。

③操作气动绞车，钻台人员配合将水龙带放置于钻台面，卸下循环帽。

④配合固井人员将另一气动绞车吊钩挂在固井水泥头提环上，并拴好牵引绳，指挥起升气动绞车，将水泥头提升至联顶节上方并刹车。

⑤固井人员扶正水泥头，气动绞车下放与联顶节对扣。顺时针转动将水泥头上紧。

⑥互相配合操作气动绞车将水龙带吊起，井口人员扶正，与水泥头连接由壬对接，用手戴好连接螺纹后，选择合适的位置和角度，使用大锤砸紧。

⑦井口人员起升气动绞车吊钩，将水龙带吊起至合适位置，操作气动绞车拉紧水龙带并刹车，使用安全绳固定。

⑧操作气动绞车配合固井人员将水泥头各管线、阀门连接好。

⑨副司钻将灌钻井液管线由壬砸松，将灌钻井液管线放至合适位置。

⑩配合固井人员将碰压阀与灌钻井液阀门由壬对接，使用大锤砸紧，打开阀门。

⑪固井注水泥浆作业开始注（隔离液、注水泥浆），所有人员避开高压区，撤离至安全区域。注水泥浆时安排专人测量密度，并按要求留取水泥样。

⑫固井压胶塞，固井队人员调整好阀门，司钻与副司钻有效沟通后，开启钻井泵配合固井队替浆。

⑬振动筛处安排专人观察，发现密度开始下降或水泥混浆返出后及时倒成放浆流程，将返出的混浆放于沉砂罐内。

⑭替水泥浆过程中，司钻眼看立管泵压表，手不离钻井泵开关，并与固井技术人员确认替浆量，及时降低钻井泵排量，当泵压突然上升时及时停泵。替浆及碰压全过程所有人员应远离高压区域。

⑮碰压完成后，按固井技术人员要求进行泄压。

⑯固井施工作业完成后，井口人员配合气动绞车将水龙带拆下。

⑰操作气动绞车，钻台人员扶正水龙带，并将其放至钻台面合适位置。

⑱待固井队拆卸完各管线阀门后，操作气动绞车，配合固井队工作人员将固井工具甩至钻台下。

⑲井口人员做好井口防护，候凝。

三 注意事项

①固井作业前对各设备进行检查，保证固井过程中设备的正常运转。

②固井时，钻井泵安全阀严禁穿双销子（JA-3H 类安全阀除外）。

③固井完成要接到指令后人员再进入高压区域进行泄压，固井前要准备好泄压工具。

④固井过程中，水龙带要捆绑牢固，并栓挂保险绳，避免出现抖动造成人身伤害。

⑤配合固井队人员吊装固井工具时，要平稳操作气动绞车，控制好起升、下放速度。

⑥根据不同施工地区的技术要求，固完井后如需进行憋压候凝，要根据要求进行泄压，泄压时严禁正对人员方向。

第九节 拆卸防喷器

完井试压合格后，进行拆卸防喷器作业，作业前应进行 JSA 分析，制定风险管控措施，

明确各岗位的分工和职责

一 拆卸联顶节

①将专用吊带栓挂在联顶节合适位置，拴挂好气动绞车吊钩，启动液压站，井口人员使用套管动力钳进行卸扣。待卸扣完毕后将套管动力钳退出并归位。

②将另一台气动绞车吊钩沿坡道下放至猫道，场地人员拉气动绞车吊钩至猫道绷绳桩，连接牢固。打开滑轮锁孔将气动绞车钢丝绳放入滑轮槽内，关闭滑轮锁孔。

③操作气动绞车将联顶节吊起，待联顶节外螺纹在转盘面下 0.5m 时，刹车。

④井口人员将吊装带在靠近联顶节外螺纹上端合适位置拴挂牢固，将吊装带挂入滑轮挂钩内。

⑤司钻指挥两台气动绞车操作人员，将联顶节吊出转盘，盖好井口，带好护丝后，再将联顶节绷至猫道上。

⑥场地人员解下吊装带及滑轮，用撬杠将联顶节滚至钻具管架上，并捆绑牢靠。

⑦及时盖好井口，避免井下落物。

二 拆卸防喷器附件、设施

1. 拆防喷器液控管线

①副司钻到远程控制台内，关闭电源，打开泄压阀，完全卸压。

②作业人员依次拔开远程控制台各液控管线快速自封接头。

③作业人员用手依次拔开防喷器液控管线快速自封接头，使用扳手将连接弯头卸下，装好油腔丝堵。

④将液控管线收回材料房盘齐。

2. 拆手动锁紧杆

①井架工站在防喷器液压缸一侧，用扳手卸开手动锁紧杆万向节锁紧螺栓。扶正手动锁紧杆万向节，配合人员抬起手轮端，将手动锁紧杆从支架中取出。

②井架工与配合人员向外移动手动锁紧杆，抽出万向节，将手动锁紧杆抬出，收回材料房。

③重复上述动作，拆除其他手动锁紧杆。

④两人配合，一人扶正手动锁紧杆支架，另一人用扳手卸开支架上端卡子固定螺丝。抬起手动锁紧杆支架，放置于场地后，一人取下支架上端卡子。

⑤重复上述动作，拆除另一手动锁紧杆支架。

3. 拆放喷管线

①钻台人员使用扳手逐个卸下地锚卡子螺栓，取下卡子压板，钻台人员将一根放喷管线用两链钳按卸扣方式打好，扳动链钳手柄，将放喷管线丝扣卸开，取下链钳，将放喷管

线抬起放置于场地。

②重复上述示范动作，将其他放喷管线拆除。

③钻台人员取下地锚卡子下压板，将撬杠穿过地锚上端本体通孔，在撬杠两端推动撬杠，逆时针将地锚旋出，收回材料房。

4. 拆回收钻井液管线

①钻台人员站在回收钻井液管线连接处，卸开保险绳 U 形卡子，抽出保险绳。

②钻台人员拆卸回收钻井液管线和节流管汇端回收钻井液管线，用扳手卸开与循环罐连接法兰螺栓，取下螺母，抽出螺杆，在螺杆上戴好各螺母，收回材料房。

③钻台人员用扳手卸下地锚卡子螺栓，取下卡子上压板，将回收钻井液管线抬起，放置于场地，取下法兰密封钢圈。

④钻台人员取下地锚卡子下压板，将撬杠穿过地锚上端本体通孔。逆时针将地锚旋出，与密封钢圈一起收回材料房。

5. 拆内防喷管线

①钻台人员在井架底座外侧用扳手将防喷管线专用“U”型卡子螺丝卸开，拿下压板，取出垫入物，抽出卡子，收好。

②钻台人员站在防喷器四通闸门一侧，使用扳手将内防喷管线法兰螺栓卸开，取下螺母抽出螺杆，将螺母戴在螺杆上，收回材料房。

③重复上述动作，完成另一端内防喷管线拆卸作业。

6. 拆灌钻井液闸门

①两名作业人员分别站在防喷器喇叭口两侧，将保险带挂在底座上端两侧拉筋上。

②卸开灌钻井液管线保险绳“U”型环，抽出保险绳。

③一人将吊装带拴在灌钻井液管线上，另一人用大锤砸松管线连接由壬丝扣，用手卸下由壬。

④下放吊装带，将灌钻井液管线放置于地面。再按同样方法将灌钻井液闸门拆下。

⑤配合人员解下吊装带，将钻井液管线和灌钻井液阀门收回材料房。

三　拆防溢管

①两名作业人员拴好防坠落器分别站在防溢管两侧，将气动绞车吊钩与井口防溢管专用吊点或已栓好的吊装带相连。

②使用扳手拆除防溢管出水胶管的连接卡子，配合地面人员将出水胶管从防溢管上拆下。

③指挥气动绞车起升气动绞车吊装带稍提拉力，用扳手卸开防溢管法兰盘固定螺丝，拴挂好绷绳后人员移动至安全区域。

④专人指挥气动绞车，吊、甩防溢管至地面合适位置，放松绷绳、吊装带摘除吊钩。

四 拆移防喷器

使用移送平台拆移防喷器主体。

①内、外钳工配合，将吊防喷器主体的两根专用绳套一端绳扣分别挂入大钩内，关闭大钩，再将另一端绳扣沿转盘通孔下放至钻台下。

②作业人员将两根吊装绳套拉至防喷器处挂至正确吊点上。

③指挥司钻，将防喷器吊装绳套拉紧。

④钻台下人员使用专用扳手对防喷器法兰螺栓全部拆除后，指挥司钻将防喷器吊装绳套缓慢上提，将防喷器主体提起适当高度时刹车。

⑤挂合防喷器移送平台电源，将其运移至井口位置。

⑥示意司钻下放大钩，同时作业人员使用推拉杆扶正，将防喷器四通通孔套入平台固定插头内。

⑦司钻接到指令后继续下放游车，绳套放松后，钻台下人员摘下防喷器吊装绳套。

⑧司钻起升大钩，将防喷器吊装绳套起至钻台面，内、外钳工配合摘下，盖好井口。

⑨挂合防喷器移送平台电源，将其运移至钻台底座前方位置。

五 注意事项

①作业前要认真检查防喷器平移装置、吊移装置、气动绞车、吊装平台及吊装索具，确保其处于良好的状态，并按要求挂好绳套。

②拆卸防喷器油管线时，必须先泄压，且人员应站稳扶牢。

③作业时，必须使用专用索具进行吊装。采用专人指挥，平稳操作气动绞车，配合协调一致。

④作业人员使用撬杠卸松防喷器绷绳固定螺杆时，抓牢撬杠，配合协调一致。

⑤防喷器平移装置、吊移装置必须专人操作，严禁误操作导致伤人。

⑥作业人员应在防喷器放稳后再靠近摘取绳套，防止坠落伤人。

⑦防喷器操作平台必须安装固定牢靠，由专人负责操作。

⑧作业人员在高处作业时必须系好安全带和防坠器，防坠器角度应合适。

⑨按操作规程合理使用液压扳手，使用过程中必须保证管线完好，连接牢固，防止液体刺出伤人。

⑩卸联顶节时，钻井工程师必须盯在现场，卸扣期间注意观察下部套管，防止倒扣。

⑪固井候凝结束后，应按照设计要求进行完井试压，试压合格后安装简易井口或采油树。

第十节　甩钻具

通常完井固井候凝期间即可开始甩钻具作业，如遇特殊情况如中途换钻具等，也需甩钻具。

一　工作准备

1. 召开班前会

①由接班干部组织召开班前会，井队干部、HSE 监督、相关大班和班组全体人员参加，做好 JSA 分析。

②班组各岗位人员汇报巡回检查情况及需要解决的问题，井队干部安排具体解决措施。

③交班干部针对本班生产运行、安全工作、设备设施使用维护等情况进行汇报。

④各大班汇报设备运转、检修、保养情况，对设备使用提出具体要求。

⑤ HSE 监督下达 HSE 指令，交代甩钻具作业注意事项和风险提示。

⑥井队干部下达生产指令，并提出具体要求。

⑦司钻根据生产指令，对本班人员进行合理分工，安排具体工作并给予安全提示。

⑧接班干部结合本班作业工况，统筹安排接班人员做好作业许可和安全分析，对甩钻具作业存在风险做好风险提示，并制定防范措施。

2. 作业前准备

钻台人员检查保养设备及工具齐全完好。清理钻台杂物，场地人员清理场地，摆好管架。井架工系好安全带及防坠落，上至二层台检查兜绳、工具是否符合使用要求。

二　施工作业

甩钻具是将钻台上的钻柱拆分成单根，从钻台移送至场地的作业过程。现场主要有动力猫道、智能猫道、游车与气动绞车配合等移送方式。

1. 动力猫道与气动绞车配合甩钻杆

①司钻按下钻步骤起升游车至二层台扣合立柱。

②井口人员利用钻杆钩（或操作钻台机械手）扶正钻杆，戴好外螺纹护帽后对准小鼠洞。

③司钻缓慢下放游车，将钻杆放入鼠洞，钻杆到鼠洞底部再下放使吊卡稍离开钻杆接头时刹车。

④井口人员配合使用液气大钳进行卸扣。

⑤司钻挂合钻机绞车缓慢上提钻具至合适位置时刹车。

⑥井口人员上好提升护丝，挂好气动绞车吊钩，同时指挥气动绞车上升。

⑦场地人员启动自动猫道动力源及控制系统，操作遥控器使动力猫道输送臂升至钻台

合适位置，将推车移送至靠前位置。

⑧操作气动绞车上提钻具，井口人员利用钻杆钩（或操作钻台机械手）扶正钻杆，待外螺纹起出鼠洞至合适位置，将钻杆推至猫道，继续下放气动绞车，使钻杆平稳放于输送臂V形槽内。待气动绞车吊钩放松后，卸下提升护丝，同时指挥场地人员操作推车后移至合适位置。

⑨场地人员操作遥控器使防滚落挡杠竖起，动力猫道输送臂缓慢下放至最低位，下放到位后操作控制“出槽臂”翻转，使钻杆翻出“V”形槽滚向管架并摆放整齐。

⑩钻杆到管架后，场地工将动力猫道输送臂起升至钻台合适位置。

⑪重复上述步骤完成甩钻杆作业。

2. 智能猫道与气动绞车配合甩钻杆

①按自动猫道甩钻杆①～⑥步骤，提起鼠洞钻杆。

②井口人员配合将钻杆推至坡道槽，气动绞车平稳下放，将钻杆摆放在坡道槽上，待气动绞车放松后，井口人员卸下提升护丝。

③重复①～②步骤，将3根钻杆沿坡道槽并排放在坡道上。

④场地工操作遥控器将小车前移至坡道前，操作小车止挡，然后操作挡杆装置向下移动至底部，操作向后翻转使钻杆外螺纹进入小车并操作小车夹紧装置。

⑤操作遥控器控制小车向后移动至合适位置，打开小车夹紧装置，然后操作翻板滚动钻杆至管架并摆放整齐。

⑥重复上述动作完成甩钻杆作业。

3. 游车与气动绞车配合甩钻铤

①司钻按起下钻步骤起升游车至二层台扣合立柱。

②井口人员利用钻杆钩（或操作钻台机械手）扶正钻铤，对准小鼠洞，并戴好外螺纹护帽。

③司钻缓慢下放游车，将钻铤放入鼠洞，卡上安全卡瓦，再下放使吊卡稍离开提升短节接头，刹车。

④井口人员配合使用液气大钳或B型吊钳进行卸扣。

⑤司钻挂合钻机绞车缓慢上提钻铤至合适位置，刹车。

⑥井口人员上紧提升护丝，挂好气动绞车吊钩并上提10～20mm，卸下安全卡瓦放至合适位置。

⑦操作另外一台气动绞车，将吊钩沿坡道下放至猫道，场地人员拉气动绞车吊钩至绷绳桩处并拴牢牢固。井口人员在气动绞车钢丝绳上挂牢滑轮。

⑧操作气动绞车继续上提钻铤出鼠洞后刹车，井口人员将吊装带在钻铤下端勒紧，并挂入滑轮吊钩。

⑨使用两台气动绞车配合将钻铤绷甩至猫道，场地人员将钻铤滚至管架合适位置并摆放整齐。

⑩放松吊钩后，场地人员拆下吊装带、滑轮、提升护丝，并挂到气动绞车吊钩，指挥

上提带上钻台。放松绷绳至钻台。

⑪重复上述步骤完成甩钻铤作业。

三 注意事项

①憋压候凝期间，严禁甩钻具作业。

②作业前应检查防碰装置是否灵敏可靠。转盘控制开关应锁定挂牌。人员应按要求正确使用个体防护用品。

③严禁将手工具等放置在转盘面上，转盘面周围应清洁无杂物，为防止误操作伤人，可以锁止转盘。

④作业过程双脚始终远离管柱底部，避免被管柱砸伤。将钻具接头引入鼠洞后再下放游车，防止出现危险。

⑤甩钻具过程中井架工应系好安全带，身体部位不能探出防护栏杆以外。拉钻具出指梁时，防止被钻具挤压。

⑥井架工在二层台作业时，井口人员应站到安全区，不能站在钻具倾斜方向和钻具下方。钻具入小鼠洞时，应注意脚部避免被钻具砸伤。

⑦提升鼠洞钻具应使用专用提升护丝，戴好护帽。戴护丝时手扶护丝两侧。

⑧操作气动绞车人员应目视吊物、吊钩和绳索吊运的全过程，出现异常时及时发出停止信号；场地人员撤离到安全位置，猫道、大门坡道两侧钻具可能滑落区域不得有人，钻台人员推钻具至坡道时，应系好安全带和防坠落装置。

⑨钻具下放到坡道上后，在摘吊钩、提丝、滑轮，卸护丝时不能滚动钻具，手脚不能放在钻具滚动方向上。钻杆下滑时，滑行方向不得有阻挡物。

⑩绷甩钻具过程中，必须有专人指挥，钻台上下人员配合得当。场地人员应时刻处于安全位置。滚钻杆时不与钻台人员同时工作，预防发生意外事故。排列钻具时，人员不能在钻具上行走，必须使用撬杠等专用工具。

⑪8″及以上钻铤、取心筒、螺杆钻具、随钻震击器等钻具，应使用游车配合气动绞车绷绳上、下钻台，不得使用气动小绞车提升钻铤，防止因超载导致钢丝绳断裂或因气动绞车固定失效，致使钻具下落砸伤人员。

⑫小鼠洞内甩8″以下钻铤时，必须使用提升护丝或提升短节，吊装带由大钩提起，另一头拴在公扣端0.5m处，待绳索拴好后，用游车和气动绞车配合抬放。钻铤绷出钻台后，方可下放气动绞车使钻铤沿绷绳下行，下行过程中控制绷绳角度使钻铤下端尽量靠近坡道，待钻铤下放到合适高度后，方可起升绷绳向后绷甩钻铤至合适位置。

⑬钻杆甩完后要摆放整齐，摆放不超过3层，在管架或垫杠两端进行封固，防止滑落伤人。

⑭操作液气大钳时严禁将手放在旋转部位，作业时，必须是一方发出明确信号后另一方才能操作液气大钳。

第十一节　拆卸设备

设备拆卸一般是按照设备安装的相反顺序进行，将钻井现场的设备、设施在拆除其连接管路、线缆后进行进一步分解，目的是使钻井设备的运输搬迁符合相关交通要求和规定。

一　工作准备

①查看作业现场地面平整程度及耐压程度，清理井场障碍物。

②检查作业现场是否有高压线路、注水井、抽油机等影响作业的不利因素。

③召开协调会，明确各单位、各岗位人员工作职责，安全文明施工。

④准备好扳手、大锤、铁锨、撬杠、安全带、护目镜、各型号吊装绳索、牵引绳、推拉杆、吊装带、钢丝钳等工具。

二　拆卸作业

1. 拆卸顺序

将钻机分为钻台区、机房区、泵罐区、场地和宿舍区五个区域分别进行拆甩。

①钻台区：顶驱→顶驱轨道→钻台面设备设施→放井架作业准备→放井架→抽大绳→天车、横梁拉筋、井架→井架底座。

②机房：发电、配电系统→电缆线→护栏及加宽台→柴油机→联动系统→自动压风机→低位绞车→底座

③泵罐区：循环罐辅助设施→固控循环系统→钻井泵→其他设施。

④场地：管架钻具→远控台、测斜房→场地附件→其他设施。

⑤宿舍区：野营房→水罐→厨房→其他设施。

2. 拆卸作业

按照本章第二节设备安装顺序反向拆卸。

三　注意事项

①拆卸前对各螺栓、连接销进行检查并保养，拆卸后由专人负责妥善保管，拆卸前要注意设备、设施的拆装顺序，保证后期搬迁施工作业顺利进行。

②吊车操作人员及指挥人员、监护人员必须持证上岗。指挥人员佩戴鲜明的标志，站在能看清吊物且吊车司机能看清指挥信号的安全位置。吊车摆放在合适的位置，与吊物保持安全距离，伸出全部支腿，现场人员配合放平、垫牢千斤板。

③起吊重物之前，拴好牵引绳，吊物扶正应使用推拉杆。

④吊装作业严禁超负荷，必要时可使用两台吊车协同作业。协同作业时，两台吊车应性能相近。

⑤吊车作业时发现异常情况，及时提醒吊车司机，情况不明或未消除不得继续作业。

⑥起吊各种重物时，严禁任何人在重物下、受力绳索附近通过或停留，不得进入吊车吊臂下和旋转部位，吊车四周围好警戒带、警戒围栏 。

⑦严禁任何人随同起吊重物或游动提升系统升降。高处作业人员要佩戴好专用安全带并拴挂在合适位置，手工具及零部件要做好防护避免高空坠落。

⑧人员作业要求：参与 JSA 分析，指挥、监护人员职责履行到位。劳保用品穿戴齐全，作业人员证件齐全。

第十二节　中途测试和原钻机试油

根据甲方要求，现场可能需要进行中途测试和原钻机试油作业，作业过程中需要由钻井队人员使用其原有设备，按施工设计配合作业。

一　中途测试

1. 作业准备

①组织作业人员进行作业前安全分析，共同识别测试作业过程中存在的风险，制定相应的防范措施，各方技术人员分别向参与测试施工作业的施工人员进行技术交底。作业前必须办理危险作业许可证。

②在裸眼井段进行测试的井，下测试工具前用钻头通井至井底，对起下钻遇阻、遇卡或缩径井段，要采用划眼、短起下等技术措施，以保证井眼畅通无阻，确保测试工具的顺利起下。

③在套管内进行测试的井，用套管刮屑器进行刮屑作业至套管鞋，并在封隔器坐封处上下 30m 反复刮管至少 3 次；套管未回接到井口的，用铣锥对尾管喇叭口进行修磨。

④通井到底后应充分循环，确保钻井液性能达到测试设计要求，若进行裸眼段测试应加入适量的液相防卡剂，按井控和设计要求配备钻井液或压井液。

⑤对动力设备、提升系统和循环系统进行全面检查，达到性能合格、运转正常。并装好反循环管线。

⑥按要求更换相应钻具尺寸防喷器闸板，按标准对井口套管和防喷器系统试压，测试队对测试地面流程、管线进行逐级试压。

⑦现场按设计配备正压式空气呼吸器、H_2S 检测仪和有毒有害气体检测仪、消防器材和急救药品等物资。

2. 作业步骤

配合测试人员按“接测试管柱、下测试管柱、坐封、开关井测试、解封反循环、起测试管柱”等流程完成中途测试作业。

二 原钻机试油

1. 作业准备

①组织作业人员进行作业前安全分析，共同识别试油作业过程中存在的风险，以及提出对应的防范措施，办理作业许可审批。试油队负责人向所有作业人员进行原钻机试油施工方案的技术交底，钻井队工程师进行钻井设备、井况及井控应急预案的技术交底。

②检查好专用标准吊索具、吊卡、吊环、油管钳，保证其灵活好用，采取有效措施，防止井下落物。

③钻井队和试油队按照《石油与天然气井下作业井控管理实施细则》和设计要求储备压井液、射孔液和加重材料，并做好压井液的日常维护管理。

④钻井队负责所属钻机设备调试运转，按设计要求配备有毒有害气体检测仪、正压式呼吸器、消防器材及安全设施。

2. 作业步骤

配合试油队人员按安装井口装置、井筒准备、下试油管柱、试油作业、起甩试油管柱、拆甩防喷器组和四通、装采油树等流程完成试油、气作业。

3. 注意事项

①所有参与试油作业人员劳保用品应穿戴齐全。若接触酸液必须戴护目镜、耐酸手套、口罩等防护用具。

②现场用酸液罐，必须标识清楚。防止酸液滴漏，将清洗酸液污水回收处理，储备纯碱准备中和泄漏酸液。酸洗结束后，在观察期间，现场必须指定负责人，密切观察排液口情况。施工结束后，及时回收各种残液。

思考题

1. 搬迁作业应注意哪些事项？
2. 安装设备要做哪些准备工作？
3. 简述一开钻进的注意事项？
4. 写出使用防喷器运移装置安装闸板防喷器的操作步骤。
5. 简述下钻的操作步骤。
6. 下套管的注意事项有哪些？
7. 甩钻具作业前应做哪些准备工作？
8. 简述拆卸设备时要注意哪些方面？

扫一扫
获取更多资源

参考文献

［1］张桂林．钻井工程技术手册［M］．北京：中国石化出版社，2017.

［2］中石化石油工程公司．深井超深井井下故障预防及处理［M］．北京：中国石化出版社，2021.

［3］中国石油天然气集团公司职业技能鉴定指导中心［M］．石油钻井工．青岛：中国石油大学出版社，2011.

［4］龙芝辉，于文平．井控技术［M］．北京：石油工业出版社，2013.

［5］集团公司井控培训教材编写组．井控设备［M］．青岛：中国石油大学出版社，2008.

［6］沈海云，杜书东．石油钻井工［M］．青岛：中国石油大学出版社，2010.

［7］叶莉．钻井顶驱维护保养技术［M］．北京：化学工业出版社，2013.

［8］孟祥卿，蒋华东．电驱动石油钻机电气技术［M］．北京：石油工业出版社，2015.

［9］魏学成，高圣新．钻井专业现场安全标准化操作示范动作［M］．青岛：中国石油大学出版社，2019.

附录

附录 1　常用钻机现场设备布局

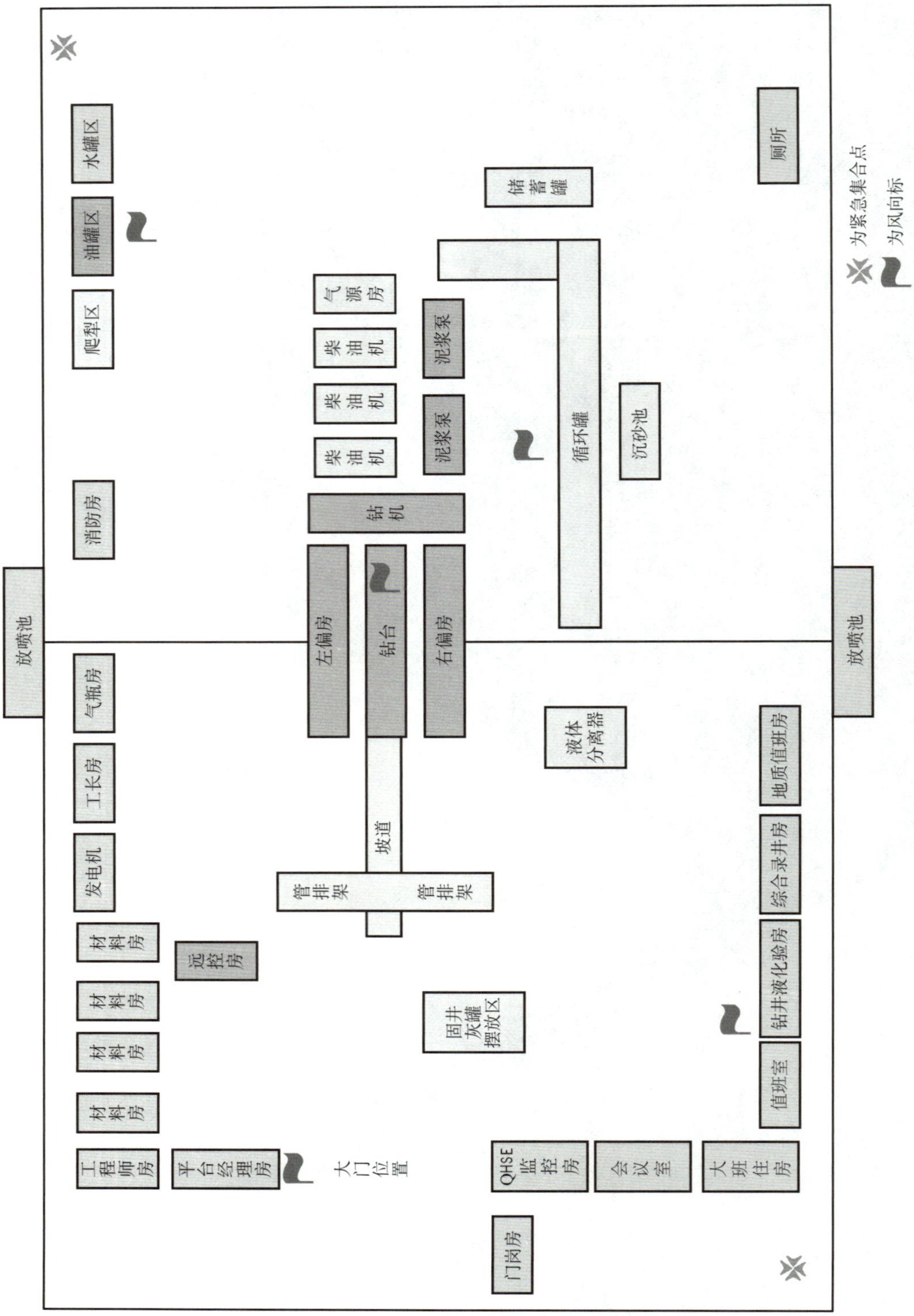

机械型钻机现场设备布局图

复合型钻机现场设备布局图

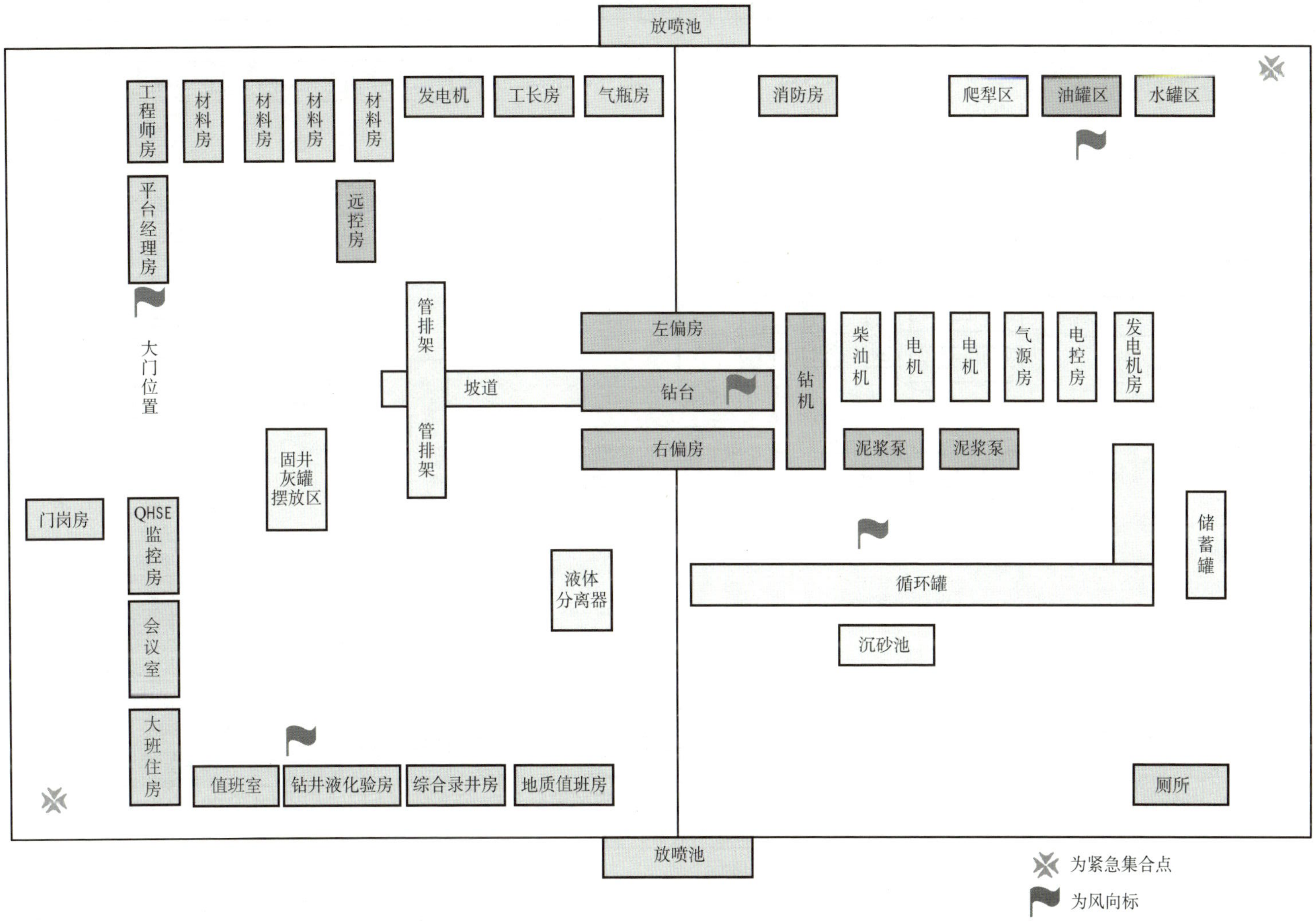

附录

电动钻机现场设备布局图

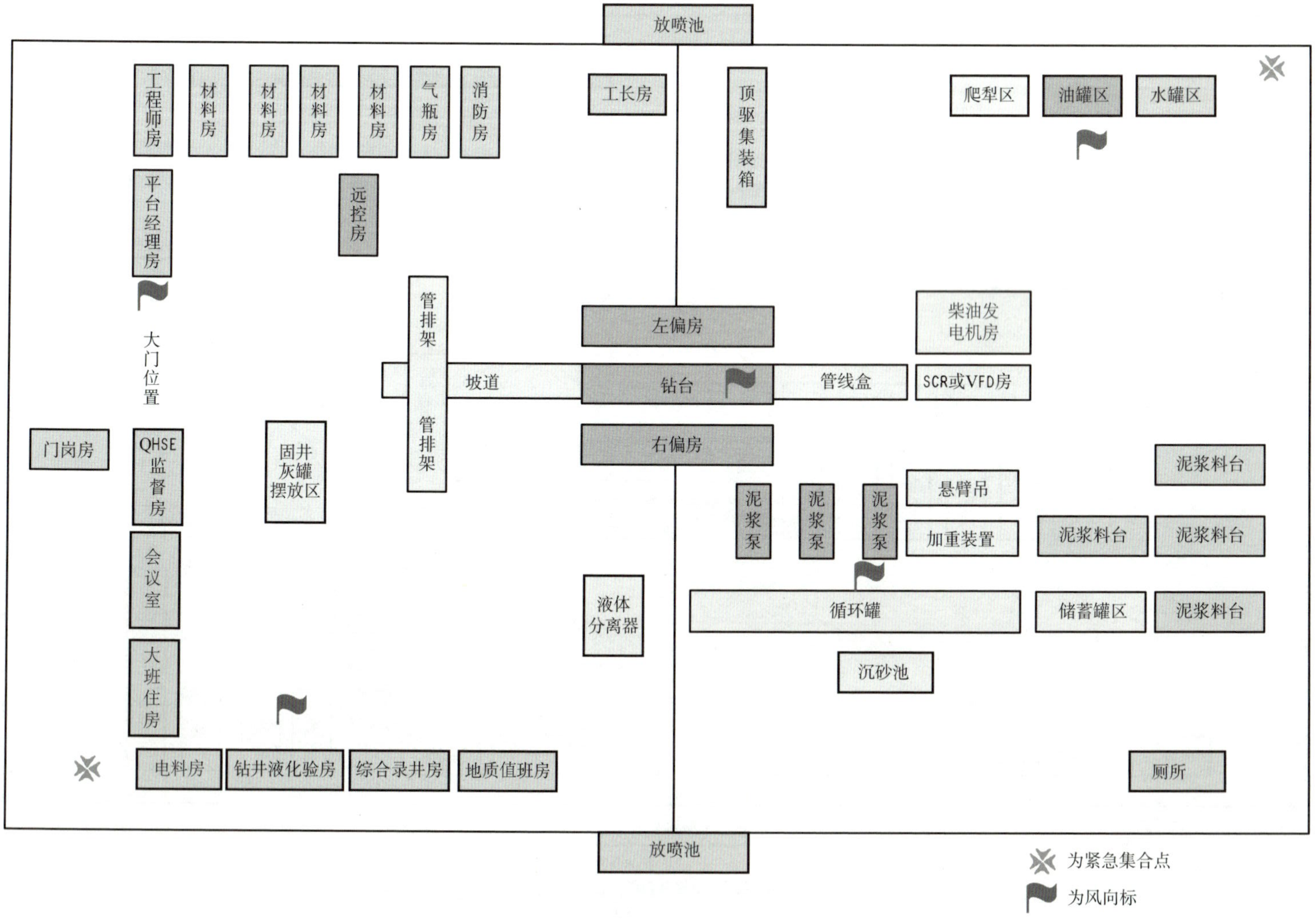

附录 2　钻杆接头扭矩参考表

钻杆	钻杆接头			
公称尺寸 /mm	接头类型 /in	接头外径 /mm	接头内径 /mm	紧扣扭矩 /kN · m
114.3	NC50 $4^1/_2$IF	161.9	95.3	25.54
			88.9	30.28
			92.1	27.95
			88.9	30.28
		168.3	76.2	37.77
127	NC50 $4^1/_2$IF	161.9	95.3	25.54
			88.9	30.28
		165.1	82.6	34.88
		168.3	69.9	42.29
		161.9	88.9	30.28
		165.1	76.2	37.77
		168.3	69.9	42.29
	$5^1/_2$FH	177.8	95.3	41.59
		184.2	88.9	49.14
		177.8	88.9	41.59
		184.2	88.9	49.14
			82.6	52.3
139.7	$5^1/_2$FH	177.8	101.6	37.92
			95.3	41.59
		184.2	88.9	49.14
		190.5	76.2	59.09
		177.8	101.6	37.92
		184.2	88.9	49.14
		190.5	76.2	59.09

附录 3　钻杆技术参数

公称尺寸 /mm（in）	139.7（$5^1/_2$in）	127（5in）	127（5in 非标）	114（$4^1/_2$in）	101.6（4in）	89（$3^1/_2$in）	73（$2^7/_8$in）	60.3（$2^3/_8$in）
公称质量 /lb/ft	21.9	19.5	24.51	20.0	15.7	13.3	10.4	6.65
本体外径 /mm	139.7	127	127	114.3	101.6	88.9	73.025	60.325
本体内径 /mm	121.4	108.62	107.7	92.5	82.3	70.2	54.635	46.101
钢级	S135	S135	S135	S135	S135	S135	S135	S135
壁厚 /mm	9.17	9.19	9.65	10.92	9.65	9.35	9.195	7.112
加厚形式	IEU	IEU	EU	IEU	IU	EU	EU	EU
内容积 /（L/m）	11.35	9.16	9.11	6.56	5.20	3.87	2.36	1.68
闭排 /（L/m）	16.25	13.35	13.33	10.79	8.51	6.7	4.48	3.02
开排 /（L/m）	4.9	4.19	4.22	4.23	3.31	2.83	2.12	10.54
公称质量 /(kg/m）	38.48	32.87	26.7	29.84	23.39	22.25	16.67	10.54
截面积 /mm²	3760	3403	3557.6	3539	2786	2337	1843	1189
抗扭强度（管体）/N · m	123542	100290	104200	89920	62883	45189	28147	15239
抗扭强度（接头）/N · m	109956	86000	83900	71930	62883	40679	23000	12864
抗拉强度（管体）/kN	3503	3170	3311	3304	2598	2176	1718	1108
抗拉强度（接头）/kN	7904	6904	6431	6766	3726	3988	2775	1848
抗内压强度 /MPa	106.9	117.9	123.8	155.72	154.7	177	205	192.4
抗挤强度 /MPa	95.2	108.16	119	160.89	160	175.13	204.80	193.50
加厚段外径 /mm	141.3	131.8	136	121.4	106.0	97.10	81.80	67.50
加厚段内径 /mm	101.6	90.5	100	71.5	71.4	X	X	X
外加厚段长 /mm	76.2	220	280	76.2	76.2	76.2	76.2	76.2
内锥面段长 /mm	≥ 120	≥ 120	≥ 120	≥ 120	≥ 120	≥ 120	≥ 120	≥ 120
接头外径 /in/mm	$7^1/_4$in 184 $7^1/_2$in 190.5	$6^5/_8$in 168.3	$6^3/_4$in 172	$6^1/_4$in 158.8	$5^1/_2$in 139.7	5in 127	$4^3/_8$in 111.1	$2^3/_8$in 88.9
母接头内径 /mm	88.9	88.9	100	76.2	65.1	54	50.8/41.3	41.3
公接头内径 /mm	88.9	69.8	88.9	63.5	65.1	54	50.8/41.3	41.3
母接头长度 /mm	280~305	280~305	254.0	300	304.8	279.4	254.0	254.0
公接头长度 /mm	254.0	228.6	203.2	230–235	228.6	254.0	203.2	203.2
螺纹连接形式	$5^1/_2$in FH	NC50	NC52	NC46	HT40	NC38	NC31	NC26
螺纹牙型	V–0.065	V–0.038R	V–0.038R	V–0.038R	V–0.038R	V–0.038R	V–0.038R	V–0.038R
扣数	4 扣 /in	4 扣 /in	4 扣 /in	4 扣 /in	4 扣 /in	4 扣 /in	4 扣 /in	4 扣 /in
锥度	1 : 6	1 : 6	1 : 6	1 : 6	1 : 6	1 : 6	1 : 6	1 : 6
紧扣扭矩 /N · m	59100	43000	50300	34500	25000	18000	11800	4700

附录 4　钻铤尺寸及相关参数

公称尺寸		螺纹类型		紧扣扭矩
in	mm			kN · m
$3\frac{1}{2}$	88.9	NC26	2A10 × 2A11	6.3
$4\frac{1}{8}$	104.8	NC31	210 × 211	9.2
$4\frac{3}{4}$	120.7	NC35		14.7
$6\frac{1}{4}$	158.8	NC46	4A10 × 4A11	24.4
7	177.8	NC50	410 × 411	43.4
8	203.2	NC56	630 × 631	65.2
9	228.6	NC61	730 × 731	92.3
11	279.4	NC77	830 × 831	142.5

附录5　常用下套管方式

钻井现场要根据套管尺寸及设备情况，确定下套管方式，目前主要有使用安全“导向钩”、动力猫道机、专用鼠洞、钻台面鼠洞口、吊车配合等方式。安全“导向钩”下套管方式已在正文中进行了详细介绍，在此不再赘述。

一　使用动力猫道机下套管

①使用动力猫道机下套管时，场地人员将套管滚入猫道机举升轨道内，动力猫道机移动小车向前移动，使移动小车后护罩固定住套管公扣，再使用专用绳索固定住套管母扣位置，防止套管在外力作用下脱离举升轨道。严禁一次传输2根及以上套管。如下图：

②举升轨道上行，将套管送至钻台面位置后，移动小车前推，将套管送至井口上方。司钻缓慢下放游车（防止游车下放过快吊卡冲撞套管造成事故），井口人员配合扣合吊卡，观察并验证吊卡活门是否扣合好，验证无误后，解开套管母扣处固定绳索。

③司钻试提游车，验证吊卡扣合，观察钻台人员站在安全位置后（井口周围禁止站人），缓慢上提套管。套管公扣上提至钻台面时使用机械扶正手或拦绳扶正套管，井口操作人员两腿叉开配合卸掉护丝，缓慢移送至井口并对正，司钻下放游车对扣。使用专用带背

钳套管钳上扣。

二 使用专用鼠洞下套管

①使用专用鼠洞下套管时，使用两根合适吨位专用扁平软吊装带和四件式卸扣连接专用套管单根吊卡，场地人员将套管滚入场地猫道后，扣合套管单根吊卡，气动绞车挂好吊装带（气动绞车绳在二层台必须限位），缓慢上提至钻台面后，使用机械扶正手或者拦绳送至专用鼠洞位置，井口操作人员双脚叉开，扶正套管放入专用鼠洞内（严禁气动绞车与游车同时下放，防止游车压套管）。到位后井口人员打开单根吊卡，扣合游车吊卡，并观察验证吊卡是否扣合到位。

②司钻上提套管到位，井口人员双脚叉开配合扶正并卸掉护丝，扶正套管对正井口套管后，司钻下放游车对扣，使用专用带背钳套管钳上扣。

三 使用钻台面鼠洞口下套管

①使用钻台面鼠洞口下套管时，首先拔出小鼠洞，在钻台下方放一块铁板作为承重（见下图）。使用两根合适吨位专用扁平软吊装带和四件式卸扣连接专用套管单根吊卡，场地人员将套管滚入场地猫道后，扣合套管单根吊卡，气动绞车挂好吊装带，缓慢上提至钻台面，使用机械扶正手或拦绳送至鼠洞口位置，井口操作人员双脚叉开，扶正套管放入鼠洞口内。

②井口人员打开单根吊卡，配合司钻扣合游车吊卡，确认吊卡扣到位后，向司钻发出起升信号，司钻上提套管，套管出鼠洞时缓慢上提，井口人员双脚叉开配合扶正并卸掉护丝，扶正套管对正井口套管后，司钻下放游车对扣，使用专用带背钳套管钳上扣，上扣时井口人员注意套管摆动，防止吊卡打开。

③安全提示：上提套管时，公扣护丝容易刮钻台铺板，司钻应控制上提速度，井口人员要及时观察并扶正套管，防止挂碰。

四 使用吊车辅助下套管

对于大尺寸套管，建议使用吊车吊装送至钻台辅助下套管。

①司钻下放套管平稳坐于转盘，配合井口人员更换吊卡，上提吊卡至合适位置。

②场地人员使用合适吨位专用扁平软吊装带和四件式卸扣，在套管公母扣两端合适位置固定到位后，再连接吊车吊钩，栓好牵引绳后，站到安全位置。

③大门前侧指挥人员通过通信设备指挥吊车司机起吊，场地人员配合吊车，用牵引绳控制套管摆动，平稳地送套管入大门坡道，并随时观察套管位置，防止套管送入过多碰撞设备或人员。

④吊车送套管至钻台合适位置后，司钻缓慢下放游车，使吊卡扣入套管，钻台人员扣合吊卡活门，检查安全销到位后，司钻上提游车，使吊卡受力后，指挥吊车放松吊钩，钻台人员配合取下母扣端吊装带。

⑤指挥司钻上提游车，套管提升到合适位置，钻台人员使用机械扶正手或拦绳，扶正套管，配合取下公扣端吊装带，指挥吊车回位起吊下一根套管。

⑥配合送套管至小鼠洞位置，相互配合扶正套管并卸掉套管护丝后，送套管对正井口套管，司钻下放套管对扣，使用专用带背钳套管钳上扣。

⑦安全提示：吊车吊装套管上钻台时必须使用专用吊装带，吨位符合要求，严禁使用钢丝绳吊装套管；吊装带吊点位置应满足操作要求，吊车吊钩要锁紧挂好，由专人指挥，按要求拴好牵引绳，场地人员站在安全区域；指挥人员和吊车司机联络保持畅通（建议使用对讲机），无指挥信号严禁私自起吊；下套管吊车配备两名司机，以防司机疲劳导致操作失误。套管上提到位后严禁刹车过猛，防止轻重载交替造成大绳缠乱；卸套管护丝人员严禁手扶套管护丝底部。